ライブラリ 物理の演習しよう=4

演習しよう
熱・統計力学

これでマスター！ 学期末・大学院入試問題

鈴木久男●監修／北孝文●著

数理工学社

監修のことば

　あなたは物理のテキストを読めばわかるのだけど，問題が解けないなんて悩んでいませんか？　私が学生だった頃も同様の悩みを抱えていました．そもそも物理学は，サイエンスすべての現象を説明するための学問です．こうしたことから，概念を応用して初めて「物理を理解した」といえるものなのです．物理学とは厳しい学問なんですね．

　とはいっても，物理が難しい学問であることが今のあなたにとっての悩みを解決しているわけではありません．実際何も参考にしないでじっくりと物理学の難しい問題を解くなんて簡単ではありません．現実に学期末試験や大学院入試の対策に悩んでいるのではないでしょうか．特に学期末試験や大学院入試問題は，限られた時間で解く必要があるのでなおさらです．他方このように悩んでいるのはあなただけではありません．出題側の教員にとっても悩みがあります．例えば，テストなどで全く新しいパターンの問題を出してしまうと，大多数の得点は非常に低くなってしまい，成績付けが困難になります．こうしたことから，テストではパターン化された問題の割合を多くせざるをえないのです．このようなことから，まずあなたに必要なスキルとしては，パターン化された問題を，素早く解いていくことなのです．この「ライブラリ　物理の演習しよう」では，理工系向けに，じっくり考える必要がある難問ではなく学期末試験や大学院入試で出題されやすい型にはまった問題を解くためのスキルを身につけてもらい，あなたの学習を強力にバックアップしていくことを目標としています．

　「熱力学は式の変形はできるんだけど，わかった気がしない」．「どこかだまされている気がする」というのは熱力学や統計力学を学ぶ方のほとんどが口にする言葉です．特に基本からわかりたいという方ほどその傾向にあります．熱力学は，化学や工学など実用上に有用なだけでなく，初期宇宙の理解などにも有用な学問です．さらに熱力学を良く理解するには統計力学が欠かせませんが，その難しさ故に公式を覚えてなんとかしようという人が多いのも実情です．現に私自身統計力学の理解には長い間かかりましたし，その困難の原因を理解するのにも長い時間かかりました．こうしたことから熱の理解のためには，納得するために繰り返し演習し，モル比熱など実験結果と見比べて納得することが重要になります．

　著者の北孝文先生は，統計力学の研究者であって，長いこと北海道大学で統計力学を教えており，皆さんにとってどこがわかりにくいかを熟知しております．ですから皆さんも本書を信じて「繰り返し」演習していきましょう．ある日「わかった！」という瞬間が来るはずです．

　読むだけではだめですよ！　さあこれから頑張って物理の演習しよう！

2017 年 7 月　　　　　　　　　　　　　　　　監修者　北海道大学　鈴木久男

まえがき

　「熱」は，最も深遠で興味深い物理概念のひとつです．暖をとるためや料理の際などに古くから利用されてきた一方で，その本質は，人類にとって長い間謎のままでした．解明されたのは，ようやく19世紀の中頃になってからです．

　本書は，この熱に関する学問である「熱力学」と「統計力学」を，初学者が無理なく系統的に理解できるようにすることを目的に書かれた教科書兼演習書です．対象とする読者は，高校での基礎物理と微積分・ベクトルに関する数学の知識を持った学生で，それらの学生が自習できるようにと配慮しました．例えば，熱力学では，その理解に必要不可欠な二変数関数の微積分の基礎を，演習問題とともに最初に詳しく解説しました．さらに，統計力学の定式化では，エントロピーの統計力学的表式をその基礎に据え，熱力学から統計力学への移行が，簡潔かつ明快なものになるようにと配慮しました．基本問題や節末の演習問題の対象は，ほぼ気体と液体に限ってあります．問題を解きながら本書を読み進めることで，熱・統計力学の本質を理解し，より広汎な適用領域へと進んでいって下さい．

　基本的な事項の節には，**の記号をつけています．++はより進んだ内容です．また，節末の演習問題の難度はAからCまであります．A問題から解き始めて理解を深め，B問題，C問題と階段を上がって行きましょう．時間をおいて何度も解くことで，熱・統計力学が身についてゆくのを実感できるでしょう．本書が読者の皆さんのお役に立てば，筆者にとってこの上ない喜びです．

　本書は，北海道大学で行った熱力学と統計力学の講義と演習の資料を基に作成しました．講義時には，受講者である学生諸氏から様々な質問を受け，それらが講義ノートと演習問題の改善に大変役立ちました．ここに深く感謝します．本書の作成に際して，北海道大学の桐越研光氏には校正作業において有益なコメントを，また，数理工学社の田島伸彦氏，鈴木綾子氏には執筆への有益な助言を頂きました．ここに厚く感謝いたします．

2017年12月　　　　　　　　　　　　　　　著者　北海道大学　北　孝文

目 次

第 1 章　熱力学を学ぶための数学　1
1.1　偏微分・全微分・線積分** …………………………………… 2
　演 習 問 題 …………………………………… 8
1.2　微分形式と完全微分** …………………………………… 9
　演 習 問 題 …………………………………… 19
1.3　熱力学と数学** …………………………………… 20

第 2 章　熱力学の基礎法則　23
2.1　熱力学第一法則** …………………………………… 24
　演 習 問 題 …………………………………… 35
2.2　熱力学第二法則** …………………………………… 37
　演 習 問 題 …………………………………… 49
2.3　熱力学第三法則** …………………………………… 51

第 3 章　熱力学の展開と応用　53
3.1　熱力学ポテンシャル** …………………………………… 54
　演 習 問 題 …………………………………… 60
3.2　化学ポテンシャルと相平衡** …………………………………… 61
　演 習 問 題 …………………………………… 69
3.3　熱力学不等式++ …………………………………… 70
　演 習 問 題 …………………………………… 74
3.4　ファンデルワールス方程式と気体液体転移** …………………………………… 75
　演 習 問 題 …………………………………… 82

第4章　統計力学の基礎　83

4.1　エントロピーの統計力学的表式** ... 84
演習問題 ... 90
4.2　平衡確率分布と熱力学ポテンシャル** ... 91
演習問題 ... 100

第5章　古典系への適用　101

5.1　古典気体への適用** ... 102
演習問題 ... 115
5.2　局在磁気モーメントによる磁性++ ... 118
演習問題 ... 130

第6章　量子力学からの帰結　131

6.1　一粒子系の量子力学と状態密度** ... 132
演習問題 ... 136
6.2　同種多粒子系の量子力学** ... 138
演習問題 ... 149

第7章　量子系への適用　151

7.1　フェルミ分布とボーズ分布** ... 152
演習問題 ... 155
7.2　光子気体とフォノン気体** ... 156
演習問題 ... 161
7.3　単原子分子理想気体** ... 163
演習問題 ... 180

演習問題解答　183

第1章 ... 183
第2章 ... 185
第3章 ... 191
第4章 ... 196
第5章 ... 198
第6章 ... 201
第7章 ... 203

参考文献	211
索　引	212

第1章
熱力学を学ぶための数学

熱力学を学ぶには，多変数関数の微積分や微分形式など，高校数学を超えた知識が必要です．それらの基礎に習熟し，熱力学との関連を理解しましょう．

1.1 偏微分・全微分・線積分**
――多変数関数の微積分の基礎

> Contents
> Subsection ❶ 偏微分
> Subsection ❷ 勾配と全微分
> Subsection ❸ 線積分
> Subsection ❹ 偏微分係数間の恒等式

> **キーポイント**
> 熱力学で扱うのは多変数関数，特に，二つの独立変数 x と y を持つ関数 $f(x,y)$ である．身近な例としては，xy 平面上の各点に高さ $z=f(x,y)$ が対応する「高度」が挙げられる．そして，各位置での山の「勾配」を求める「偏微分」や，登山道に沿って登った高さや歩いた距離を足し上げる「線積分」が重要な役割を果たす．これらの概念と計算に習熟しよう．

❶ 偏微分

二変数関数 $f(x,y)$ の x 方向に関する**偏微分**を

$$\frac{\partial f(x,y)}{\partial x} \equiv \lim_{\Delta x \to 0} \frac{f(x+\Delta x, y) - f(x,y)}{\Delta x} \tag{1.1}$$

で定義します．ここで ≡ は「定義式」を表します．すなわち，y を定数と見なして通常の x 微分を行うのです．図 1.1 での $\frac{\partial f(x,y)}{\partial x}$ は，点 (x,y) における山の斜面の $+x$ 方向の傾きを意味します．熱力学では，この偏微分を

$$\frac{\partial f(x,y)}{\partial x} = \left(\frac{\partial f}{\partial x}\right)_y \tag{1.2}$$

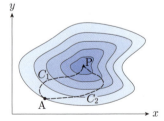

図 1.1 等高線と登山道

とも表現します．すなわち，y 一定下での x 微分であることを，下つき添字 y で強調するのです．ただし，この下つき添字 y は省略されることもあります．

高階の偏微分も同様に実行でき，例えば次のように表されます．

$$\frac{\partial}{\partial x}\frac{\partial f(x,y)}{\partial x} \equiv \frac{\partial^2 f(x,y)}{\partial x^2}, \quad \frac{\partial}{\partial y}\frac{\partial f(x,y)}{\partial x} \equiv \frac{\partial^2 f(x,y)}{\partial y \partial x}. \tag{1.3}$$

基本問題 1.1

関数 $f(x,y) = x^2 y$ について次の偏微分を計算せよ．

(1) $\dfrac{\partial f(x,y)}{\partial x}, \dfrac{\partial f(x,y)}{\partial y}$.

(2) $\dfrac{\partial^2 f(x,y)}{\partial x^2}, \dfrac{\partial^2 f(x,y)}{\partial y^2}, \dfrac{\partial^2 f(x,y)}{\partial y \partial x}, \dfrac{\partial^2 f(x,y)}{\partial x \partial y}$.

方針 微分を実行する変数以外は定数と見なす．

【答案】

(1) $\dfrac{\partial f(x,y)}{\partial x} = \dfrac{\partial (x^2 y)}{\partial x} = 2xy,$

$\dfrac{\partial f(x,y)}{\partial y} = \dfrac{\partial (x^2 y)}{\partial y} = x^2.$

(2) $\dfrac{\partial^2 f(x,y)}{\partial x^2} = \dfrac{\partial}{\partial x}\dfrac{\partial f(x,y)}{\partial x} = \dfrac{\partial (2xy)}{\partial x} = 2y,$

$\dfrac{\partial^2 f(x,y)}{\partial y^2} = \dfrac{\partial}{\partial y}\dfrac{\partial f(x,y)}{\partial y} = \dfrac{\partial (x^2)}{\partial y} = 0,$

$\dfrac{\partial^2 f(x,y)}{\partial y \partial x} = \dfrac{\partial}{\partial y}\dfrac{\partial f(x,y)}{\partial x} = \dfrac{\partial (2xy)}{\partial y} = 2x,$

$\dfrac{\partial^2 f(x,y)}{\partial x \partial y} = \dfrac{\partial}{\partial x}\dfrac{\partial f(x,y)}{\partial y} = \dfrac{\partial (x^2)}{\partial x} = 2x.$ ∎

ポイント (2) の具体例のように，連続微分可能な関数 $f(x,y)$ に関しては，一般に

$$\dfrac{\partial^2 f(x,y)}{\partial y \partial x} = \dfrac{\partial^2 f(x,y)}{\partial x \partial y} \tag{1.4}$$

が成立します．すなわち，異なる独立変数 x と y についての二階微分は，結果が微分の順序によらないのです．

❷ 勾配と全微分

点 (x, y) における関数 $f(x, y)$ の x, y 方向の傾きを，まとめてベクトルで

$$\nabla f(x, y) \equiv \left(\frac{\partial f(x, y)}{\partial x}, \frac{\partial f(x, y)}{\partial y} \right) \tag{1.5}$$

と表すと便利です．ただし ∇ は，

$$\nabla \equiv \left(\frac{\partial}{\partial x}, \frac{\partial}{\partial y} \right) \tag{1.6}$$

で定義されたベクトル演算子**ナブラ**です．(1.5) 式は簡略化して ∇f とも書かれ，幾何学的には，高さが関数 $f(x, y)$ で表される山の位置 (x, y) における**勾配**を表します．この観点から，∇f は，「勾配」を意味する英単語「gradient」の最初の四文字を用いて，grad f のようにも表現されます．

勾配 ∇f を用いると，(x, y) から $(x + dx, y + dy)$ へと微小移動した際の"高さ" f の変化 df が，微小移動のベクトル

$$d\boldsymbol{r} \equiv (dx, dy) \tag{1.7}$$

と勾配 (1.5) を用いて，

$$df = \nabla f \cdot d\boldsymbol{r} = \left(\frac{\partial f}{\partial x} \right)_y dx + \left(\frac{\partial f}{\partial y} \right)_x dy \tag{1.8}$$

と表せます．すなわち，微小移動に際しての"高さ"変化 df は，勾配 ∇f と移動ベクトル $d\boldsymbol{r}$ とのスカラー積に等しいのです．この df を**全微分**といいます．特に，等高線に沿った微小移動 $d\boldsymbol{r}$ では，高さが変化しない（$df = 0$）ので，$\nabla f \cdot d\boldsymbol{r} = 0$ が成立します．これより，「勾配ベクトルは等高線に垂直」であることがわかります．

本書での記号 dx は，「$+x$ 方向への無限小の変位」を表すものと考えてください．(1.1) 式のように，x から $x + \Delta x$ への有限の移動を考え，その変位 Δx が限りなくゼロに近づいた極限を dx と考えるのです．すると，dx を数と見なして自由に四則演算を実行できます．例えば一変数関数 $y = g(x)$ の微分は，次のように書き換えられます．

$$g'(x) = \frac{dg(x)}{dx} \quad \longleftrightarrow \quad dg = g'(x)\, dx. \tag{1.9}$$

ただし，二番目の式では，関数 g の引数 x を省略しました．この第二の等式は，「x が $x + dx$ へと変化したときの関数 g の増分 dg は，傾き $g'(x)$ に変位 dx を掛けたものに等しい」と，直観的・幾何学的に理解できます．なお，<u>$dg = g'(x)\, dx$ は，あくまで dx が無限小の場合にのみ成立すること</u>に注意してください．(1.8) 式も，(dx, dy) が有限の変位 $(\Delta x, \Delta y)$ で置き換わった場合には成り立ちませんが，その $(\Delta x, \Delta y)$ を無限小とすることで等号が成立するようになるのです．

基本問題 1.2

(x, y) から $(x+dx, y+dy)$ へと微小移動したときの関数 $f(x,y) = x^2 y$ の変化 df の表式を求めよ．

方針 登った"高さ" df は，勾配 (1.5) と移動ベクトル (1.7) のスカラー積．

【答案】基本問題 1.1 の (1) の結果を (1.8) 式に代入して，
$$df = 2xy\,dx + x^2 dy. \blacksquare$$

❸ 線積分

図 1.1 で，点 A から頂上 P まで登山道 C_1 に沿って登ることを考えます．その際に歩いた距離や登った高さは，経路 C_1 に沿って微小な長さや高さを足し上げる（積分する）ことにより求まります．一般に，ある経路に沿った一次元積分を**線積分**と呼びます．ここでは曲線上の線積分についての理解をめざします．

まず，曲線は，数学的には一つのパラメータで表現できます．図 1.2 のような有限曲線 C を考えると，その曲線上の位置ベクトル $\boldsymbol{r}$ は，適当なパラメータ s を用いて，

$$\boldsymbol{r}(s) = (x(s), y(s)), \qquad s \in [s_0, s_1] \tag{1.10}$$

と表現できます．ただし $s \in [s_0, s_1]$ は $s_0 \leq s \leq s_1$ を表します．次に，曲線のパラメータ表示 (1.10) を用いて，$df(x,y)$ の C 上の線積分を

$$\int_C df \equiv \int_{s_0}^{s_1} df(x(s), y(s)) \tag{1.11}$$

で定義します．表現は込み入っていますが，高校で学ぶ一変数の定積分に他なりません．

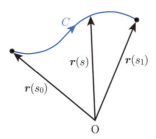

図 1.2 位置ベクトル $\boldsymbol{r}$ による曲線 C のパラメータ表示

基本問題 1.3

関数 $f(x,y) = x + y^2$ の全微分 $df = dx + 2y\,dy$ を，次の二つの経路（図 1.3 参照）に沿って，点 $(0,0)$ から点 $(1,1)$ まで線積分せよ．

(1) $(x,y) = (s,s)$, $s \in [0,1]$ で表される直線経路 C_1.

(2) $(x,y) = (s,s^2)$, $s \in [0,1]$ で表される放物線経路 C_2.

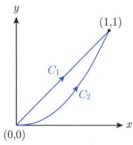

図 1.3 点 $(0,0)$ から $(1,1)$ までの積分経路 C_1 と C_2

方針 df に (x,y) と (dx, dy) のパラメータ表示を代入し，積分を実行する．

【答案】

(1) $(x,y) = (s,s)$ と $(dx,dy) = (ds,ds)$ を $df = dx + 2y\,dy$ に代入し，$s \in [0,1]$ について積分する．
$$\int_{C_1} df = \int_0^1 (ds + 2s\,ds) = \int_0^1 (1 + 2s)ds = 2.$$

(2) $(x,y) = (s,s^2)$ と $(dx,dy) = (ds, 2s\,ds)$ を $df = dx + 2y\,dy$ に代入し，$s \in [0,1]$ について積分する．
$$\int_{C_2} df = \int_0^1 (ds + 4s^3\,ds) = \int_0^1 (1 + 4s^3)\,ds = 2. \blacksquare$$

ポイント 高校で習う一変数の積分です．積分値が $f(1,1) - f(0,0)$ に等しいことに注意して下さい．

❹ 偏微分係数間の恒等式

次の恒等式は，$z = z(x,y)$ から $y = y(x,z)$ などへの変数変換に際して便利です．

$$\left(\frac{\partial x}{\partial y}\right)_z \left(\frac{\partial y}{\partial z}\right)_x \left(\frac{\partial z}{\partial x}\right)_y = -1. \tag{1.12}$$

この式は，左辺の微係数の積がゼロとなるような特殊な点を除いて成立します．

【証明】 $z = z(x,y)$ の点 (x,y) における微小変化は，勾配と微小変位を用いて

$$dz = \left(\frac{\partial z}{\partial x}\right)_y dx + \left(\frac{\partial z}{\partial y}\right)_x dy$$

と表せる．特に，等高線に沿った移動 $(x,y) \to (x+dx, y+dy)$ の場合には，$dz = 0$ より

$$0 = \left(\frac{\partial z}{\partial x}\right)_y dx + \left(\frac{\partial z}{\partial y}\right)_x dy$$

が成立する．この両辺を無限小の増分 dy で割り，「$z = $ 一定」の条件を考慮すると，

$$0 = \left(\frac{\partial z}{\partial x}\right)_y \left(\frac{\partial x}{\partial y}\right)_z + \left(\frac{\partial z}{\partial y}\right)_x \quad \text{すなわち} \quad \left(\frac{\partial z}{\partial x}\right)_y \left(\frac{\partial x}{\partial y}\right)_z = -\left(\frac{\partial z}{\partial y}\right)_x$$

が得られる．この両辺に $\left(\frac{\partial y}{\partial z}\right)_x$ を掛けると，(1.12) 式となる．■

基本問題 1.4

$z = xy$ を満たす変数 (x,y,z) について，(1.12) 式が成り立っていることを確かめよ．

方針 偏微分係数を計算して (1.12) 式に代入した後，もとの関係式を利用．

【答案】 $z = xy$ を $x = \frac{z}{y}$ および $y = \frac{z}{x}$ と書き換えると，(1.12) 式に現れる三つの偏微分が，それぞれ

$$\left(\frac{\partial z}{\partial x}\right)_y = y, \qquad \left(\frac{\partial x}{\partial y}\right)_z = -\frac{z}{y^2}, \qquad \left(\frac{\partial y}{\partial z}\right)_x = \frac{1}{x}$$

と計算できる．従って，

$$\left(\frac{\partial z}{\partial x}\right)_y \left(\frac{\partial x}{\partial y}\right)_z \left(\frac{\partial y}{\partial z}\right)_x = y \frac{-z}{y^2} \frac{1}{x} = -\frac{z}{xy} = -1. ■$$

ポイント 原点など，等号が成立しない点も存在しますが，それらは高々有限個で，熱力学的にも特殊な点です．

演習問題

1.1.1 重要　二変数関数 $f(x,y) = x^2 + y^2$ について，以下の問いに答えよ．
(1) 勾配 $\nabla f(x,y)$ を求めよ．
(2) $f(x,y)$ の値が $0, 0.25, 0.5, 0.75, 1$ となる等高線の概形を描け．
(3) 点 $(0,0), (\frac{1}{2},0), (\frac{1}{2},\frac{1}{2}), (0,\frac{\sqrt{3}}{2}), (-1,0)$ における勾配を，(2) で描いた等高線上に書き入れよ．五つのベクトルについて，方向と相対的な大きさが正しくなるように注意して描くこと．

1.1.2 二次元領域 $-\frac{\pi}{2} \leq x, y \leq \frac{\pi}{2}$ で定義された二変数関数 $f(x,y) = \cos x \cos y$ について，以下の問いに答えよ．
(1) 勾配 $\nabla f(x,y)$ を求めよ．
(2) $f(x,y)$ の値が $0, 0.25, 0.5, 0.75, 1$ となる等高線の概形を描け．
(3) 点 $(0,0), (\frac{\pi}{4},0), (\frac{\pi}{4},\frac{\pi}{4}), (0,\frac{\pi}{2})$ における勾配を，(2) で描いた等高線上に書き入れよ．四つのベクトルについて，方向と相対的な大きさが正しくなるように注意して描くこと．

1.1.3 関数 $f(x,y) = xy$ を，次の二つの経路に沿って，点 $(0,0)$ から点 $(1,1)$ まで線積分せよ．
(1) $(x,y) = (s,s), \ s \in [0,1]$ で表される直線経路 C_1．
(2) $(x,y) = (s,s^2), \ s \in [0,1]$ で表される放物線経路 C_2．

1.1.4 関数 $z = xy + x + 1$ について，(1.12) 式が成り立っていることを確かめよ．

1.2 微分形式と完全微分**
——ポテンシャルの存在条件

> Contents
> Subsection ❶ 微分形式　　Subsection ❷ 完全微分とポテンシャル
> Subsection ❸ 定理 1.1 の証明

> キーポイント
> まず，微分形式を定義する．それは力学での微小仕事に対応する．次に，その線積分を考え，積分値が経路による場合とよらない場合があることを理解する．そして，この二つの場合を数学的に区別する必要十分条件を学ぶ．

❶ 微分形式

(1.8) 式における勾配 ∇f を二つの独立な関数

$$\boldsymbol{F}(\boldsymbol{r}) \equiv (F_x(x,y), F_y(x,y)) \tag{1.13}$$

で置き換えたものを**微分形式**と呼び，具体的に次のように表すことにします．

$$d'W \equiv \boldsymbol{F}(\boldsymbol{r}) \cdot d\boldsymbol{r} = F_x(x,y)\,dx + F_y(x,y)\,dy. \tag{1.14}$$

$F_x(x,y)$ と $F_y(x,y)$ は二つの独立な関数で，下つき添字 x, y で区別されています．また，$d'W$ の d' は，(1.8) 式における df の d とは意味が異なるので，$'$ をつけて区別されています．

位置 $\boldsymbol{r}$ に依存するベクトル $\boldsymbol{F}(\boldsymbol{r})$ を**ベクトル場**と呼びます．例えば台風が接近したときなどの天気予報では，各地点での風の向きと大きさを表す速度場 $\boldsymbol{v}(\boldsymbol{r})$ が，地図上で矢印により可視化されて提供されます．(1.14) 式は，$\boldsymbol{F}(\boldsymbol{r})$ が位置 $\boldsymbol{r}$ にある物体に働く力の場合，「物体が $\boldsymbol{r}$ から $\boldsymbol{r} + d\boldsymbol{r}$ と微小移動した際に，力 $\boldsymbol{F}$ が物体にした**仕事**」という力学的意味を持ちます（図 1.4 参照）．

関数 $\boldsymbol{F}(\boldsymbol{r})$ を任意に選んだとき，$d'W$ の線積分は一般にたどる道筋に依存しますが，経路によらない場合もあります．この二つの場合があることを具体例で見て行きましょう．

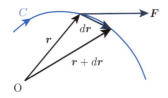

図 1.4
経路 C 上での "力" $\boldsymbol{F}$ と
微小変位 $d\boldsymbol{r}$

基本問題 1.5a 【重要】

ベクトル場 $\bm{F}(\bm{r})=(2y,x)$ から構成される微分形式 $d'W=\bm{F}(\bm{r})\cdot d\bm{r}$ を，次の二つの経路に沿って $(0,0)$ から $(1,1)$ まで線積分せよ．
(1) $(x,y)=(s,s),\ s\in[0,1]$ で表される直線経路 C_1．
(2) $(x,y)=(s,s^2),\ s\in[0,1]$ で表される放物線経路 C_2．

方針 積分経路上の $\bm{F}$ と $d\bm{r}$ をパラメータ s で表し，線積分を実行する．

【答案】 (1) 経路 C_1 上の点は，パラメータ $s\in[0,1]$ を用いて
$$(x,y)=(s,s)$$
と表せる．また，そこでの "力" $\bm{F}=(2y,x)$ と微小変位 $d\bm{r}=(dx,dy)$ は，それぞれ
$$\bm{F}=(2s,s),\qquad d\bm{r}=(ds,ds)$$
である．従って，経路上を $s\to s+ds$ と移動したときの "微小仕事" $d'W$ は，
$$d'W=\bm{F}\cdot d\bm{r}=2s\,ds+s\,ds=3s\,ds.$$
これを 0 から 1 まで積分すると，C_1 に沿っての "全仕事" ΔW_1 が
$$\Delta W_1\equiv\int_{C_1}d'W=\int_0^1 3s\,ds=\frac{3}{2}$$
と求まる．

(2) 経路 C_2 上の点は，パラメータ $s\in[0,1]$ を用いて
$$(x,y)=(s,s^2)$$
と表せる．また，そこでの "力" $\bm{F}=(2y,x)$ と微小変位 $d\bm{r}=(dx,dy)$ は，それぞれ
$$\bm{F}=(2s^2,s),\qquad d\bm{r}=(ds,2s\,ds)$$
である．従って，経路上を $s\to s+ds$ と移動したときの "微小仕事" $d'W$ は，
$$d'W=\bm{F}\cdot d\bm{r}=2s^2 ds+2s^2 ds=4s^2 ds.$$
これを 0 から 1 まで積分すると，C_2 に沿っての "全仕事" ΔW_2 が
$$\Delta W_2\equiv\int_{C_2}d'W=\int_0^1 4s^2 ds=\frac{4}{3}$$
と求まる．■

ポイント この場合の線積分は，二つの経路で値が異なっています．

基本問題 1.5b 〔重要〕

ベクトル場 $\boldsymbol{F}(\boldsymbol{r}) = (2xy, x^2)$ から構成される微分形式 $d'W = \boldsymbol{F}(\boldsymbol{r}) \cdot d\boldsymbol{r}$ を，次の二つの経路に沿って $(0,0)$ から $(1,1)$ まで線積分せよ．
(1) $(x,y) = (s,s)$, $s \in [0,1]$ で表される直線経路 C_1．
(2) $(x,y) = (s,s^2)$, $s \in [0,1]$ で表される放物線経路 C_2．

方針 積分経路上の $\boldsymbol{F}$ と $d\boldsymbol{r}$ をパラメータ s で表し，線積分を実行する．

【答案】 (1) 経路 C_1 上の点は，パラメータ $s \in [0,1]$ を用いて
$$(x,y) = (s,s)$$
と表せる．また，そこでの"力" $\boldsymbol{F} = (2xy, x^2)$ と微小変位 $d\boldsymbol{r} = (dx, dy)$ は，それぞれ
$$\boldsymbol{F} = (2s^2, s^2), \qquad d\boldsymbol{r} = (ds, ds)$$
である．従って，経路上を $s \to s + ds$ と移動したときの"微小仕事" $d'W$ は，
$$d'W = \boldsymbol{F} \cdot d\boldsymbol{r} = 2s^2 ds + s^2 ds = 3s^2 ds.$$
これを 0 から 1 まで積分すると，C_1 に沿っての"全仕事" ΔW_1 が
$$\Delta W_1 \equiv \int_{C_1} d'W = \int_0^1 3s^2 ds = 1$$
と求まる．

(2) 経路 C_2 上の点は，パラメータ $s \in [0,1]$ を用いて
$$(x,y) = (s,s^2)$$
と表せる．また，そこでの"力" $\boldsymbol{F} = (2xy, x^2)$ と微小変位 $d\boldsymbol{r} = (dx, dy)$ は，それぞれ
$$\boldsymbol{F} = (2s^3, s^2), \qquad d\boldsymbol{r} = (ds, 2s\,ds)$$
である．従って，経路上を $s \to s + ds$ と移動したときの"微小仕事" $d'W$ は，
$$d'W = \boldsymbol{F} \cdot d\boldsymbol{r} = 2s^3 ds + 2s^3 ds = 4s^3 ds.$$
これを 0 から 1 まで積分すると，C_2 に沿っての"全仕事" ΔW_2 が
$$\Delta W_2 \equiv \int_{C_2} d'W = \int_0^1 4s^3 ds = 1$$
と求まる．■

ポイント この場合の線積分は，二つの経路で値が同じになっています．

❷ 完全微分とポテンシャル

基本問題 1.5a と 1.5b により，「微分形式 $d'W$ の線積分の値は，積分経路に (a) 依存する場合と (b) 依存しない場合がある」ことが明らかになりました．この違いは，"力"の場 $\bm{F}$ の性質の違いに由来します．より具体的に，(b) が成立するための必要十分条件は，次のようにまとめられます．

> **定理 1.1** ある二次元領域内で定義された微分形式 $d'W \equiv \bm{F}(\bm{r}) \cdot d\bm{r}$ を考える．その線積分が経路に依存しないための必要十分条件は，この領域内で
> $$\frac{\partial F_x}{\partial y} = \frac{\partial F_y}{\partial x} \tag{1.15}$$
> が成立することである．

(1.15) 式は，微分形式 $d'W \equiv \bm{F}(\bm{r}) \cdot d\bm{r}$ の**可積分条件**と呼ばれます．そして熱力学では，後述するように，**マクスウェルの関係式**と呼ばれる重要な関係式となっています（2.2 節参照）．

上記の定理が成立しているかどうか，基本問題 1.5a と 1.5b で取り上げた二つの $\bm{F}$ について，具体的に確かめてみましょう．

基本問題 1.6

次の二つの場 $\bm{F} = (F_x, F_y)$ について $\dfrac{\partial F_x}{\partial y}$ と $\dfrac{\partial F_y}{\partial x}$ を計算し，それらが異なるか同じであるかを答えよ．
(1) $\bm{F}(\bm{r}) = (2y, x)$.
(2) $\bm{F}(\bm{r}) = (2xy, x^2)$.

方針 二つの偏微分を計算し，等号が成り立つかどうかを確かめる．

【答案】
(1) $\dfrac{\partial F_x}{\partial y} = 2, \dfrac{\partial F_y}{\partial x} = 1$. ゆえに，$\dfrac{\partial F_x}{\partial y} \neq \dfrac{\partial F_y}{\partial x}$．
(2) $\dfrac{\partial F_x}{\partial y} = 2x, \dfrac{\partial F_y}{\partial x} = 2x$. ゆえに，$\dfrac{\partial F_x}{\partial y} = \dfrac{\partial F_y}{\partial x}$．■

ポイント 基本問題 1.5a, 1.5b, 1.6 より，定理 1.1 の主張が，二つの具体例で成立していることが確かめられました．一般的な証明は Subsection ❸ で行います．

定理 1.1 の条件を満たす $d'W$ を**完全微分**とよび，$d'W \to dW$ と書き換えて一般の微分形式と区別することにします．完全微分 dW は積分可能です．実際，始点 $\boldsymbol{r}_0 \equiv (x_0, y_0)$ を適当に選ぶと，終点 $\boldsymbol{r} \equiv (x, y)$ での積分値は経路によらず一つに決まります．つまり，微分形式 dW に対応した関数

$$W(x,y) \equiv \int_{\boldsymbol{r}_0}^{\boldsymbol{r}} dW \tag{1.16}$$

は一意に決まるのです．この関数 $W(x,y)$ を $\boldsymbol{F}(\boldsymbol{r})$ の**ポテンシャル**と名づけます．ただし力学では，慣例として，積分に負符号をつけてポテンシャルが定義されます．始点 $\boldsymbol{r}_0$ に依存した定数は，積分定数という意味を持ち，二点間の W の差を考えるときには相殺します．

(1.16) 式の積分は，便利な積分経路を一つ選んで計算することもできますが，より一般的には次のように実行できます．まず，x 軸に平行な直線に沿って積分します．具体的には，この経路上では $dy=0$ であることから，積分変数を x_1 と選び，$dW(x_1, y) = F_x(x_1, y)\,dx_1$ を $x_1 \in [x_0, x]$ について積分します．ここで，x_0 は任意に選んだ積分の下限です．すると，

$$W(x,y) = \int_{x_0}^{x} F_x(x_1, y)\,dx_1 + g(y) \tag{1.17a}$$

となります．次に，"積分定数"$g(y)$ を求めるために，「(1.17a) 式の y についての偏微分が $F_y(x,y)$ に一致する」，すなわち，$\frac{\partial W(x,y)}{\partial y} = F_y(x,y)$ を要請します．これより，$g(y)$ の導関数に関する方程式が，

$$g'(y) = F_y(x,y) - \int_{x_0}^{x} \frac{\partial F_x(x_1, y)}{\partial y}\,dx_1 \tag{1.17b}$$

と得られます．この一階の常微分方程式は容易に積分できます．その $g(y)$ を (1.17a) 式に代入することで，$W(x,y)$ が得られるのです．この導出法では，先に y 積分を行うことも可能です．

なお，(1.17b) 式の左辺は y のみの関数であるので，右辺も x に依存しないはずです．このことを確かめるために，両辺を x で微分すると，

$$0 = \frac{\partial F_y(x,y)}{\partial x} - \frac{\partial F_x(x,y)}{\partial y}$$

となり，可積分条件 (1.15) が再現されました．また，得られた (1.17a) 式の偏導関数は，

$$F_x(x,y) = \frac{\partial W(x,y)}{\partial x}, \qquad F_y(x,y) = \frac{\partial W(x,y)}{\partial y} \tag{1.18}$$

を満たします．すなわち，場 $\boldsymbol{F} = (F_x, F_y)$ は，dW を積分して得られる関数 $W(x,y)$ の勾配に他なりません．そして，可積分条件 (1.15) は，(1.4) 式で $f \to W$ と置き換えた"あたり前の式"となります．

基本問題 1.7 【重要】

$F(r) = (2xy, x^2)$ に関する完全微分 $dW = F(r)\cdot dr$ を，原点 $(0,0)$ を基準点として積分し，関数 $W(x,y)$ を求めよ．

方針 直線経路上での積分の他に，(1.17) 式の方法も便利．

【答案1】 便利な積分経路として，原点から (x,y) までの直線経路 C_1 を選ぶ．C_1 上の一般の点 r_1 は，
$$r_1 = (xs_1, ys_1), \qquad s_1 \in [0,1]$$
と表せる．また，この点での "力" $F(r_1)$ と微小変位 $dr_1 = (dx_1, dy_1)$ は，それぞれ
$$F(r_1) = (2xys_1^2, x^2s_1^2), \qquad dr_1 = (x\,ds_1, y\,ds_1)$$
と得られる．従って，経路上を $s_1 \to s_1 + ds_1$ と移動したときの "微小仕事" は，
$$dW = F(r_1)\cdot dr_1 = 2x^2ys_1^2ds_1 + x^2ys_1^2ds_1 = 3x^2ys_1^2ds_1.$$
これを 0 から 1 まで積分すると，関数 $W(x,y)$ が
$$W(x,y) = \int_{C_1} dW = x^2y \int_0^1 3s_1^2 ds_1 = x^2y$$
と求まる．■

【答案2】 完全微分 $dW = 2xy\,dx + x^2 dy$ を (1.17) 式の方法で積分する．まず，x 軸に平行な経路（$dy = 0$）に沿っての微分方程式
$$dW = 2xy\,dx$$
を x について積分し，
$$W(x,y) = x^2y + g(y) \tag{1.19}$$
を得る．次に，この $W(x,y)$ について $\frac{\partial W(x,y)}{\partial y} = x^2$ を要請すると，$g(y)$ についての微分方程式が
$$g'(y) = 0$$
となることがわかる．積分すると，$g(y) = a$．ただし，a は積分定数である．この結果を (1.19) 式に代入して，
$$W(x,y) = x^2y + a.$$
一方，線積分の始点を $(0,0)$ と選んだので，$W(0,0) = 0$ が成立する．従って，$a = 0$．以上より，求める関数が
$$W(x,y) = x^2y$$
と得られる．■

ポイント 二つの積分方法による結果が一致しました．

❸ 定理 1.1 の証明

以下では前節の定理 1.1 の証明を行います．詳細に関心のない読者は次節に進んでください．証明は，(i) **グリーンの定理**の証明，(ii) 定理 1.1 の証明，の二段階で行います．

第一段階として，グリーンの定理を提示してその証明を行います．具体的に，微分形式 $d'W = \boldsymbol{F}(\boldsymbol{r}) \cdot d\boldsymbol{r}$ を反時計回りの閉曲線 C 上で一周積分します（図 1.5 参照）．この線積分は，次のように，C で囲まれた領域 R 内の面積分で表せます．

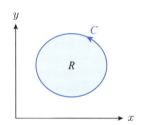

図 1.5　反時計回りの閉曲線 C とその内側の領域 R

定理 1.2（グリーンの定理）

$$\oint_C (F_x dx + F_y dy) = \iint_R dxdy \left(\frac{\partial F_y}{\partial x} - \frac{\partial F_x}{\partial y} \right) \tag{1.20}$$

左辺の積分記号についた ○ は一周積分を表します．一方，右辺は領域 R に関する二重積分で，その詳しい内容は以下の証明で明らかにします．

【(i) グリーンの定理の証明】まず，(1.20) 式の右辺における括弧内第二項の領域 R についての積分を考察する．この積分を，図 1.6(a) のように，① x を決めて縦方向（y 方向）に積分した後，② 横方向に x 積分を実行し，次のように変形する．

$$-\iint_R dxdy \frac{\partial F_x(x,y)}{\partial y} = -\int_{x_1}^{x_2} dx \int_{Y_1(x)}^{Y_2(x)} dy \frac{\partial F_x(x,y)}{\partial y}$$

$\qquad\qquad\qquad\qquad$ y 積分は容易に実行できる

$$= -\int_{x_1}^{x_2} dx \{ F_x(x, Y_2(x)) - F_x(x, Y_1(x)) \}$$

$\qquad\qquad\qquad\qquad$ 第一項で積分の下限と上限を入れ替え

$$= \int_{x_2}^{x_1} dx\, F_x(x, Y_2(x)) + \int_{x_1}^{x_2} dx\, F_x(x, Y_1(x))$$

$\qquad\qquad\qquad\qquad$ これは C に沿った反時計回りの線積分

$$= \oint_C F_x(x,y)\, dx. \tag{1.21a}$$

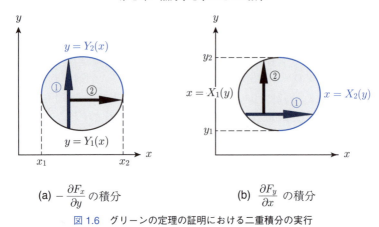

図 1.6 グリーンの定理の証明における二重積分の実行

次に，(1.20) 式の右辺における括弧内第一項の領域 R についての積分に注目する．この積分を，図 1.6(b) のように，① y を決めて横方向（x 方向）に積分した後，② 縦方向に y 積分を実行し，次のように変形する．

$$\iint_R dxdy \frac{\partial F_y(x,y)}{\partial x} = \int_{y_1}^{y_2} dy \int_{X_1(y)}^{X_2(y)} dx \frac{\partial F_y(x,y)}{\partial x}$$
$$= \int_{y_1}^{y_2} dy \{F_y(X_2(y),y) - F_y(X_1(y),y)\}$$
$$= \int_{y_1}^{y_2} dy\, F_y(X_2(y),y) + \int_{y_2}^{y_1} dy\, F_y(X_1(y),y)$$
$$= \oint_C F_y(x,y)\, dy. \tag{1.21b}$$

(1.21a) 式と (1.21b) 式を辺々加えあわせると定理が得られる．■

補足 上の証明における (1.21a) 式の変形は，曲線 C が「一つの x に高々二つの $y = Y_1(x), Y_2(x)$ が対応する二価関数」として表される場合にのみ有効です．従って，例えば図 1.7 のように，曲線 C 上のある $x = x_0$ について「四価関数」となるような場合には，この証明はそのままでは適用できません．しかし，適当な直線 L を引いて C を C_1 と C_2 に分割すると，C_1 と C_2 のそれぞれで上の証明が成立します．そして，挿入した L 上の線積分は，C_1 と C_2 で逆向きとなって相殺されます．従って，$C = C_1 + C_2$ についても定理は成立することになります．より一般的な閉曲線の場合も，同様の議論で定理の成立を示すことが可能です．

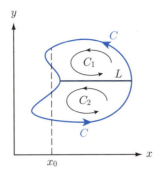

図 1.7　より複雑な閉曲線 C の場合

第二段階として，グリーンの定理を用いて定理 1.1 の証明を行います．

【(ii) 定理 1.1 の証明】　グリーンの定理 (1.20) における左辺の周回線積分 C を，図 1.8 における点 A から点 B への二つの経路 C_1 と C_2 の線積分に分割する．すると，C_2 が C と逆向きであることを考慮して，(1.20) 式は

$$\int_{C_1}(F_x dx + F_y dy) - \int_{C_2}(F_x dx + F_y dy) = \iint_R dxdy\left(\frac{\partial F_y}{\partial x} - \frac{\partial F_x}{\partial y}\right)$$

へと書き換えられる．この式より，

$$\left(\int_{C_1} = \int_{C_2} \text{が任意の } C_1 \text{ と } C_2 \text{ で成立}\right) \leftrightarrows \left(\text{領域内で } \frac{\partial F_y}{\partial x} = \frac{\partial F_x}{\partial y} \text{ が成立}\right)$$

が成り立つことがわかる．■

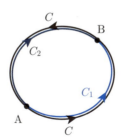

図 1.8　閉曲線 C を経路 C_1 と C_2 へ分割

基本問題 1.8

ベクトル場が $\boldsymbol{F}(\boldsymbol{r}) = (y, -2x)$ で，領域 R が次のように与えられたとき（図 1.9 参照），グリーンの定理 (1.20) が成立していることを確かめよ．

$$R : x^2 \leq y \leq \sqrt{x}, \qquad x \in [0, 1].$$

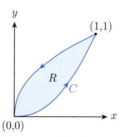

図 1.9　領域 R とそれを囲む反時計回り閉曲線 C

方針　線積分と面積分を愚直に実行する．

【答案】　(1.20) 式の左辺における反時計回りの閉曲線 C は，今の問題では，二つの経路

$$C_1 : \quad (x, y) = (s_1, s_1^2), \quad 0 \leq s_1 \leq 1$$
$$C_2 : \quad (x, y) = (s_2^2, s_2), \quad 1 \geq s_2 \geq 0$$

の和である．また，それらの経路上における $\boldsymbol{F} = (y, -2x)$ と $d\boldsymbol{r} = (dx, dy)$ は，それぞれ

$$C_1 : \quad \boldsymbol{F} = (s_1^2, -2s_1), \quad d\boldsymbol{r}_1 = (ds_1, 2s_1 ds_1)$$
$$C_2 : \quad \boldsymbol{F} = (s_2, -2s_2^2), \quad d\boldsymbol{r}_1 = (2s_2 ds_2, ds_2)$$

と表せる．よって，(1.20) 式の左辺の線積分が，

$$\oint_C \boldsymbol{F} \cdot d\boldsymbol{r} = \int_0^1 (s_1^2 - 4s_1^2)\, ds_1 + \int_1^0 (2s_2^2 - 2s_2^2)\, ds_2 = -1$$

と計算できる．一方，(1.20) 式の右辺の面積分は，

$$\iint_R dxdy \left(\frac{\partial F_y}{\partial x} - \frac{\partial F_x}{\partial y} \right) = \int_0^1 dx \int_{x^2}^{\sqrt{x}} dy(-2 - 1)$$
$$= -3 \int_0^1 (x^{\frac{1}{2}} - x^2) dx$$
$$= -1$$

と計算できる．ただし，図 1.6(a) の順序に従って二重積分を実行した．よって，$\boldsymbol{F} = (y, -2x)$ の場合について，(1.20) 式が成立していることを確認できた．■

演習問題
A

1.2.1 ベクトル場 $\boldsymbol{F}(\boldsymbol{r}) \equiv (y, -x)$ について考える．ただし $\boldsymbol{r} \equiv (x, y)$．
(1) 曲線 C を点 $(0,0)$ から点 $(1,1)$ に至る次のような曲線とする．それぞれの場合について，線積分 $\displaystyle\int_C \boldsymbol{F} \cdot d\boldsymbol{r}$ を計算せよ．
  (a) 直線 $\boldsymbol{r} = (s, s)$ $(0 \leq s \leq 1)$．
  (b) 放物線 $\boldsymbol{r} = (s, s^2)$ $(0 \leq s \leq 1)$．
  (c) 円周 $\boldsymbol{r} = (\cos\theta, 1 + \sin\theta)$ $(-\frac{\pi}{2} \leq \theta \leq 0)$．
(2) $\dfrac{\partial F_x}{\partial y} \neq \dfrac{\partial F_y}{\partial x}$ を確かめよ．

1.2.2 ベクトル場 $\boldsymbol{F}(\boldsymbol{r}) \equiv (x, y)$ について考える．ただし $\boldsymbol{r} \equiv (x, y)$．
(1) 曲線 C を点 $(0,0)$ から点 $(1,1)$ に至る次のような曲線とする．それぞれの場合について，線積分 $\displaystyle\int_C \boldsymbol{F} \cdot d\boldsymbol{r}$ を計算せよ．
  (a) 直線 $\boldsymbol{r} = (s, s)$ $(0 \leq s \leq 1)$．
  (b) 放物線 $\boldsymbol{r} = (s, s^2)$ $(0 \leq s \leq 1)$．
  (c) 円周 $\boldsymbol{r} = (\cos\theta, 1 + \sin\theta)$ $(-\frac{\pi}{2} \leq \theta \leq 0)$．
(2) $\dfrac{\partial F_x}{\partial y} = \dfrac{\partial F_y}{\partial x}$ を確かめよ．
(3) $\boldsymbol{F}(\boldsymbol{r}) = \boldsymbol{\nabla} W(\boldsymbol{r})$ となる関数 $W(x, y)$ を求めよ．
(4) $W(1,1) - W(0,0)$ を計算し，(1) の結果と一致することを確かめよ．

1.2.3 重要 次の df が完全微分であることを確かめ，積分を実行せよ．
(1) $df = (2xy + y^2)\, dx + (x^2 + 2xy)\, dy$．
(2) $df = \left(\dfrac{2x}{x^2 + y^2 + 1} + 1\right) dx + \left(\dfrac{2y}{x^2 + y^2 + 1} + \dfrac{2y}{y^2 + 1}\right) dy$．

1.3 熱力学と数学**
──熱平衡空間・状態変数・新たなポテンシャル

> **キーポイント**
> 熱力学の考察対象である「熱平衡空間」とそこでの独立変数を理解し，前節までに展開された数学との関連を見る．また，熱力学第一法則と第二法則により，新たなポテンシャルの存在が明らかになったことを予備知識として知っておこう．

　ここでは上で述べた数学と熱力学との関係を簡潔にまとめます．最初から全部わからなくても気にする必要はありません．後で見直すと，理解が一層深まります．

　熱力学における独立変数は**状態変数**と呼ばれます．そして，粒子数が一定の場合には，体積 V，圧力 P，絶対温度 T の中のいずれか二つを独立変数として用いることができます．実験によると，(V, P, T) の間には，**状態方程式**と呼ばれる一つの関数関係

$$f(P, T, V) = 0$$

が存在します．よく知られた状態方程式として，n モルの気体に関する**理想気体の状態方程式**

$$PV = nRT \tag{1.22}$$

や，それを液体領域まで拡張した**ファンデルワールスの状態方程式**

$$\left(P + a\frac{n^2}{V^2}\right)(V - nb) = nRT \tag{1.23}$$

が挙げられます．ここで，

$$R = 8.314 \, \text{J/mol·K} \tag{1.24}$$

は**気体定数**で，a と b は正の定数です．また，**絶対温度** T は単位 K（ケルビン）を持ち，日常的に使われる摂氏温度（単位 °C）との間に

$$\begin{aligned}&\text{基準値 } T_0 : \ 273.15 \, \text{K} = 0°\text{C}, \\ &\text{増分 } \Delta T : \ 1 \, \text{K} = 1°\text{C}\end{aligned} \tag{1.25}$$

の関係があります．状態方程式が成立することから，(V, P, T) は，(1.12) 式に対応した式

$$\left(\frac{\partial P}{\partial T}\right)_V \left(\frac{\partial T}{\partial V}\right)_P \left(\frac{\partial V}{\partial P}\right)_T = -1 \tag{1.26}$$

を満たすこともわかります．例えば，理想気体の場合には，

$$P = \frac{nRT}{V}, \qquad T = \frac{PV}{nR}, \qquad V = \frac{nRT}{P}$$

と三通りに表せます．これらを用いると，(1.26) 式が成立していることを，基本問題 1.4 と同様に示せます．

熱力学の**状態量**は，(1.16) 式の下で定義した**ポテンシャル**に相当し，二点間の値の差が経路によらない量を意味します．そして，その微小変化は完全微分で表せます．上述の体積 V，圧力 P，絶対温度 T は状態量です．それらに加え，熱力学第一法則と第二法則により，二つの新たな状態量の存在が確立されました．すなわち，**内部エネルギー** U と**エントロピー** S です．内部エネルギーは，力学での**エネルギー**に他なりません．

これらの状態量を，二つの視点から分類します．第一に，分量あるいは系の粒子数の視点で見た状態量は，分量に比例する**示量変数**と，分量に関係のない**示強変数**に分類されます．前者の例としては (V, U, S) などがあります．また，後者の例としては，(T, P) が挙げられます．第二に，定義域の観点から状態量を眺めます．すると，エネルギー U や体積 V は，力学的にも定義できることに気づきます．そこで，(U, V) を**力学変数**と呼ぶことにします．一方，(S, T) の二つの変数は，力学にはない概念で，**熱**あるいは**熱量**に関係し，熱平衡状態の空間でのみ厳密に定義できます．すなわち，(S, T) は，熱力学固有の**熱力学変数**なのです．また，気体や液体を考察する場合には，圧力 P も熱力学変数となります．なぜなら，気体や液体の圧力を定義する際には，時間に関する統計平均の操作が必要だからです．

熱力学の計算に用いられる経路は，**準静的過程**（非常にゆっくりとした変化）です．準静的過程は，逆向きにたどれる**可逆過程**です．可逆過程は，温度 T と圧力 P が厳密に定義できる空間，すなわち，**熱平衡状態**の空間における経路です．そして，それ以外の経路を**非可逆過程**といいます．図 1.10 のように，粒子数一定の状態は，二つの独立変数 (U, V) で指定することができます．その一つの熱平衡状態 A から別の熱平衡状態 B に移

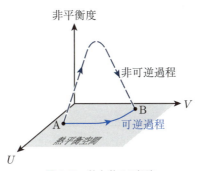

図 1.10　熱力学での経路

る経路には，熱平衡空間内の経路である様々な可逆過程の他に，熱平衡空間から飛び出てワープする非可逆過程も存在します．そして，経路上での時間変化が急激であればあるほど，非平衡度は増します．我々の身の回りの現象は，そのほとんど全てが非可逆過程です．しかし，熱力学では，温度・圧力の定義できないこの非平衡空間の経路をたどることができません．一方で，始状態 A と終状態 B が熱平衡状態であれば，どの経路をたどろうと，それらの間の状態量の変化は熱力学で計算でき，変化の方向も予測できるのです．

コラム　非可逆過程

　非可逆過程の典型例としては，気体の断熱自由膨張があります．図 1.11(a) のように，断熱壁で囲まれた箱の左側に気体が入っており，右側の真空域と壁で仕切られている状況を考えます．そして，ある時刻に仕切りを取り払います．日常経験に基づくと，気体は，この急激な外部環境の変化の後，(b) のような非均一な状態（非平衡状態）を経て，系全体で密度が一定の熱平衡状態 (c) に落ち着きます．この過程は，「非可逆過程」で，(c) から (a) への変化は起きません．また，(b) の非一様な状態では，温度も圧力も厳密には定義できません．一方で，(a) から (c) へは，(a) の仕切りをゆっくりと右方向に動かすことで，可逆的に到達可能なのです．

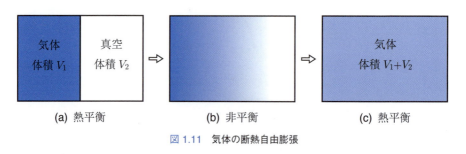

図 1.11　気体の断熱自由膨張

第2章
熱力学の基礎法則

物理学は，自然現象を数式で記述する学問です．熱力学の基礎法則も数式で表現できます．それらは，

$$d'Q + d'W = dU, \qquad d'Q \leq T\,dS, \qquad \lim_{T \to 0} S = 0$$

と表され，それぞれ，第一法則，第二法則，第三法則と呼ばれています．この三つの簡潔な数式の上に，熱力学の豊かな世界が築かれているのです．それらの意味を理解して慣れ親しみ，使いこなせるようにしましょう．初等熱力学の独立変数は二つです．それらが何なのか，常に意識しながら微積分を実行する習慣を身につけましょう．

2.1 熱力学第一法則**
――熱を含めたエネルギー保存則

> Contents
> Subsection ❶ **熱力学第一法則**
> Subsection ❷ **気体による仕事**
> Subsection ❸ **気体のモル比熱**
> Subsection ❹ **カルノー過程**

> **キーポイント**
> 熱力学第一法則は，(i) 熱はエネルギーの一種であること，および，(ii) エネルギーは全体として保存されることを主張する．

❶熱力学第一法則

熱力学第一法則は，数式で次のように表現できます．

熱力学第一法則
$$d'Q + d'W = dU. \tag{2.1}$$

ここで，$d'Q$ と $d'W$ は，図 2.1 のように，注目する系に外部から加えらた微小熱量と微小仕事であり，共に非状態量です．しかし，それらの和 dU は完全微分で，その値は変化の経路によりません．つまり，U は状態量（＝ポテンシャル）で，**内部エネルギー**と呼ばれています．この内部エネルギーは，力学でのエネルギーに他なりません．

本書では，外部から系に加えられた仕事を $d'W$ と表しました．従って，$-d'W$ は系が外部へした仕事を表すことになります．同様に，$-d'Q$ も，系から外部へ排出した熱量という意味を持ちます．

熱力学第一法則により，熱を含めた**エネルギー保存則**が確立され，「エネルギーを作り出しながら動く機関（**第一種永久機関**）は実現不可能である」と結論づけられました．

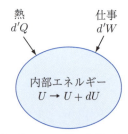

図 2.1　熱と仕事による系の内部エネルギー変化

基本問題 2.1 【重要】

任意の閉曲線 C に沿った熱力学の過程を**循環過程**という．一周期の循環過程において外部にした仕事

$$-\Delta W \equiv -\oint_C d'W$$

を，系に加えた熱量を用いて表せ．

方針 第一法則を C に沿って積分し，U が状態量であることを用いる．

【答案】 (2.1) 式を C に沿って一周積分すると，

$$\oint_C d'Q + \oint_C d'W = \oint_C dU$$
$$= 0.$$

ただし，第二の等式では，U が状態量であり，その一周積分はゼロとなることを用いた．これより，外部にした仕事

$$-\Delta W \equiv -\oint_C d'W$$

が，

$$-\Delta W = \oint_C d'Q \tag{2.2}$$

のように，系に加えた全熱量に等しいことがわかる．■

ポイント 循環過程は，熱を仕事に変える**熱機関**のモデルとなっています．(2.2) 式は，「系に加えた熱量の総和が外部にした仕事になる」という循環過程に関する一般則を表現しています．

第一法則は，1850年にクラウジウスによって確立されました．その歴史的意義を理解するには，熱を用いて仕事を取り出す**熱機関**を，水の位置エネルギーで駆動される水車と比較する考察が役立ちます．[1] 水車では，水を高い所から低い所へ流し，水の位置エネルギーを水車の運動エネルギーに変換して製粉などの仕事を行います（図 2.2(a) 参照）．一方，蒸気機関などの熱機関では，水のかわりに**熱**を高温熱源から低温熱源に流し，循環過程を駆動して仕事を取り出します（図 2.2(b) 参照）．水車では，流れ落ちる際の水量は不変です．19世紀前半までは，熱はこの水と同じように考えられていました．すなわち，「熱は温度の高い所から低い所に流れ，その総量は保存する」とする**熱素説**が有力でした．第一法則は，この考え方を明確に否定しました．つまり，一循環過程の間に熱機関に流れ落ちる熱量 ΔQ_1 は，外部への仕事 $-\Delta W$ と熱機関から流れ出す熱量 $-\Delta Q_2$ に分岐し，熱から仕事への変換が起こります．一方で，等式

$$\Delta Q_1 = -\Delta W - \Delta Q_2$$

が成立し，エネルギーの総量は保存されるのです．

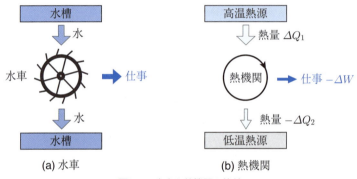

図 2.2　水車と熱機関の比較

基本問題 2.2 　　　　　　　　　　　　　　　　　　　　　　　　　重要

食品の持つ熱量は**カロリー**（cal）という単位で測られる．1 cal は 4.184 J に等しく，およそ「1 気圧下で 1 g の水の温度を 1°C 上げるのに必要な熱量」に等しい．ある成人がある 1 日に採った食物は，2000 kcal であった．この熱量が体脂肪にならず，全て消費されたとすると，この人の毎秒当りの平均エネルギー消費量は何ワット（＝ジュール/秒）か．

【答案】
$$\frac{2000 \times 10^3 \times 4.184}{60 \times 60 \times 24} = 96.85 \,[\text{W}].$$
100 W の蛍光灯と同程度のエネルギー消費である．■

ポイント　人は食べることで熱量を取り込み，そのエネルギーを用いて活動しています．熱がエネルギーであること，および，熱エネルギーから運動エネルギーへの変換が実感できますね．

1 カロリーをエネルギーの単位ジュールで表した値
$$J \equiv 4.184 \,\text{J/cal} \tag{2.3}$$
は**熱の仕事当量**とも呼ばれます．■

コラム　マイヤーとジュール

熱がエネルギーの一種であることを喝破し，熱の仕事当量を導いたのが，ドイツ人のマイヤーとイギリス人のジュールです．彼らの研究は，1840 年代の半ばに異なる国で独立に行われましたが，二人には，科学研究を生業としないアマチュア研究者であったという共通点があります．マイヤーは医者であり，船医として訪れたジャワ島で，ヨーロッパ人から瀉血した静脈血が本国でのものと比べて赤いのに驚いて熱に関する研究を始めた，というエピソードが残っています．一方のジュールは，産業革命の中心地マンチェスター近くの町で，裕福な醸造業者の次男として生まれ，その富を用いて研究を行いました．アマチュア研究者であったことも災いしてか，彼らの研究は，発表当初には学会から無視され，その真価は，10 年以上の時を経てようやく認められるようになりました．文献[1]

❷ 気体による仕事

以下では，熱力学を適用する系として気体を取り上げ，外部への仕事 $-\Delta W$ の表式を導出します．図 2.3 のように，シリンダーに気体が閉じ込められ，その圧力 P が外部の力 F によって支えられている状況を考察します．力の釣り合いの条件は，ピストンの表面積を S として，

$$F = PS$$

と表せます．今，気体が閉じ込められている領域が $x \to x + dx$ と変化したものとすると，気体が外部にした仕事は，

$$-d'W = F\,dx = PS\,dx = P\,dV$$

と書き換えられます．ここで，$dV \equiv S\,dx$ は気体の体積変化です．すなわち，気体がする微小仕事が

$$-d'W = P\,dV \tag{2.4}$$

と表せることがわかりました．

(2.4) 式を，VP 空間で表された図 2.4 の二つの可逆過程について積分します．まず，(a) の曲線 C に沿った変化の際に気体がする仕事は，

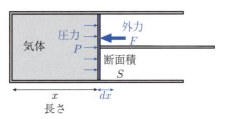

図 2.3　シリンダー内の気体が外部にする仕事

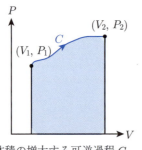
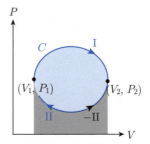

(a) 体積の増大する可逆過程 C　　(b) 時計回りの可逆循環過程 C

図 2.4　二つの可逆過程

$$-\Delta W = \int_{V_1}^{V_2} P\, dV = \boxed{影のついた領域の面積} \tag{2.5a}$$

と幾何学的に理解できます．さらに，(b) の曲線 C に沿った循環過程を一周期分動かす際に気体がする仕事は，

$$-\Delta W = \oint_C P\, dV = \int_{\mathrm{I}} P\, dV + \int_{\mathrm{II}} P\, dV \quad \text{II を逆向きに積分}$$

$$= \int_{\mathrm{I}} P\, dV - \int_{-\mathrm{II}} P\, dV = \boxed{閉領域の面積} \tag{2.5b}$$

と表せます．このように，可逆過程の際に気体がする仕事は，VP 空間における領域の面積と関係してます．

基本問題 2.3 ─────────────── 重要

状態方程式 $PV = nRT$ に従う n モルの理想気体がある．その温度 T を一定に保ちながら，体積を V_1 から V_2 に変化させた．このとき，気体が外部にした仕事 $-\Delta W$ の表式を求めよ．

方針 (2.4) 式の圧力 P を (V, T) の関数として表し，T 一定の下で積分する．

【答案】

$$-\Delta W = \int_{V_1}^{V_2} P(V, T)\, dV$$

$$= \int_{V_1}^{V_2} \frac{nRT}{V}\, dV$$

T が一定なので，nR と共に積分の外に出す

$$= nRT \int_{V_1}^{V_2} \frac{1}{V}\, dV$$

$$= nRT \bigl[\ln V\bigr]_{V_1}^{V_2}$$

$$= nRT \ln \frac{V_2}{V_1}. \tag{2.6}$$

ただし，$\ln \equiv \log_e$ は自然対数である．■

ポイント V に関する線積分は，「T が一定」の経路に沿った積分です．

(2.4) 式は，熱平衡状態の変数である圧力 P を用いて表されていることから，可逆過程で成り立つ式であることを指摘しておきます．詳細は以下の**基本問題 2.10** とその下の段落を参照してください．

❸ 気体のモル比熱

次に，気体の定積モル比熱と定圧モル比熱の便利な表式を求めます．熱平衡状態の空間を考え，状態量 U の独立変数を (T, V) に選ぶと，その全微分は，(1.8) 式より

$$dU = \left(\frac{\partial U}{\partial T}\right)_V dT + \left(\frac{\partial U}{\partial V}\right)_T dV \tag{2.7a}$$

と表せることがわかります．この式と (2.4) 式を用いて，第一法則 (2.1) を，

$$d'Q = dU - d'W$$
$$= \left(\frac{\partial U}{\partial T}\right)_V dT + \left\{\left(\frac{\partial U}{\partial V}\right)_T + P\right\} dV \tag{2.7b}$$

と書き換えます．

まず，定積モル比熱の表式を求めます．(2.7b) 式を温度変化 dT とモル数 n で割り，体積一定の条件 $dV = 0$ を課します．すると，定積下で気体 1 モルの温度を 1 K だけ上げるのに必要な熱量，すなわち**定積モル比熱**の表式が，

$$C_V \equiv \frac{1}{n}\left(\frac{d'Q}{dT}\right)_V = \frac{1}{n}\left(\frac{\partial U}{\partial T}\right)_V \tag{2.8}$$

と得られます．ここで，$\frac{d'Q}{dT}$ を用いた表式は定積モル比熱 C_V の定義式で，その添字 V は微分形式 $d'Q$ の経路を指定しています．

次に，定圧モル比熱の表式を求めます．(2.7b) 式を温度変化 dT とモル数 n で割り，P 一定の条件を置きます．すなわち，$V = V(T, P)$ と独立変数を取り替えて

$$\left.\frac{dV(T, P)}{dT}\right|_P = \left(\frac{\partial V}{\partial T}\right)_P$$

の関係を用います．そして (2.8) 式を代入すると，定圧下で気体 1 モルの温度を 1 K だけ上げるのに必要な熱量，すなわち**定圧モル比熱**の表式が，

$$C_P \equiv \frac{1}{n}\left(\frac{d'Q}{dT}\right)_P$$
$$= C_V + \frac{1}{n}\left\{\left(\frac{\partial U}{\partial V}\right)_T + P\right\}\left(\frac{\partial V}{\partial T}\right)_P \tag{2.9}$$

と得られます．この式は，定積モル比熱と定圧モル比熱との間に成立する一般的関係を表しています．

基本問題 2.4 【重要】

理想気体の内部エネルギーは温度のみの関数で体積に依存せず，
$$\left(\frac{\partial U}{\partial V}\right)_T = 0 \tag{2.10}$$
が成立する．このことと状態方程式 $PV = nRT$ を用いて，理想気体の C_P と C_V の間に，**マイヤーの関係**
$$C_P = C_V + R \tag{2.11}$$
が成立することを示せ．

方針 状態方程式を $V = V(T, P)$ と表し，(2.10) 式と共に (2.9) 式に代入．

【答案】 状態方程式を
$$V = \frac{nRT}{P}$$
と表し，T で偏微分する．その結果を (2.9) 式に代入し，(2.10) 式を用いると，
$$C_P - C_V = \frac{P}{n}\left(\frac{\partial V}{\partial T}\right)_P = \frac{P}{n}\frac{nR}{P} = R$$
が得られる．■

ポイント (2.7b) 式と (2.10) 式より，C_P と C_V の差 R は，圧力一定下での外部への仕事
$$-d'W = P\,dV$$
から生じることがわかります．なお，(2.10) 式は，熱力学の基礎法則と理想気体の状態方程式 (1.22) に基づいて導出できます．以下の (2.30) 式（基本問題 2.11）と基本問題 2.12 を参照してください．

モル比熱の表式 (2.8) と (2.9) は，温度 T に関する微分を用いて定義されていることから，可逆過程で成り立つ式であることを指摘しておきます．詳細は以下の**基本問題 2.10** とその下の段落を参照してください．

基本問題 2.5 　【重要】

理想気体の準静的断熱過程において，ポアソンの式

$$PV^\gamma = 一定, \qquad \gamma \equiv 1 + \frac{R}{C_V} \tag{2.12}$$

が成立することを示せ．ただし，C_V は定数と見なせるものとする．

方針　断熱条件 $d'Q = 0$ と (2.10) 式を (2.7b) 式に代入し，積分を実行する．

【答案】　(2.7b) 式に断熱条件 $d'Q = 0$ を課し，(2.8) 式と (2.10) 式を代入すると

$$0 = nC_V \, dT + P \, dV$$
$$= nC_V \, dT + \frac{nRT}{V} dV$$

が得られる．ただし，第二の等式では状態方程式を用いた．この式を $nC_V T$ で割ると

$$\frac{dT}{T} + \frac{R}{C_V}\frac{dV}{V} = 0$$

となる．$\frac{R}{C_V} = \gamma - 1$ に注意し，(V, T) を独立変数として不定積分する．変数分離形なので積分は容易に実行でき，

$$\ln T + (\gamma - 1) \ln V = 定数 \quad \longleftrightarrow \quad \ln\left(TV^{\gamma-1}\right) = 定数,$$

すなわち，

$$TV^{\gamma-1} = 定数 \tag{2.13}$$

が得られる．この式に状態方程式 $T = \dfrac{PV}{nR}$ を代入し，nR が定数であることに注意すると，

$$PV^\gamma = 定数$$

が導かれる．■

ポイント　状態方程式があるので，(V, T, P) の中で独立変数は二つです．この問題では，(V, T) を独立変数として積分を実行するのが賢明です．

(2.12) 式の定数 γ は，マイヤーの関係 (2.11) を用いて，

$$\gamma = \frac{C_P}{C_V} \tag{2.14}$$

とも表せます．これを**比熱比**と呼びます．He や Ar のような単原子分子気体では，1 気圧下で室温における定積モル比熱が，非常に良い精度で $C_V = \frac{3}{2}R$ の値を取ることが実験から明らかになっています．対応する理想気体の γ は $\frac{5}{3}$ となります．従って，VP 平面上において，断熱変化 $P \propto V^{-\gamma}$ の方が等温変化 $P \propto V^{-1}$ より急激な変化を示します．

❹ カルノー過程

カルノーは,産業革命の進む 19 世紀前半に,理想気体の準静的等温過程と断熱過程を用いて,図 2.5 のような可逆循環過程を構成しました.このカルノー過程は,熱を仕事に換える熱機関を初めて理論的にモデル化したもので,熱力学の発展において極めて重要な役割を果たしました.カルノー過程における熱の出入りは,図 2.2(a) の「水車を動かす水」と対比して,図 2.2(b) のように表現できます.具体的に,等温過程 I で高温熱源から熱量 $\Delta Q_\mathrm{I} > 0$ を取り込み,等温過程 III で低温熱源に熱量 $-\Delta Q_\mathrm{III} > 0$ を排出するものとします.熱力学第一法則によると,それらの差

$$-\Delta W \equiv \Delta Q_\mathrm{I} - (-\Delta Q_\mathrm{III}) \tag{2.15}$$

が外への仕事となります.また,(2.5b) 式での考察から,$-\Delta W$ の大きさは,図 2.5(a) の閉曲線で囲まれた面積に等しくなることがわかります.

カルノー機関の効率を考察しましょう.一般に熱機関の効率は,「外部から受け取った熱量」のどれだけが「外部への仕事」に変換されたかの比で定義されます.従って,カルノー機関の効率 η_C は,

$$\eta_\mathrm{C} \equiv \frac{-\Delta W}{\Delta Q_\mathrm{I}} = 1 - \frac{-\Delta Q_\mathrm{III}}{\Delta Q_\mathrm{I}} \tag{2.16}$$

と表せます.

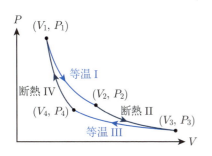
(a) VP 平面上でのカルノー過程

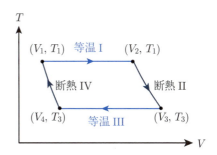
(b) VT 平面上でのカルノー過程

図 2.5 カルノー過程

基本問題 2.6 【重要】

カルノー機関の効率 (2.16) が，
$$\eta_C = 1 - \frac{T_3}{T_1} \tag{2.17}$$
のように，高温熱源と低温熱源の絶対温度の比で表せることを示せ．ただし，理想気体 n モルは，状態方程式 $PV = nRT$ と等式 $\left(\frac{\partial U}{\partial V}\right)_T = 0$ を満たし，準静的断熱過程においてポアソンの式 (2.13) に従うものとする．

方針 与えられた条件を使って熱の出入りを計算し，(2.16) 式に代入する．

【答案】 まず，断熱過程を使って変数を一つ消去する．カルノー過程に現れる温度は T_1 と T_3 の二つのみであることに注意すると，準静的断熱過程 II と IV での条件 (2.13) は，それぞれ，
$$T_1 V_2^{\gamma-1} = T_3 V_3^{\gamma-1}, \qquad T_1 V_1^{\gamma-1} = T_3 V_4^{\gamma-1}$$
と書き下せる．それらを辺々割ることで
$$\left(\frac{V_2}{V_1}\right)^{\gamma-1} = \left(\frac{V_3}{V_4}\right)^{\gamma-1} \quad \longleftrightarrow \quad \frac{V_2}{V_1} = \frac{V_3}{V_4} \tag{2.18}$$
が得られる．

以上の準備のもとに，カルノー過程における熱の出入りを計算しよう．等温過程 I では，$\left(\frac{\partial U}{\partial V}\right)_T = 0$ より，内部エネルギー変化はない．従って，熱力学第一法則より，高温熱源から受け取った熱量 ΔQ_I は，全て外部への仕事に使われる．このことから，ΔQ_I の表式が，以下のように求められる．
$$\Delta Q_I = -\Delta W_I = \int_{V_1}^{V_2} P\, dV = \int_{V_1}^{V_2} \frac{nRT_1}{V}\, dV = nRT_1 \bigl[\ln V\bigr]_{V_1}^{V_2} = nRT_1 \ln \frac{V_2}{V_1}$$
同様に，等温過程 III で低温熱源に排出した熱量 $-\Delta Q_{III}$ も，
$$-\Delta Q_{III} = \Delta W_{III} = -\int_{V_3}^{V_4} \frac{nRT_3}{V}\, dV$$
$$= -nRT_3 \ln \frac{V_4}{V_3} = nRT_3 \ln \frac{V_3}{V_4} = nRT_3 \ln \frac{V_2}{V_1}$$
と計算できる．ただし，最後の等式では (2.18) 式を用いた．これらの表式を (2.16) 式に代入すると，カルノー機関の効率が (2.17) 式のように得られる．■

ポイント 二つの準静的断熱過程を用いて変数が一つ消去できること，および，理想気体の等温過程で内部エネルギー変化がないことに気づくことができれば，後の計算は比較的容易です．

歴史的には，二つの熱源を用いる可逆熱機関の効率が (2.17) 式と表されるように，絶対温度が定義されました（2.2 節 Subsection ❸参照）．

演習問題
A

2.1.1 水 1 kg を入れた断熱容器の水中に羽根車が設置されている．この羽根車を，質量 1 kg の重りを 1 m 落下させて回した．このとき，水温は何 K 上昇するか．ただし，重力加速度を $9.8\,\mathrm{m/s^2}$，水の比熱を $1\,\mathrm{cal/g\cdot K}$ とする．

2.1.2 重要 気体を用いて，VP 平面上の楕円
$$\left(\frac{P-P_0}{\Delta P}\right)^2 + \left(\frac{V-V_0}{\Delta V}\right)^2 = 1$$
に沿って時計回りに一周の準静的循環過程を行う（下図の閉曲線 C）．このとき，気体が外部にする仕事を求めよ．ただし，$V_0, \Delta V, P_0, \Delta P$ はそれぞれ正の定数で，$\Delta V < V_0$ および $\Delta P < P_0$ が成立するものとする．

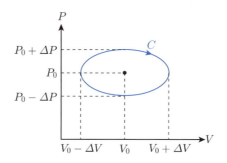

2.1.3 15°C の理想気体 1 モルを，10 気圧から 1 気圧まで等温準静的に膨張させる．このとき気体が外部にする仕事は何ジュールか．また，その際，何カロリーの熱量を気体に供給する必要があるか．ただし，0°C = 273 K であり，1 度は二つの温度目盛りで等しい．

2.1.4 重要 ポアソンの式 (2.12) を用いて，理想気体の準静的断熱過程に関する以下の問いに答えよ．
(1) 状態方程式 $PV = nRT$ に従う理想気体 n モルを，準静的断熱過程により，VP 平面上の点 (V_1, P_1) から点 (V_2, P_2) へと変化させた．このとき気体が外部になした仕事 $-\Delta W$ と気体の内部エネルギー変化 ΔU を求めよ．
(2) 1 気圧で 27°C の空気 1 L を，準静的断熱過程により 0.5 L に圧縮した．終状態での空気の温度は何 °C か．ただし，二原子分子である窒素と酸素が主成分の空気は，比熱比 $\gamma = \frac{7}{5}$ を持ち，理想気体と見なせるものとする．

━━━ B ━━━

2.1.5 [重要] 理想気体 n モルを用いて，下図のような準静的循環過程（オットー・サイクル）を行うとする．この循環過程は，ガソリンエンジンの理論モデルである．この熱機関の効率 η を，V_1 と V_2 および $\gamma = \frac{C_P}{C_V}$ を用いて表せ．ただし理想気体の定積モル比熱 C_V と定圧モル比熱 C_P は定数であるとする．

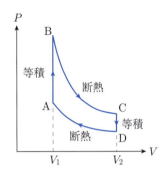

2.1.6 理想気体 n モルを用いて下図のような準静的循環過程（ディーゼル・サイクル）を行うとする．この熱機関の効率 η を，V_1, V_2, V_3 と比熱比 $\gamma \equiv \frac{C_P}{C_V}$ を用いて表せ．ただし，理想気体の定積モル比熱 C_V と定圧モル比熱 C_P は定数で，マイヤーの関係 $C_P - C_V = R$ が成立するものとする．

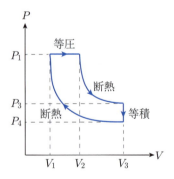

2.2 熱力学第二法則＊＊
―― 熱は質の良くないエネルギー

> **Contents**
> Subsection ❶ 熱力学第二法則
> Subsection ❷ カルノーの定理
> Subsection ❸ 熱力学的絶対温度
> Subsection ❹ エントロピーの性質
> Subsection ❺ 熱平衡条件
> Subsection ❻ 気体の内部エネルギーとエントロピーの表式

> **キーポイント**
> 熱力学第二法則は，(i) 同じエネルギーに分類される「熱」と「仕事」との質的違いを明確にし，(ii)「エントロピー」という状態量が存在することを確立した．

❶ 熱力学第二法則

図 2.6 のように，温度 T の外界から注目する系に微小熱量 $d'Q$ を加えます．熱力学第二法則は，数式で次のように表現できます．

熱力学第二法則（クラウジウス不等式）
$$d'Q \leq T\,dS. \tag{2.19}$$

すなわち，注目する系に加えることのできる熱量には上限値があり，その値は，外部熱源の絶対温度 T と，ある完全微分 dS との積に等しいのです．等号が成立するのは，「準静的過程」，すなわち熱平衡状態の空間を結ぶ「可逆過程」の場合です．新たな状態量 S は，それを導入したクラウジウスにより，**エントロピー**と名づけられました（1865 年）．

第一法則 (2.1) は，完全微分としての内部エネルギーの増分 dU を，仕事 $d'W$ と熱量 $d'Q$ の和として表します．すなわち，仕事も熱も「エネルギー」の一種です．しかし，その一方の担い手である熱量 $d'Q$ には，外部熱源の絶対温度 T に依存した不等式 (2.19) の制限がつくのです．つまり，この第二法則は，エネルギーとしての熱の特殊性を表現し，同時に，その使える上限値から，エントロピー

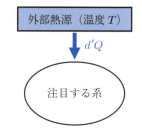

図 2.6　絶対温度 T の外界から加えた微小熱量 $d'Q$

という新たな状態量が存在することを指摘しています．

第二法則 (2.19) は，次の形にも表すことができます．

クラウジウスの原理
熱を低温熱源から高温熱源に移し，それ以外に何の変化も起こさないようにすることはできない．

トムソンの原理
温度一定の単一熱源から取り込んだ熱を用いて外部に仕事をし，それ以外に何の変化も起こさないような熱機関（**第二種永久機関**）は，実現不可能である．

(2.19) 式は，上記の二つの原理のそれぞれと等価です．そして，実用上は，(2.19) 式を覚えておけば十分です．しかし，その内容がクラウジウスの原理で主張される日常経験と等価であることは，記憶しておくべきでしょう．等価性の証明のほとんどは演習問題 2.2.4 と 2.2.8 に譲りますが，以下ではその一端を示すことにします．

基本問題 2.7 【重要】
第一法則 (2.1) と第二法則 (2.19) を用いて，トムソンの原理が成立することを示せ．

方針 T 一定の条件下で，第一法則と第二法則を一周期にわたって積分．

【答案】 第二法則 (2.19) を，外部熱源の温度 T が一定の条件下で，任意の循環過程に沿って一周積分する．S がポテンシャルであることを考慮すると，

$$\oint d'Q \leq T \oint dS = 0$$

が得られる．次に，第一法則 (2.1) を同じ循環過程に沿って一周積分し，U がポテンシャルであることを考慮すると，

$$0 = \oint dU = \oint d'W + \oint d'Q \quad \longleftrightarrow \quad -\oint d'W = \oint d'Q$$

となる．上の二式より，この循環過程における外部への仕事 $-\Delta W$ が，不等式

$$-\Delta W \equiv -\oint d'W \leq 0$$

を満たすことがわかる．$-\Delta W$ が負であることより，単一熱源を用いた熱機関では，外部への仕事はできないことになる．■

ポイント ポテンシャルの閉曲線に沿った一周積分はゼロです．

❷ カルノーの定理

トムソンの原理を認めると，熱機関の効率に関する次の定理が成り立ちます．

> **カルノーの定理**
>
> 温度を決められた二つの熱源の間に働く可逆熱機関の効率は，全て相等しい．
> また，不可逆熱機関の効率は，可逆熱機関の効率よりも小さい．

【証明】 図 2.7 のような複合循環過程を用いて証明を行う．ただし，図の右側の逆回しにおける熱と仕事の符号は，「順回しにする（＝エネルギーの流れと循環過程の矢印を全て逆にする）と，系に加えられる仕事と熱量が無符号になる」ようにつけてある．まず，図中の「一般の熱機関」を駆動する．すなわち，高温部から熱量 ΔQ_1 をこの熱機関（循環過程）に供給して外部に仕事 $-\Delta W$ を行い，余りの熱量 $-\Delta Q_3 > 0$ を低温部に排出する．循環過程では内部エネルギーは変化しないから，第一法則より，

$$\Delta W + \Delta Q_1 + \Delta Q_3 = 0$$

が成立する．この熱機関の効率は，

$$\begin{aligned}\eta &\equiv \frac{-\Delta W}{\Delta Q_1} = \frac{\Delta Q_1 + \Delta Q_3}{\Delta Q_1} \\ &= 1 - \frac{-\Delta Q_3}{\Delta Q_1}\end{aligned} \tag{2.20a}$$

である．次に，右側の可逆熱機関を逆回しに駆動する．すなわち，外部から仕事 $-\Delta \widetilde{W}$ を供給して，低温部からある熱量 $-\Delta \widetilde{Q}_3$ を取り出し，高温部に熱量 ΔQ_1 を排出する．このとき，高温部での熱の出入りは相殺するように $-\Delta \widetilde{W}$ を調節するものとする．この場合に，外部から全系（一般の熱機関 ＋ 可逆熱機関の逆回し）に加えられた全熱量 ΔQ_tot，および，系が外部にした仕事 $-\Delta W_\text{tot}$ は，それぞれ

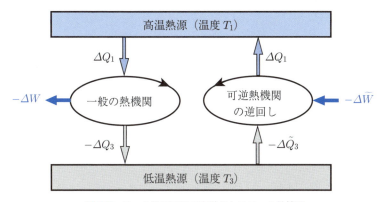

図 2.7 二つの熱源の間で駆動される二つの熱機関

$$\Delta Q_{\text{tot}} = \Delta Q_3 - \Delta \widetilde{Q}_3, \qquad (2.20\text{b})$$
$$-\Delta W_{\text{tot}} = -\Delta W + \Delta \widetilde{W}$$

である．一方で，循環過程では内部エネルギーは変化しないから，第一法則より

$$-\Delta W_{\text{tot}} = \Delta Q_{\text{tot}} \qquad (2.20\text{c})$$

が成立する．さらに，系全体は低温熱源のみを用いて駆動されていることに注意すると，単一熱源の熱機関に関するトムソンの原理から，

$$-\Delta W_{\text{tot}} \leq 0 \qquad (2.20\text{d})$$

が結論づけられる．(2.20d) 式に (2.20c) 式と (2.20b) 式を順次代入すると，

$$0 \geq -\Delta W_{\text{tot}} = \Delta Q_{\text{tot}} = \Delta Q_3 - \Delta \widetilde{Q}_3,$$

すなわち，

$$-\Delta Q_3 \geq -\Delta \widetilde{Q}_3 \qquad (2.20\text{e})$$

が成り立つことがわかる．(2.20e) 式を用いると，ここで用いた一般の熱機関の効率 (2.20a) が，次の不等式を満たすことがわかる．

$$\eta \equiv 1 - \frac{-\Delta Q_3}{\Delta Q_1} \leq 1 - \frac{-\Delta \widetilde{Q}_3}{\Delta Q_1} \equiv \widetilde{\eta}. \qquad (2.20\text{f})$$

この不等式の右辺は，図 2.7 右側の循環過程を順方向に駆動する「可逆熱機関」の効率に他ならない．つまり，一般の熱機関の効率は，可逆熱機関の効率を超えることができない．このようにして，第一法則とトムソンの原理に基づき，定理の後半部が証明できた．

もし，図 2.7 の「一般の熱機関」が可逆ならば，全過程を逆回しすることにより，$\eta \geq \widetilde{\eta}$ が証明できる．この不等式を (2.20f) 式とあわせると，$\eta = \widetilde{\eta}$ が得られ，定理の前半部も示すことができた．■

❸熱力学的絶対温度

二つの熱源を用いる可逆熱機関の一つとして，理想気体の循環過程を用いるカルノー機関があります（2.1節 Subsection ❹参照）．その効率は，熱源の温度のみを用いて，(2.17)式のように表せます．従って，一般の熱機関に関する不等式 (2.20f) は，証明中の可逆熱機関としてカルノー機関を用いることで，

$$\eta \equiv 1 - \frac{-\Delta Q_3}{\Delta Q_1} \leq 1 - \frac{T_3}{T_1} \tag{2.21}$$

へと書き換えられます．これは，「熱機関の最大効率」という，作業物質に依存しない普遍量を用いた絶対温度の定義式とも見なせます（次の段落参照）．トムソン（後のケルビン）は，このことを提唱して絶対温度を理想気体の状態方程式と整合するように定義し，「絶対零度 0 K」の存在とその値 0 K = −273.15°C を明確にしました（1848年）．この業績に因んで，絶対温度の単位は「K（ケルビン）」となっています．

具体的に，高温熱源の温度を $T_1 \to T$，低温熱源の温度を $T_3 \to T_0$，高温熱源から受け取る熱量を $\Delta Q_1 \to \Delta Q$，低温熱源が受け取る熱量を $\Delta Q_3 \to \Delta Q_0$ と置き換えると，最大効率の場合の (2.21) 式は，

$$T = -\frac{\Delta Q}{\Delta Q_0} T_0$$

と表せます．この式は，$T < T_0$ の場合，すなわち高温熱源の温度を T_0 と選んだ場合にも成立し，比 $-\frac{\Delta Q}{\Delta Q_0} > 0$ は，作業物質に依存しません．従って，温度の体系は，基準値 T_0 [K] を定める（1気圧下における氷の融点の温度を 273.15 K とする）ことで完全に決まるのです．

基本問題 2.8 　　　　　　　　　　　　　　　　　　　　　　　　　　　**重要**

100°C の高温熱源と 20°C の低温熱源との間で働く熱機関の最大効率を求めよ．

方針 　摂氏温度から絶対温度に変換して，カルノー機関の効率の式 (2.17) に代入．

【答案】
$$\eta_{\max} = 1 - \frac{20 + 273}{100 + 273} = \frac{80}{373} = 0.214. \ \blacksquare$$

ポイント 　熱機関の最大効率を決めるのは絶対温度です．

❹エントロピーの性質

熱力学第二法則により，エントロピーという，熱平衡状態の空間における新たな状態量の存在が明らかになりました．ここでは，エントロピーの性質を二つ明らかにします．

まず，第二法則 (2.19) を温度 T で割り，図 1.10 のように，ある熱平衡状態 A から別の熱平衡状態 B まで積分すると，次式を得ます．

$$\int_A^B \frac{d'Q}{T} \leq \int_A^B dS = S_B - S_A.$$

右辺は熱平衡空間内での積分，一方，左辺の経路は熱平衡空間からワープすることもあります（図 1.10 参照）．特に，断熱過程では，左辺はゼロとなり，

$$S_B \geq S_A$$

が成立することがわかります．さらに，外部からの仕事もない孤立系では，この不等式を満たす A から B への変化は，内部エネルギーが一定の下で自発的に起こることになります．以上の結果は，次のようにまとめられます．

エントロピー増大則

外界と熱・仕事のやり取りのない**孤立系**では，次の不等式が成立する．

$$dS \geq 0 \tag{2.22}$$

すなわち，(i) 自発的な変化は必ずエントロピーを増大させ，(ii) エントロピーが最大の状態となって変化が終わる．従って，孤立系の熱平衡状態は，与えられた条件下でのエントロピー最大状態である．

ここでの「与えられた条件」とは，独立変数 (U, V) の具体的な値を意味します．

第二に，エントロピーは**示量変数**です．このことを見るために，クラウジウス不等式 (2.19) において等号が成立する可逆過程の場合

$$d'Q = T\,dS$$

を考え，仕事の表式 $d'W = -P\,dV$ と共に第一法則 (2.1) に代入します．すると，

平衡熱力学の基本式 (1)

$$dU = T\,dS - P\,dV \tag{2.23}$$

が得られます．(2.23) 式は，また，エントロピーを従属変数として，

平衡熱力学の基本式 (2)

$$dS = \frac{1}{T}dU + \frac{P}{T}dV \tag{2.24}$$

とも表せます．(2.24) 式において，右辺の係数 $\frac{1}{T}$ と $\frac{P}{T}$ はいずれも示強変数です．一方，dU と dV は示量変数の微小変化です．従って，右辺は全体として示量変数の微小変化となっています．これより，エントロピー S も示量変数であることが結論づけられます．

基本問題 2.9 【重要】

1気圧 100°C で 10 g の水が沸騰して水蒸気になった．この過程が可逆過程であるものとして，エントロピー変化を求めよ．ただし，1気圧 100°C での水の蒸発熱は 540 cal/g である．

方針 可逆過程の式 $d'Q = T\,dS$ を用いる．

【答案】求めるエントロピー変化を ΔS とする．熱の仕事当量は 1 cal = 4.2 J/K である．従って，

$$\Delta S = \frac{\Delta Q}{T}$$
$$= \frac{4.2 \times (540 \times 10)}{100 + 273}$$
$$= 61\,[\mathrm{J/K}].\ \blacksquare$$

ポイント この場合の ΔS の独立変数は (T, P) です．

コラム　エントロピー

　エントロピーは，第 4 章で見るように確率論とも関連しており，物理学の中でも特異な概念のひとつです．熱力学第二法則に付随するこの概念は，クラウジウスにより，1865 年に導入されました．しかし，熱力学第二法則それ自体は，既に 1850 年に，同じクラウジウスにより「クラウジウスの原理」として提唱されています．従って，クラウジウスの中でエントロピーの概念が熟成されるには，15 年の歳月がかかったことになります．他方，熱力学第二法則の別表現である「トムソンの原理」を提唱したケルビンは，エントロピーが導入された当時，その概念を受け入れようとはしなかったそうです．エントロピーがいかに捉えがたい概念であったかがわかります． 文献[1]

❺ 熱平衡条件

(U, V, S) が示量変数であることは，また，次のようにも表せます．図 2.8 のように，熱を通し滑らかに動く可動壁で区切られている孤立系を考え，各部分系 $j = 1, 2$ の内部エネルギーと体積をそれぞれ U_j および V_j とします．全系 $1 + 2$ の内部エネルギー U と体積 V は，それらが示量変数であることより，

$$U = U_1 + U_2, \qquad V = V_1 + V_2 \tag{2.25a}$$

を満たします．同様に，エントロピーに関しても，(U, V) の関数として

$$S(U, V) = S_1(U_1, V_1) + S_2(U_2, V_2) \tag{2.25b}$$

が成立することになります．

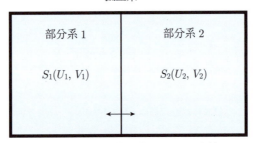

図 2.8 孤立系の部分系 1 と 2 への分割

示量性 (2.25) をエントロピー増大則と組み合わせると，次の熱平衡条件を導くことができます（基本問題 2.10 参照）．

> **熱平衡条件**
> 孤立系が熱平衡状態にあるための必要条件の一つは，系全体にわたって温度と圧力が一定であることである．

基本問題 2.10 【重要】

孤立系に関する上記の熱平衡条件を証明せよ．

方針 孤立系 $1+2$ のエントロピーが最大値を取る条件を具体的に書き下す．

【答案】孤立系を図 2.8 のように二つの部分系に分ける．今，状態変数が (U_j, V_j) $(j=1,2)$ のところで，全系のエントロピーが最大となって熱平衡状態にあるものとし，そこからの仮想的な変化 $(U_j, V_j) \to (U_j + \delta U_j, V_j + \delta V_j)$ を考える．ここでは，仮想的な微小変化を δ で表し，現実の微小変化 d と区別した．すると，S が最大となっているための必要条件の一つは，「エントロピーの仮想的変化

$$\Delta S \equiv \sum_{j=1}^{2} \{S_j(U_j + \delta U_j, V_j + \delta V_j) - S_j(U_j, V_j)\} \tag{2.26}$$

が，$(\delta U_j, \delta V_j)$ の一次の範囲でゼロになる」ことである．ただし，孤立系では (U, V) が一定なので，(2.25a) 式より，

$$\delta U_1 + \delta U_2 = 0, \qquad \delta V_1 + \delta V_2 = 0 \tag{2.27}$$

が成立する．このことを念頭に，上記の必要条件を書き下して，次のように変形する．

$$0 = \sum_{j=1}^{2} \left\{ \left(\frac{\partial S_j}{\partial U_j}\right)_{V_j} \delta U_j + \left(\frac{\partial S_j}{\partial V_j}\right)_{U_j} \delta V_j \right\}$$

(2.24) 式を用いてエントロピーの勾配を (T_j, P_j) で表す

$$= \sum_{j=1}^{2} \left(\frac{1}{T_j} \delta U_j + \frac{P_j}{T_j} \delta V_j \right)$$

(2.27) 式を用いる

$$= \left(\frac{1}{T_1} - \frac{1}{T_2} \right) \delta U_1 + \left(\frac{P_1}{T_1} - \frac{P_2}{T_2} \right) \delta V_1. \tag{2.28}$$

この式が任意の仮想的変化 $(\delta U_1, \delta V_1)$ に対して成立するための必要十分条件は，

$$T_1 = T_2, \qquad P_1 = P_2 \tag{2.29}$$

が成立することである．さらに，各部分系を次々と二つに分割して同様の考察を行うことで，上記の熱平衡条件が成り立つことがわかる．■

ポイント 数学的には，拘束条件 (2.27) の下で，二変数関数が極値を取っている条件を明らかにする問題です．

熱力学変数であるエントロピー S は，"素性"のはっきりした力学変数 (U, V) の関数として，(2.24) 式により導入されました．その勾配により，もう二つの熱力学変数 (T, P) が定義されます．そして，それらは示強変数で，熱平衡条件に関連していることが明らかになりました．

❻ 気体の内部エネルギーとエントロピーの表式

熱力学第二法則により，エントロピーという新たな状態量の存在が明らかになりました．このことが持つ大きな意味を理解するために，ここでは，気体の内部エネルギーとエントロピーの便利な表式を求めます．

基本問題 2.11 　　　　　　　　　　　　　　　　　　　　　　　　　**重要**

可逆過程の第二法則 $d'Q = T\,dS$ を (2.7b) 式に代入し，エントロピーが状態量であることを用いて，次の関係が成り立つことを証明せよ．

$$\left(\frac{\partial U}{\partial V}\right)_T = T\left(\frac{\partial P}{\partial T}\right)_V - P. \tag{2.30}$$

方針 　S の勾配ベクトルに関し，可積分条件 (1.15) が成立することを用いる．

【答案】$d'Q = T\,dS$ を (2.7b) 式に代入すると，

$$dS = \frac{1}{T}\left(\frac{\partial U}{\partial T}\right)_V dT + \frac{1}{T}\left\{\left(\frac{\partial U}{\partial V}\right)_T + P\right\} dV$$

が得られる．従って，(T, V) を独立変数とするエントロピーの勾配 ∇S が，

$$\left(\frac{\partial S}{\partial T}\right)_V = \frac{1}{T}\left(\frac{\partial U}{\partial T}\right)_V, \qquad \left(\frac{\partial S}{\partial V}\right)_T = \frac{1}{T}\left\{\left(\frac{\partial U}{\partial V}\right)_T + P\right\}$$

と表せることがわかる．ここで，完全微分に関する (1.15) 式を思い起こすと，状態量（＝ポテンシャル）であるエントロピーは，**マクスウェルの関係式**

$$\frac{\partial}{\partial V}\frac{\partial S}{\partial T} = \frac{\partial}{\partial T}\frac{\partial S}{\partial V} \quad\longleftrightarrow\quad \frac{\partial}{\partial V}\left(\frac{1}{T}\frac{\partial U}{\partial T}\right) = \frac{\partial}{\partial T}\left\{\frac{1}{T}\left(\frac{\partial U}{\partial V} + P\right)\right\}$$

を満たすべきことに気づく．ただし，下つき添字を省略した．第二の等式の偏微分を実行すると，

$$\begin{aligned}
\frac{1}{T}\frac{\partial^2 U}{\partial V \partial T} &= \frac{1}{T}\left(\frac{\partial^2 U}{\partial T \partial V} + \frac{\partial P}{\partial T}\right) - \frac{1}{T^2}\left(\frac{\partial U}{\partial V} + P\right) \\
&= \frac{1}{T}\frac{\partial^2 U}{\partial T \partial V} + \frac{1}{T^2}\left(T\frac{\partial P}{\partial T} - \frac{\partial U}{\partial V} - P\right)
\end{aligned}$$

となる．さらに，(1.4) 式が成立することに注意すると，(2.30) 式が得られる．■

ポイント 　独立変数が何かを常に意識しながら偏微分することが重要です．上の証明における独立変数は (T, V) です．

(2.30) 式により，内部エネルギーの体積依存性が，状態方程式 $P = P(T,V)$ から計算できることが明らかになりました．これは，第二法則，特にエントロピーという状態量の発見がもたらした非常に有益な帰結の一つです．つまり，内部エネルギーの体積依存性に関する実験が不要になったのです．

基本問題 2.12

以下の二つの気体について，内部エネルギーの体積依存性を，(2.30) 式に基づいて計算せよ．
(1) 理想気体の状態方程式 (1.22) に従う気体．
(2) ファンデルワールスの状態方程式 (1.23) に従う気体．

方針 状態方程式を $P = P(T,V)$ の形に書き換えて (2.30) 式を計算する．

【答案】
(1) $P = \dfrac{nRT}{V}$ を (2.30) 式に代入すると，
$$\left(\frac{\partial U}{\partial V}\right)_T = T\frac{nR}{V} - P = 0.$$
すなわち，(2.10) 式が得られた．

(2) $P = \dfrac{nRT}{V-nb} - a\dfrac{n^2}{V^2}$ を (2.30) 式に代入すると，
$$\left(\frac{\partial U}{\partial V}\right)_T = T\frac{nR}{V-nb} - \left(\frac{nRT}{V-nb} - a\frac{n^2}{V^2}\right)$$
$$= a\frac{n^2}{V^2}. \blacksquare$$

ポイント 理想気体では，(2.10) 式が得られ，「内部エネルギーは体積に依存しない」という結論になります．一方，現実の気体をより良く記述できるファンデルワールスの状態方程式 (1.23) を用いると，内部エネルギーに体積依存性が出てきます．

(2.10) 式は，熱力学が成立する以前に，ゲイリュサック（1807 年）やジュール（1845 年）が実験に基づいて主張していた内容です．具体的に，ジュールは図 2.9 のような実験を行いました．まず，図 2.9(a) のように，空気を入れた容器を真空容器と栓をつけて連結し，断熱壁で覆われた水中に設置します．次に，栓を開いて気体を真空中に自然膨張させ，図 2.9(b) のように，気体が容器内で一様となるまでしばらく待ちます．ジュールは，この過程の前後で，水の温度は変化しないことを確かめました．水と空気が熱平衡にあることから，空気の温度も体積変化の前後で変化しないことになります．これより，空気の内部エネルギーは，$U(T, V_1) = U(T, V_1 + V_2)$ すなわち (2.10) 式を満たすと結論できます．常温での空気はかなりの精度で理想気体の状態方程式に従うので，この事実は，「理想気体の内部エネルギーは体積に依存しない」ことを意味します．しかし，実験には誤差がつきまとい，時間と費用もかかります．一方，熱力学を知っている我々は，ジュールが実験に基づいて主張した事実を，状態方程式から簡単な計算で導けるのです．上記のジュールの実験が不要になったのは，熱力学の成立により，「エントロピー」というポテンシャルの存在が確立されたためです．

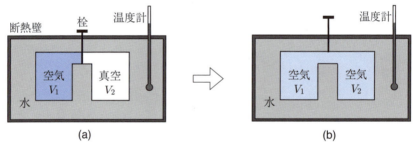

図 2.9 ジュールによる自由膨張の実験

さて，(2.30) 式と可逆過程の第二法則 $d'Q = T\,dS$ を (2.7) 式に代入し，定積モル比熱の表式 (2.8) を用います．すると，気体の内部エネルギーとエントロピーの微小変化の一般式が，(T, V) を独立変数として，

> **$dU(T, V)$ と $dS(T, V)$ の表式**
>
> $$dU = nC_V dT + \left\{ T \left(\frac{\partial P}{\partial T} \right)_V - P \right\} dV, \tag{2.31a}$$
>
> $$dS = \frac{nC_V}{T} dT + \left(\frac{\partial P}{\partial T} \right)_V dV \tag{2.31b}$$

と表せます．これらの式から，「$C_V(T, V)$ と $P(T, V)$ を実験から精度よく求められれば，(2.31) 式を積分することで，内部エネルギー $U(T, V)$ とエントロピー $S(T, V)$ が構成で

きる」ことがわかります．さらに，上の dS が全微分であることから，**マクスウェルの関係式**

$$\frac{\partial C_V(T,V)}{\partial V} = \frac{T}{n}\frac{\partial^2 P(T,V)}{\partial T^2} \tag{2.32}$$

が成立することになります（dU からも同じ等式が得られます）．この式より，状態方程式 $P = P(T,V)$ が精度良く測定できれば，定積モル比熱 C_V の体積依存性に関する実験は不要になることもわかります．

最後に，定圧モル比熱の一般式 (2.9) も，(2.30) 式を代入して，より便利な表式

$$C_P = C_V + \frac{T}{n}\left(\frac{\partial P}{\partial T}\right)_V \left(\frac{\partial V}{\partial T}\right)_P \tag{2.33}$$

へと書き換えられます．

演習問題

A

2.2.1 重要 定積モル比熱 C_V が温度に依存せず，理想気体の状態方程式 $PV = nRT$ に従う n モルの気体がある．(2.31) 式を用いて以下の問いに答えよ．
  (1) 内部エネルギーの微小変化 dU とエントロピーの微小変化 dS の表式を求めよ．
  (2) 定積モル比熱 C_V と定圧モル比熱 C_P との間に，マイヤーの関係 $C_P = C_V + R$ が成立することを示せ．
  (3) 内部エネルギー U とエントロピー S の表式を求めよ．
  (4) 準静的断熱過程で PV^γ が変化しないことを示せ．ただし $\gamma = \frac{C_P}{C_V}$ である．
  (5) この気体 n モルを体積 V_1 の容器に閉じ込めた．その後，体積 V_2 の真空領域との間の仕切りを取り除き，断熱自由膨張させた（図 1.11 参照）．この過程での気体の温度変化とエントロピー変化を求めよ．

2.2.2 気体中を伝わる音波の速さ u は，気体の密度 ρ と**断熱圧縮率** $\kappa_S \equiv -\frac{1}{V}\left(\frac{\partial V}{\partial P}\right)_S$ を用いて，$u = (\rho\kappa_S)^{-\frac{1}{2}}$ と表すことができる．空気を理想気体と見なし，ポアソンの式 (2.12) を用いて，1 気圧，0°C における空気中の音速 u [m/s]，および，0°C と 1°C の音速の差 Δu [m/s] を求めよ．ただし，空気の分子量 M（= 1 モル当りのグラム数）を 28.9，空気の比熱比 γ を 1.41 とする．また，$|x| \ll 1$ を満たす x について，非常に良い精度で $(1+x)^{\frac{1}{2}} \approx 1 + \frac{1}{2}x$ と近似できる．

2.2.3 重要 定積モル比熱 C_V が温度に依存せず，ファンデルワールスの状態方程式

$$P = \frac{nRT}{V-nb} - a\frac{n^2}{V^2}$$

に従う n モルの気体がある．ここで，$R = 8.314$ [J/mol·K] は気体定数，a と b は正の定数である．(2.31) 式を用いて以下の問いに答えよ．

(1) 内部エネルギーの微小変化 dU とエントロピーの微小変化 dS の表式を求めよ．
(2) 定積モル比熱 C_V が体積に依存しないことを示せ．
(3) 内部エネルギー U とエントロピー S の表式を求めよ．
(4) 準静的断熱過程で $T(V-nb)^{\frac{R}{C_V}}$ が変化しないことを示せ．
(5) 真空中への断熱自由膨張により，体積が V_1 から V_2 まで変化した．このときの温度変化を求めよ．

———— B ————

2.2.4 重要 トムソンの原理とクラウジウスの原理の等価性を証明せよ．

2.2.5 ある気体 n モルの低温における定積モル比熱 C_V と圧力 P を測定すると，絶対温度 T と体積 V を用いて，
$$C_V = a\frac{V}{n}T, \qquad P = P_0 + bT^2$$
と表せることがわかった．ここで，a, b, P_0 は正の定数である．(2.31) 式を用いて以下の問いに答えよ．
(1) 内部エネルギーの微小変化 dU とエントロピーの微小変化 dS の表式を，温度 T と体積 V の関数として求めよ．
(2) マクスウェルの関係式を用いて，定数 a と定数 b の間に成立すべき関係を書き下せ．
(3) 内部エネルギー U とエントロピー S の表式を，温度 T と体積 V の関数として求めよ．
(4) 準静的断熱過程により，体積が 2 倍になった．膨張後の温度は膨張前の温度の何倍になるか答えよ．

2.2.6 ファンデルワールスの状態方程式 $P = \dfrac{nRT}{V-nb} - a\dfrac{n^2}{V^2}$ に従う気体がある．(2.33) 式を用いて，定圧モル比熱 C_P と定積モル比熱 C_V の差の表式を導け．

2.2.7 熱平衡にある光子気体の圧力 P と内部エネルギー U は，絶対温度 T と体積 V を用いて $P = \frac{1}{3}aT^4$, $U = aVT^4$ と表せる．ただし，a は正の定数である．
(1) この気体のエントロピー S の表式を求めよ．
(2) 準静的断熱変化では「$PV^{\frac{4}{3}} = $ 一定」が成立することを示せ．

———— C ————

2.2.8 トムソンの原理に基づいて，クラウジウス不等式 (2.19) を導け．

2.3 熱力学第三法則**
——絶対零度でのエントロピーはどうなる？

> Contents
> Subsection ❶ 熱力学第三法則
> Subsection ❷ 熱力学第三法則からの帰結

> キーポイント
> エントロピーは，絶対零度で，独立変数によらない定数になる．

❶ 熱力学第三法則

熱力学におけるエントロピーの微小変化は，可逆過程を用いて，

$$dS = \frac{d'Q}{T} \tag{2.34}$$

と表されます．この式を，熱平衡空間で，温度軸に平行な経路で積分することで，温度 T におけるエントロピーが，

$$S(T, \alpha) = S(T_0, \alpha) + \int_{T_0}^{T} \frac{d'Q_1}{T_1} \tag{2.35}$$

と得られます．ここで α は，温度以外のもう一つの状態変数（V, P など）を表します．このように，熱力学第二法則で見いだされたエントロピーには，一般に未知の付加定数 $S(T_0, \alpha)$ がつきます．エントロピーの絶対値は決まるのでしょうか．これに関して，ネルンストは 1905 年に，完全結晶の比熱のデータ解析から，次の法則を提唱しました．

> **熱力学第三法則（ネルンストの定理）**
> 絶対零度のエントロピーは独立変数に依存しない定数で，ゼロと置くことができる．すなわち，
> $$\lim_{T \to 0} S = 0 \tag{2.36}$$
> が成立する．

第三法則の微視的な意味は，量子力学と統計力学により明らかになります．先走って結果だけを述べると，上の内容は，次の内容と等価です．

> **熱力学第三法則（量子力学と統計力学による基礎づけ）**
> 絶対零度における系の熱力学的状態には，ただ一つの量子力学的状態，すなわち，最低エネルギーを持つ量子力学的状態が対応する．

❷ 熱力学第三法則からの帰結

熱力学第三法則からは，熱力学量の絶対零度への近づき方について，いくつかの結果が得られます．以下に例を一つ挙げます．

基本問題 2.13 【重要】

熱力学第三法則に基づき，モル比熱が絶対零度近傍で連続的にゼロに近づくことを示せ．

方針 エントロピーをモル比熱で表し絶対零度でゼロとなることを要請する．

【答案】モル比熱の表式

$$C_\alpha = \frac{T}{n}\left(\frac{\partial S}{\partial T}\right)_\alpha, \qquad \alpha = V, P$$

に $\frac{n}{T}$ を掛け，絶対零度から温度 T まで積分すると，第三法則 $S(T=0)=0$ を考慮して，

$$S(T,\alpha) = \int_0^T \frac{C_\alpha(T_1)}{T_1} dT_1$$

が得られる．もし C_α が $T=0$ で有限値にとどまる場合，この積分は対数発散（$\propto \ln T$）する．言い換えると，エントロピーが $T \to 0$ でゼロに収束するには，モル比熱が，絶対零度近傍で，

$$\lim_{T \to 0} C_\alpha(T) = 0$$

を満たす必要がある．■

ポイント モル比熱に関する積分が収束する条件から，その絶対零度近傍での振る舞いが予言できます．

さらに，第三法則に基づくと，熱膨張係数や圧力の温度依存性も絶対零度近傍で連続的にゼロとなることが示せます（演習問題 3.1.4 参照）．

第3章
熱力学の展開と応用

　前章で確立された基礎の下に，熱力学をより整備して適用範囲を拡張すること，および，典型的な応用例に習熟することを目指します．まず，内部エネルギーからのルジャンドル変換を用いて，ヘルムホルツ自由エネルギーなどの熱力学ポテンシャルを導入します．それらは，様々な外部条件に応じた熱平衡状態を記述するのに便利です．次に，熱力学を，水と水蒸気の熱平衡状態のように，相が複数ある場合や粒子のやり取りがある場合に拡張します．最後に，平衡状態の安定性の議論と気体液体転移を学びます．

3.1 熱力学ポテンシャル**
——ルジャンドル変換による新たなポテンシャルの導入

> Contents
> Subsection ❶ 変化の向きと自由エネルギー
> Subsection ❷ ジュール・トムソン過程とエンタルピー

> キーポイント
> 様々な外部環境下での熱平衡状態は，対応する熱力学ポテンシャルの最小状態に対応する．

❶変化の向きと自由エネルギー

　様々な外部条件の下で自発的に起こる変化の向き，および，その落ち着き先の熱平衡状態は，クラウジウス不等式 (2.19) から導くことができます．例えば，孤立系で起こる状態 A から状態 B への自発的な変化は，不等式 (2.22) を満たし，エントロピーが最大となって変化が止まることを既に学びました．ここでは，同様の考察を，外部条件を変えて統一的に行います．そして，それぞれの熱平衡状態を記述するのに適した**熱力学ポテンシャル**を導入します．

　典型例として，外部熱源との熱のやり取りがある状況，すなわち等温下での自発的変化を考えます．まず第一法則 (2.1) を，外部への仕事が左辺に来るように変形し，クラウジウス不等式 (2.19) を用いて，

$$-d'W = -dU + d'Q \leq -dU + TdS = -d(U - TS)$$

と書き換えます．ただし，最後の等式では，関数の積についての微分公式 $d(TS) = TdS + SdT$ と等温条件 $dT = 0$ を用いました．この T は外部熱源の温度です．ここで，新たな熱力学ポテンシャルである

ヘルムホルツ自由エネルギー
$$F \equiv U - TS \tag{3.1}$$

を導入します．すると，上の不等式は，簡潔に

（等温下での）最大仕事の原理
$$-d'W \leq -dF \tag{3.2}$$

と表せます．すなわち，等温条件下で外部へすることのできる仕事 $-d'W$ には上限値があり，その値はヘルムホルツ自由エネルギーの減少量 $-dF$ に等しいのです．このことか

ら，F は，等温条件下で使用できる「自由なエネルギー」という意味を持つことがわかります．さらに (3.1) 式を見ると，内部エネルギー U の中で使えない部分が TS であるとも理解できます．このように，エントロピーは，使えないエネルギーと関連しています．

特に，$d'W = 0$ の場合，すなわち外部からの仕事がない場合には，(3.2) 式は

等温下での自発的変化に関する不等式
$$dF \leq 0 \tag{3.3}$$

へと簡略化されます．この式によると，定温の外部熱源と熱的に接触した状態で起こる自発的な変化は，F を減少させる方向に進み，その最小値に対応する状態，すなわち熱平衡状態に至って変化が終わるのです．例としては，図 1.11 の断熱壁を，熱を通す壁に取り替えた場合の変化が挙げられ，対応する終状態 (c) は，体積 $V_1 + V_2$ の下での F の最小状態となっています．

ヘルムホルツ自由エネルギー (3.1) は，数学的観点からも整理できます．そこに現れる内部エネルギー U の微小変化は，熱力学の基本式

$$dU = T\,dS - P\,dV$$

に従います．この式から，(i) U の自然な独立変数が (S, V) であること，また，(ii) 温度 T はポテンシャル $U(S, V)$ の S 方向の勾配であることがわかります．そして，(3.1) 式は，

ルジャンドル変換
$$T \equiv \left(\frac{\partial U}{\partial S}\right)_V, \qquad F(T, V) = U(S, V) - TS \tag{3.4}$$

という数学的操作になっているのです．すなわち，F の自然な独立変数は (T, V) です．実際，F の微小変化は，$dF = dU - d(TS)$ の右辺に $dU = T\,dS - P\,dV$ と $d(TS) = T\,dS + S\,dT$ を代入して，

$$dF = -S\,dT - P\,dV \tag{3.5}$$

のように，(dT, dV) を用いて表されます．また，F がポテンシャルであることから，勾配 $\nabla F = (-S, -P)$ の間に，**マクスウェルの関係式**

$$\left(\frac{\partial S}{\partial V}\right)_T = \left(\frac{\partial P}{\partial T}\right)_V \tag{3.6}$$

が成立することも結論づけられます．

ルジャンドル変換は，熱力学の他に力学などでも用いられます．典型例としては，速度 $\boldsymbol{v}$ を独立変数とするラグランジアン L から，運動量 $\boldsymbol{p} \equiv \frac{\partial L}{\partial \boldsymbol{v}}$ を独立変数とするハミルトニアン $H \equiv \boldsymbol{p} \cdot \boldsymbol{v} - L$ への変換が挙げられます（ただし符号は異なります）．

基本問題 3.1　　　　　　　　　　　　　　　　　　　　　　重要

等温等圧変化を記述するのに適したポテンシャルを構成せよ.

方針　等温下での不等式 (3.2) を，等圧条件を追加して書き換える.

【答案】　等温条件下で成立する不等式 (3.2) に仕事の表式

$$d'W = -P\,dV$$

を代入し，等圧条件 $dP = 0$ を課して書き換えると，

$$0 \leq -dF + d'W = -dF - P\,dV = -d(F + PV)$$

となる．ここで，新たな熱力学ポテンシャルである

ギブス自由エネルギー
$$G \equiv F + PV = U - TS + PV \tag{3.7}$$

を導入する．すると，等温等圧条件下における自発的変化が，

等温等圧変化における不等式
$$dG \leq 0 \tag{3.8}$$

を満たすことがわかる．従って，等温等圧下での自発的変化は G を減少させる方向に進み，その最小値に対応する状態，すなわち熱平衡状態に至って変化が終わる．(3.8) 式に従う変化の途中における (T, P) は外部環境の温度と圧力であり，系の温度と圧力は終状態でそれらに等しくなる．■

ポイント　(3.7) 式は，$F(T,V)$ から $G(T,P)$ へのルジャンドル変換で，G の独立変数 P は，$P \equiv \left(\frac{\partial F}{\partial V}\right)_T$ で表される F の勾配です．

ギブス自由エネルギー (3.7) の微小変化は，

$$dG = dF + d(PV)$$

に $d(PV) = P\,dV + V\,dP$ と (3.5) 式を代入して，

$$dG = -S\,dT + V\,dP \tag{3.9}$$

と表せることがわかります．そして，G がポテンシャルであることから，その勾配である $(-S, V)$ の間に**マクスウェルの関係式**

$$-\left(\frac{\partial S}{\partial P}\right)_T = \left(\frac{\partial V}{\partial T}\right)_P \tag{3.10}$$

が成立することも結論づけられます．

❷ ジュール・トムソン過程とエンタルピー

トムソンは，絶対温度を定義する過程で，空気などの実在気体がどの程度の精度で理想気体の状態方程式を満たすのかに興味を持ち，ジュールに次のような実験を提案しました．

図 3.1 のように，シリンダーの中央部に圧縮綿などの多孔質の栓を入れておき，左から気体の定常流を送ります．定常流は，多孔質内で摩擦の影響を受けて減速します．従って，気体が多孔質領域を通過した後には，圧力の低下が起こり，温度も変化することが予想されます．そこで，「左側では体積 V_1 を占めていた部分が，多孔質を通った後には体積 V_2 を占めるようになった」ものとします．すなわち，「多孔質の外での気体の体積が $V_1 \to 0 \to V_2$ と変化し，圧力も左側での値 P_1 から右側での値 P_2 へと変わる」と考えるのです．すると，多孔質を通過する際に気体が受けた仕事が，

$$\Delta W = -\int_{V_1}^{0} P_1 \, dV - \int_{0}^{V_2} P_2 \, dV = -P_1(-V_1) - P_2 V_2$$

と計算できます．また，この過程において外からの熱の供給はないので，第一法則より，ΔW は全て気体の内部エネルギー変化 $U_2 - U_1$ へと転化することがわかります．すなわち，

$$U_2 - U_1 = P_1 V_1 - P_2 V_2$$

が成立し，これを書き換えると，

$$U_2 + P_2 V_2 = U_1 + P_1 V_1$$

が得られます．このように，ジュール・トムソン過程では，

エンタルピー
$$H \equiv U + PV \tag{3.11}$$

が一定であると結論づけられます．

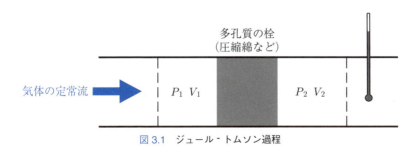

図 3.1 ジュール・トムソン過程

気体に温度変化をもたらすジュール-トムソン過程は，気体の冷却・液化などに応用されています．この過程による温度変化，すなわち，ジュール-トムソン効果の大きさは，

ジュール-トムソン係数

$$\mu_{JT} \equiv \left(\frac{\partial T}{\partial P}\right)_H = \frac{T\left(\frac{\partial V}{\partial T}\right)_P - V}{nC_P} \tag{3.12}$$

で評価できます．最初の微係数がジュール-トムソン係数 μ_{JT} の定義式で，添字の H はエンタルピーが一定の条件下での微分を意味します．最右辺の表式は，気体の状態方程式を用いて μ_{JT} を計算できる形になっており，実用上非常に便利です．

基本問題 3.2 　　　　　　　　　　　　　　　　　　　　　　　　**重要**

(3.12) 式の "＝" を以下の手続きに従って証明せよ．
(1) (3.11) 式と第一法則より，エンタルピーの全微分 dH の表式を求めよ．
(2) エントロピーを (T, P) の関数と考え，その全微分 dS を勾配を用いて表せ．
(3) (2) の dS を，定積モル比熱 $C_P \equiv \frac{T}{n}\left(\frac{\partial S}{\partial T}\right)_P$ と G に関するマクスウェルの関係式 (3.10) を用いて書き換えよ．
(4) (3) の結果を (1) の dH に代入し，(3.12) 式の "＝" を証明せよ．

方針　設問の誘導に沿って解いていく．

【答案】(1) エンタルピー (3.11) の微小変化は $dH = dU + d(PV)$ となる．これに $dU = T\,dS - P\,dV$ と $d(PV) = P\,dV + V\,dP$ を代入すると，

$$dH = T\,dS + V\,dP \tag{3.13}$$

が得られる．

(2) $S = S(T, P)$ の微小変化は次のように表せる．

$$dS = \left(\frac{\partial S}{\partial T}\right)_P dT + \left(\frac{\partial S}{\partial P}\right)_T dP.$$

(3) $dS = \frac{nC_P}{T}\,dT - \left(\frac{\partial V}{\partial T}\right)_P dP.$

(4) (3) の結果を (1) の dH に代入すると，

$$dH = nC_P\,dT + \left\{V - T\left(\frac{\partial V}{\partial T}\right)_P\right\}dP$$

が得られる．さらに，両辺を dP で割って $dH = 0$ の条件を課すことで，(3.12) 式の等号が成立していることがわかる．■

3.1 熱力学ポテンシャル

ポイント　マクスウェルの関係式が使えるようになると，熱力学の理解がレベルアップしたことが実感できます．(S, T) は"共役変数"です．S に関して，共役変数ではない V あるいは P に関する偏微分が出てきたら，「(T, V) あるいは (T, P) を独立変数とする熱力学ポテンシャルは何か」と考え，引き続いて，「そのポテンシャルに関するマクスウェルの関係式は何か」，と考える習慣をつけましょう．

コラム　低温物理の開拓

例として理想気体では，

$$V = \frac{nRT}{P}$$

が成立し，

$$\mu_{\mathrm{JT}} = \frac{T\dfrac{nR}{P} - V}{nC_P} = 0$$

となります．すなわち，「理想気体はジュール-トムソン過程で温度変化しない」という結論が得られました．しかし，ジュールが空気などの実在の気体を用いて実験を行ったところ，$\mu_{\mathrm{JT}} > 0$，すなわち，温度の低下が確認され，実在気体は完全な理想気体ではないことが明らかになりました．その後，ジュール-トムソン過程は気体の冷却に用いられ，様々な気体の液化と低温物理学の発展がもたらされました．

演習問題

A

3.1.1 [重要] エントロピー S に関する以下の問いに答えよ.
(1) (T, V) を独立変数に選び,その微小変化 dS の表式を勾配を用いて表せ.
(2) (1) の結果が,次のようにも表せることを示せ.

$$dS = \frac{nC_V}{T} dT + \left(\frac{\partial P}{\partial T}\right)_V dV.$$

ただし,n はモル数,また C_V は定積モル比熱である.
(3) (T, P) を独立変数に選び,その微小変化 dS の表式を勾配を用いて表せ.
(4) (3) の結果が,次のようにも表せることを示せ.

$$dS = \frac{nC_P}{T} dT - \left(\frac{\partial V}{\partial T}\right)_P dP.$$

ただし,n はモル数,また C_P は定圧モル比熱である.

3.1.2 ヘルムホルツ自由エネルギー $F(T, V)$ の微小変化は,

$$dF = -S\,dT - P\,dV$$

と表せる.n モルの理想気体についてこの式を積分し,F の表式を求めよ.ただし,理想気体は状態方程式 $PV = nRT$ に従い,そのエントロピーは

$$S(T, V) = nC_V \ln T + nR \ln V + a \quad (C_V \text{ と } a \text{ は定数})$$

と表せるものとする.

3.1.3 ギブス自由エネルギー $G(T, P)$ の微小変化は,

$$dG = -S\,dT + V\,dP$$

と表せる.n モルの理想気体についてこの式を積分し,G の表式を求めよ.ただし,理想気体は状態方程式 $PV = nRT$ に従い,そのエントロピーは (T, P) を独立変数として

$$S(T, P) = nC_P \ln T - nR \ln P + a \quad (C_P \text{ と } a \text{ は定数})$$

と表せるものとする.

B

3.1.4 [重要] 熱力学第三法則とマクスウェルの関係式を用いて,以下のことを証明せよ.
(1) **熱膨張係数**

$$\alpha \equiv \frac{1}{V}\left(\frac{\partial V}{\partial T}\right)_P \tag{3.14}$$

は絶対零度近傍で連続的にゼロに近づく.
(2) 圧力の温度依存性は絶対零度近傍で連続的にゼロに近づく.

3.2 化学ポテンシャルと相平衡**
——粒子数が変化する系の熱力学

> Contents
> Subsection ❶ 粒子数変化と化学ポテンシャル
> Subsection ❷ クラペイロン・クラウジウスの式
> Subsection ❸ 多成分系の相平衡

> キーポイント
> 固体・液体・気体など，同じ物質の異なる存在形態が共存する場合の熱平衡は，化学ポテンシャルで記述できる．

❶ 粒子数変化と化学ポテンシャル

例えば分子式 H_2O で表される分子の凝集状態には，液体の「水」，気体の「水蒸気」，固体の「氷」の三つの存在形態があります．このように，同じ物質の異なる存在形態を**相**と呼び，「液相」，「気相」，「固相」などと区別します．この節では，例えば水と水蒸気が共存する系のように，複数の相の熱平衡状態，すなわち**相平衡**を熱力学で記述することを目指します．しかし，相平衡では，相間での粒子のやり取りがあり，各相の粒子数が変化します．この粒子数変化は，これまで扱ってこなかった新しい要素です．そこで，ここではまず，単一の相の粒子数変化を扱えるように，粒子数を熱力学ポテンシャルの独立変数に組み込む作業を行います．

粒子数が固定された場合における平衡熱力学の基本式は，(2.23) 式，すなわち

$$dU = T\,dS - P\,dV$$

です．この式に粒子数 N も独立変数として加えると，内部エネルギーの微小変化が，

$$dU = T\,dS - P\,dV + \mu\,dN \tag{3.15}$$

と表せます．粒子交換の窓が開いたことにより，新たな仕事 $\mu\,dN$ がつけ加わったのです．係数である

化学ポテンシャル
$$\mu \equiv \left(\frac{\partial U}{\partial N}\right)_{S,V} \tag{3.16}$$

は，系に粒子一個がつけ加わることによる内部エネルギーの上昇を表します．右辺の偏微分係数を構成する U と N は示量変数なので，μ は分量によらない示強変数となります．

新たな基本的関係式 (3.15) は，エントロピーを従属変数として，

$$dS = \frac{1}{T}dU + \frac{P}{T}dV - \frac{\mu}{T}dN \tag{3.17}$$

とも表現できます．また，(3.15) 式に新たな項がつけ加わったのに対応して，自由エネルギーの微小変化も，(3.5) 式や (3.9) 式から

$$dF = -S\,dT - P\,dV + \mu\,dN, \tag{3.18}$$

$$dG = -S\,dT + V\,dP + \mu\,dN \tag{3.19}$$

へと変更されます．これらの熱力学ポテンシャルは，全て示量変数です．さらに，新たな熱力学ポテンシャルである**グランドポテンシャル**を，ヘルムホルツ自由エネルギー (3.18) からの粒子数に関するルジャンドル変換により，次式で導入します．

$$\Omega(T,V,\mu) = F(T,V,N) - \mu N. \tag{3.20}$$

示量変数であるこのグランドポテンシャルは，統計力学，特に量子統計力学において中心的な役割を担うことになります．その微小変化 $d\Omega$ は，(3.18) 式から $d(\mu N) = N\,d\mu + \mu\,dN$ を差し引くことにより，

$$d\Omega = -S\,dT - P\,dV - N\,d\mu \tag{3.21}$$

と表せます．

　粒子数を独立変数に加えた場合，孤立系が熱平衡状態にあるための必要条件は，次のようにまとめられます．

熱平衡条件

孤立系が熱平衡状態にあるための必要条件は，系全体にわたって温度・圧力・化学ポテンシャルが等しいことである．

証明は，エントロピーの変数を (U,V) から (U,V,N) へと増やし，(3.17) 式を用いることで，基本問題 2.10 と同様に実行できます．すなわち，図 2.8 のように，孤立系の熱平衡状態を，熱・粒子を通し滑らかに動く可動壁で二つの部分系に分けます．そして，全系のエントロピーが最大値を取るための必要条件を求めるのです（演習問題 3.2.3）．そこでの部分系への分け方は，空間的な二分割だけでなく，相の違いによる分割も可能で，その場合にも証明は成立します．従って，上記の熱平衡条件は，相が二つ以上ある場合にも有効です．

　熱平衡を記述する示強変数である化学ポテンシャル μ は，ギブス自由エネルギー (3.7) との間に次の関係があります（基本問題 3.3 参照）．

化学ポテンシャルとギブス自由エネルギーとの関係

$$G = \mu N \qquad \text{もしくは} \qquad \mu = \frac{G}{N}. \tag{3.22}$$

すなわち，化学ポテンシャルは，一粒子当りのギブス自由エネルギーなのです．

基本問題 3.3 【重要】
(3.22) 式を証明せよ．

方針 $G(T, P, N)$ と N が共に示量変数であることを用いる．

【答案】 (3.19) 式より，G は (T, P, N) を自然な独立変数として持つことがわかる．その中の示量変数は粒子数 N のみである．一方，G も示量変数であるから，(T, P) を一定に保って粒子数を λ 倍すると，G も λ 倍されるはずである．すなわち，

$$G(T, P, \lambda N) = \lambda G(T, P, N)$$

の関係が成り立つ．この式を λ に関して微分すると，その結果は，新たな変数 $N_\lambda \equiv \lambda N$ を用いて，

$$\frac{\partial G(T, P, N_\lambda)}{\partial N_\lambda} \frac{dN_\lambda}{d\lambda} = G(T, P, N)$$

と表せる．ただし，微分に関する連鎖律を用いた．この式で $\lambda = 1$ と置くと，

$$\left(\frac{\partial G}{\partial N}\right)_{T,P} N = G(T, P, N)$$

となる．さらに (3.19) 式から得られる関係

$$\left(\frac{\partial G}{\partial N}\right)_{T,P} = \mu$$

を代入すると，(3.22) 式を得る． ∎

ポイント 示量変数と示強変数の区別から，重要な結果 $G = \mu N$ が得られました．証明に用いた手法は，熱力学における基本的テクニックの一つです．

(3.22) 式より，ギブス自由エネルギーの微小変化は，

$$dG = \mu\, dN + N\, d\mu$$

とも表せることがわかります．この右辺と (3.19) 式の右辺を等号で結ぶことで，

ギブス・デュエムの式

$$-S\, dT + V\, dP - N\, d\mu = 0 \quad \text{あるいは} \quad d\mu = -\frac{S}{N} dT + \frac{V}{N} dP \tag{3.23}$$

が得られます．すなわち，三つの示強変数 (T, P, μ) は独立ではなく，いずれか一つは他の二つの関数として表せるのです．例えば，化学ポテンシャルは，温度 T と圧力 P の関数として $\mu = \mu(T, P)$ と表せ，その勾配は，

$$\left(\frac{\partial \mu}{\partial T}\right)_P = -\frac{S}{N}, \qquad \left(\frac{\partial \mu}{\partial P}\right)_T = \frac{V}{N} \tag{3.24}$$

のように，一粒子当りのエントロピー・体積と関係しています．

❷ クラペイロン・クラウジウスの式

以上の準備の下に,二つの相がある場合に考察を進めます.図 3.2 のように,閉じた容器の一部に水を入れておくと,やがてその一部が水蒸気となって気化し,水と水蒸気の**相平衡**が実現します.(3.23) 式を用いると,二つの相 $j = 1, 2$ が平衡状態にある場合に,その温度 T と圧力 P の微小変化が,

> **クラペイロン・クラウジウスの式**
> $$\frac{dP}{dT} = \frac{L_{12}}{(\overline{V}_1 - \overline{V}_2)T} \tag{3.25}$$

を満たすことを示すことができます(基本問題 3.4 参照).ここで,$\overline{V}_j$ は相 j の 1 モル当りの体積,また,

$$L_{12} \equiv T(\overline{S}_1 - \overline{S}_2) \tag{3.26}$$

は相変化 $2 \to 1$ の際の 1 モル当りの潜熱です.

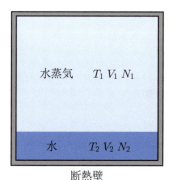

図 3.2 水と水蒸気の相平衡

基本問題 3.4 　　　　　　　　　　　　　　　　　　　　　　　　　　　　　重要

(3.25) 式が成り立つことを示せ.

方針　両相の $\mu(T,P)$ を等号で結び，微小変化を考える.

【答except】　この相平衡では，全系で温度 T，圧力 P，化学ポテンシャル μ が等しくなる．また，(3.23) 式より，化学ポテンシャルは (T,P) の関数として表せることがわかる．従って，相平衡の条件は，

$$\mu_1(T,P) - \mu_2(T,P) = 0$$

と表せる．この式で

$$T \to T + dT \quad \text{および} \quad P \to P + dP$$

と変化させると

$$\mu_1(T+dT, P+dP) - \mu_2(T+dT, P+dP) = 0$$

となる．第二式から第一式を差し引き，微小量 (dT, dP) について一次の項のみを残すと，等式

$$\left\{\left(\frac{\partial \mu_1}{\partial T}\right)_P - \left(\frac{\partial \mu_2}{\partial T}\right)_P\right\} dT + \left\{\left(\frac{\partial \mu_1}{\partial P}\right)_T - \left(\frac{\partial \mu_2}{\partial P}\right)_T\right\} dP = 0$$

を得る．この式に (3.24) 式を代入し，アボガドロ数 $N_A = 6.02 \times 10^{23}$ をかけると，

$$-(\overline{S}_1 - \overline{S}_2)\, dT + (\overline{V}_1 - \overline{V}_2)\, dP = 0$$

となる．ここで，$\overline{S}_j$ と $\overline{V}_j$ は，それぞれ，1 モル当りのエントロピーと体積である．さらに，潜熱の表式 (3.26) を用いて書き換えると，(3.25) 式を得る．■

ポイント　$\mu_1(T,P) = \mu_2(T,P)$ の微小変化を考え，微分式を導くところがポイントです．

❸ 多成分系の相平衡

例えば空気は，酸素分子，窒素分子，水分子などの複数の成分から構成されています．相平衡に関する前節の考察を，このような**多成分系**に拡張し，異なる相（気相，液相，固相）が共存する条件を明らかにしましょう．系が $j = 1, 2, \cdots, n$ 個の成分から成り，$\alpha = 1, 2, \cdots, \nu$ 個の相が共存している場合を考えます．この系のエントロピーは，その示量性から，

$$S = \sum_{\alpha=1}^{\nu} S_\alpha(U_\alpha, V_\alpha, N_{\alpha 1}, \cdots, N_{\alpha n})$$

のように，各相の寄与の和として表せます．ここで，$(U_\alpha, V_\alpha, N_{\alpha j})$ は，それぞれ，相 α の内部エネルギー，体積，成分 j の粒子数を表します．全系が孤立系で，かつ熱平衡となっている場合を考えると，全系のエントロピーは最大値を持ちます．そのための必要条件は，仮想的な変化 $(U_\alpha, V_\alpha, N_{\alpha j}) \to (U_\alpha + \delta U_\alpha, V_\alpha + \delta V_\alpha, N_{\alpha j} + \delta N_{\alpha j})$ に対して S が停留値を持つこと $(\delta S = 0)$ であり，具体的に次のように表せます．

$$\begin{aligned}
0 &= \sum_{\alpha=1}^{\nu} \left(\frac{\partial S_\alpha}{\partial U_\alpha} \delta U_\alpha + \frac{\partial S_\alpha}{\partial V_\alpha} \delta V_\alpha + \sum_{j=1}^{n} \frac{\partial S_\alpha}{\partial N_{\alpha j}} \delta N_{\alpha j} \right) \\
&= \sum_{\alpha=1}^{\nu} \left(\frac{1}{T_\alpha} \delta U_\alpha + \frac{P_\alpha}{T_\alpha} \delta V_\alpha - \sum_{j=1}^{n} \frac{\mu_{\alpha j}}{T_\alpha} \delta N_{\alpha j} \right).
\end{aligned} \quad (3.27)$$

ここで，(3.17) 式を用いました．一方，孤立系の全内部エネルギー，全体積，各成分の全粒子数は不変であり，次式が成立します．

$$\delta U \equiv \sum_{\alpha=1}^{\nu} \delta U_\alpha = 0, \quad (3.28\text{a})$$

$$\delta V \equiv \sum_{\alpha=1}^{\nu} \delta V_\alpha = 0, \quad (3.28\text{b})$$

$$\delta N_j \equiv \sum_{\alpha=1}^{\nu} \delta N_{\alpha j} = 0 \quad (j = 1, 2, \cdots, n). \quad (3.28\text{c})$$

(3.28a) 式，(3.28b) 式，(3.28c) 式に，それぞれ未定乗数 $\lambda_U, \lambda_V, \lambda_{N_j}$ を掛け，(3.27) 式に加えると，

$$\sum_{\alpha=1}^{\nu} \left\{ \left(\frac{1}{T_\alpha} + \lambda_U \right) \delta U_\alpha + \left(\frac{P_\alpha}{T_\alpha} + \lambda_V \right) \delta V_\alpha - \sum_{j=1}^{n} \left(\frac{\mu_{\alpha j}}{T_\alpha} - \lambda_{N_j} \right) \delta N_{\alpha j} \right\} = 0 \quad (3.29)$$

が得られます．この等式が，任意の微小量の組 $(\delta U_\alpha, \delta V_\alpha, \delta N_{\alpha j})$ について成り立つための必要十分条件は，それらの係数がゼロとなること，すなわち

3.2 化学ポテンシャルと相平衡

$$\frac{1}{T_\alpha} = -\lambda_U,$$

$$\frac{P_\alpha}{T_\alpha} = -\lambda_V,$$

$$\frac{\mu_{\alpha j}}{T_\alpha} = \lambda_{N_j}$$

です．これより，多成分・多相系に関する次の熱平衡条件を得ます．

熱平衡条件
多成分・多相系が熱平衡にあるための必要条件は，温度，圧力，各成分の化学ポテンシャルが，系全体で一定であることである．

(3.27) 式を (3.28) 式の条件下で解くために用いた手法 (3.29) は，**ラグランジュの未定乗数法**と呼ばれます．

さらに，多成分系の相平衡については，次の規則が成り立ちます（基本問題 3.5 参照）．

ギブスの相律
n 種類の成分からなる物質が ν 個の相に分かれて平衡状態にあるとき，その系の**自由度** f は，次式を満たす．

$$f = n - \nu + 2. \tag{3.30}$$

ここで，自由度とは，自由に変えることのできる内部変数の数を意味します．

コラム　ギブス

ギブスはアメリカ人の学者で，イェール大学で宗教文学を教える教授の息子として，1839 年にコネチカット州ニューヘイブンで生まれました．当時のアメリカ合衆国は未だ科学の後進国でしたが，1863 年にイェール大学で工学博士号を取得したのち，1866 年に研究のため渡欧し，パリ，ベルリン，ハイデルベルグにそれぞれ 1 年ずつ滞在しました．その間に数理物理学の研究に取り組み始め，帰国後はほぼニューヘイブンに留まって，静かで実り豊かな研究生活を送りました．その業績は，熱力学の他にも，ベクトル解析や統計力学など，多方面に及んでいます．

基本問題 3.5

(3.30) 式が成り立つことを示せ.

方針　変数の数と拘束条件の数をかぞえ，前者から後者を引く．

【答案】　内部状態は，成分比と温度および圧力により決まる．成分比は，各相について $n-1$ 個の変数により決まるので，変数の数は

$$N_{\mathrm{v}} = 2 + \nu(n-1) \tag{3.31a}$$

ある．一方，「成分 j の化学ポテンシャルが各相で等しい」という条件 $\mu_{1j} = \mu_{2j} = \cdots = \mu_{\nu j}$ が成り立つ．この等式の数は，

$$N_{\mathrm{e}} = (\nu-1)n \tag{3.31b}$$

個である．従って，(3.31a) から (3.31b) を差し引くことにより，自由度の数 f が，

$$f = N_{\mathrm{v}} - N_{\mathrm{e}} = -\nu + 2 + n$$

のように求まる．■

ポイント　自由度の数は，変数の数から拘束条件の数を引いたものです．

例として，水と水蒸気の相平衡の場合には，成分の数 $n=1$（H_2O），相の数 $\nu=2$（気相と液相）を持ちます．従って，自由度の数は

$$f = 1 - 2 + 2 = 1$$

で，状態空間である PT 平面での相境界は，一次元物体である「線」となります．一方，水，水蒸気，氷の相平衡の場合には，成分の数が $n=1$（H_2O），相の数が $\nu=3$（気相，液相，固相）となります．従って，自由度の数は

$$f = 1 - 3 + 2 = 0$$

で，状態空間での相境界は，零次元物体である「点」となります．

演習問題

—— A ——

3.2.1 [重要] (3.20) 式で定義されるグランドポテンシャルが，圧力 P と体積 V を用いて，

$$\Omega = -PV \tag{3.32}$$

と表せることを示せ．

3.2.2 [重要] 気体液体転移の転移線は，クラペイロン - クラウジウスの式

$$\frac{dP}{dT} = \frac{L}{(V_g - V_\ell)T}$$

を満たす．ただし，L は 1 モル当りの気化熱，V_g は 1 モルの気体の体積，V_ℓ は 1 モルの液体の体積である．

(1) (i) 1 モル当りの液体の体積は気体の体積に比べて無視できる，(ii) 気体は理想気体と見なせる，(iii) 気化熱 L は定数と見なせる，という三つの条件が成り立つものとする．このとき，飽和蒸気圧 P が，

$$P \propto \exp\left(-\frac{L}{RT}\right)$$

という形を持つことを示せ．

(2) 1 気圧下での水の沸騰温度は 373 K であり，その際の気化熱は 9700 cal/mol と測定された．このことを用いて 2 気圧下での水の沸騰温度を概算せよ．ただし気体定数 R は 8.3 J/mol·K，熱の仕事当量は 4.2 J/cal である．

—— B ——

3.2.3 孤立系が熱平衡条件にあるための必要条件の一つは，部分系間の粒子のやり取りまで考慮すると，「全系で温度・圧力・化学ポテンシャルが一定である」ことを示せ．

3.3 熱力学不等式++
——系が安定であるための必要条件

> **Contents**
> Subsection ❶ 数学的準備
> Subsection ❷ 安定性

> **キーポイント**
> 孤立系のエントロピー最大条件に関する考察を一歩進めると，熱力学不等式が導かれる．

❶ 数学的準備

まず，熱力学的不等式を議論するための数学的準備を行います．一変数関数の場合の復習から始めましょう．関数 $f(x)$ を $x = x_0$ でテイラー展開すると，$\Delta x \equiv x - x_0$ を用いて，

$$f(x) = f(x_0) + f'(x_0)\Delta x + \frac{1}{2!}f''(x_0)(\Delta x)^2 + \cdots$$

と表せます．[文献2] 従って，この関数が $x = x_0$ で最小値を持つための必要条件は，

$$f'(x_0) = 0, \qquad f''(x_0) > 0$$

であることがわかります．

次に，二変数関数 $f(x,y)$ の場合を考察します．この関数を点 (x_0, y_0) でテイラー展開すると，

$$\begin{aligned}
f(x,y) &= f(x_0, y_0) + \left(\frac{\partial f}{\partial x}\right)_0 \Delta x + \left(\frac{\partial f}{\partial y}\right)_0 \Delta y \\
&\quad + \frac{1}{2!}\left(\frac{\partial^2 f}{\partial x^2}\right)_0 (\Delta x)^2 + \left(\frac{\partial^2 f}{\partial x \partial y}\right)_0 \Delta x \Delta y + \frac{1}{2!}\left(\frac{\partial^2 f}{\partial y^2}\right)_0 (\Delta y)^2 + \cdots \\
&= f(x_0, y_0) + \left(\frac{\partial f}{\partial x}\right)_0 \Delta x + \left(\frac{\partial f}{\partial y}\right)_0 \Delta y \\
&\quad + \frac{1}{2!}\begin{bmatrix} \Delta x & \Delta y \end{bmatrix} \begin{bmatrix} \left(\frac{\partial^2 f}{\partial x^2}\right)_0 & \left(\frac{\partial^2 f}{\partial x \partial y}\right)_0 \\ \left(\frac{\partial^2 f}{\partial y \partial x}\right)_0 & \left(\frac{\partial^2 f}{\partial y^2}\right)_0 \end{bmatrix} \begin{bmatrix} \Delta x \\ \Delta y \end{bmatrix} + \cdots
\end{aligned} \qquad (3.33)$$

となります．[文献2] ただし，添字の 0 は，点 (x_0, y_0) での値を意味します．従って，$f(x,y)$ が点 (x_0, y_0) で最小値を持つための必要条件は，一次の係数が消える条件

$$\left(\frac{\partial f}{\partial x}\right)_0 = \left(\frac{\partial f}{\partial y}\right)_0 = 0,$$

および，二次の係数に関する

$$\text{正方対称行列 } \mathcal{H} \equiv \begin{bmatrix} \left(\dfrac{\partial^2 f}{\partial x^2}\right)_0 & \left(\dfrac{\partial^2 f}{\partial x \partial y}\right)_0 \\ \left(\dfrac{\partial^2 f}{\partial x \partial y}\right)_0 & \left(\dfrac{\partial^2 f}{\partial y^2}\right)_0 \end{bmatrix} \text{の全ての固有値が正} \quad (3.34)$$

という条件が同時に成り立つことです．[文献3] f の二階偏微分からなる行列 $\mathcal{H}$ は，**ヘッセ行列**と呼ばれています．線形代数の定理によると，(3.34) 式の内容は，「$\mathcal{H}$ の全ての小行列式が正値である」ことと等価であり，具体的に

$$\left(\frac{\partial^2 f}{\partial x^2}\right)_0 > 0, \quad \det \mathcal{H} \equiv \left(\frac{\partial^2 f}{\partial x^2}\right)_0 \left(\frac{\partial^2 f}{\partial y^2}\right)_0 - \left[\left(\frac{\partial^2 f}{\partial x \partial y}\right)_0\right]^2 > 0 \quad (3.35)$$

と表せます．[文献3]

最後に，以下の熱力学不等式の考察では，二変数関数 $f(x,y)$ と $g(x,y)$ の一階偏導関数に関する行列式

$$\frac{\partial(f,g)}{\partial(x,y)} \equiv \det \begin{bmatrix} \dfrac{\partial f}{\partial x} & \dfrac{\partial f}{\partial y} \\ \dfrac{\partial g}{\partial x} & \dfrac{\partial g}{\partial y} \end{bmatrix} = \frac{\partial f}{\partial x}\frac{\partial g}{\partial y} - \frac{\partial f}{\partial y}\frac{\partial g}{\partial x} \quad (3.36)$$

に出くわします．この (f,g) の独立変数を (x,y) から (u,v) へと取り換えると，(3.36) 式が次のように表せます．[文献4]

$$\frac{\partial(f,g)}{\partial(x,y)} = \frac{\dfrac{\partial(f,g)}{\partial(u,v)}}{\dfrac{\partial(x,y)}{\partial(u,v)}} = \frac{\dfrac{\partial f}{\partial u}\dfrac{\partial g}{\partial v} - \dfrac{\partial f}{\partial v}\dfrac{\partial g}{\partial u}}{\dfrac{\partial x}{\partial u}\dfrac{\partial y}{\partial v} - \dfrac{\partial x}{\partial v}\dfrac{\partial y}{\partial u}}. \quad (3.37)$$

❷ 安定性

エントロピー増大則 (2.22) によると，孤立系の熱平衡状態は，エントロピーが最大の状態です．この事実を用いて，2.2 節 Subsection ❺では，孤立系が熱平衡にあるための必要条件の一つを導出しました．その条件は，「示強変数である温度 T と圧力 P が系全体で一定」です．ここでは，再び粒子数一定の系を考え，上記の考察を一歩進めて熱力学不等式を導きます．

再び，図 2.8 のように，熱を通し滑らかに動く可動壁で二分されている孤立系を考えます．全系 $1+2$ は，固定した断熱壁で囲まれて外界から熱的・力学的に遮断され，その内部エネルギー U と体積 V は一定です．熱平衡条件を求めるため，各部分系 $j=1,2$ の状態変数が (U_j, V_j) のところで全系が熱平衡状態にあるとし，そこからの仮想的な変化 $(U_j, V_j) \to (U_j + \delta U_j, V_j + \delta V_j)$ を考えます．すると，$-S$ が (U_j, V_j) のところで最小値

となっているためには，(2.26) 式に関して $-\Delta S > 0$ が成立しなければなりません．この不等式を δU_j と δV_j について (3.33) 式のようにテイラー展開すると，

$$0 < -\sum_{j=1}^{2}\left(\frac{\partial S_j}{\partial U_j}\delta U_j + \frac{\partial S_j}{\partial V_j}\delta V_j\right)$$

$$+ \sum_{j=1}^{2}\frac{1}{2!}\begin{bmatrix}\delta U_j & \delta V_j\end{bmatrix}\begin{bmatrix}-\dfrac{\partial^2 S_j}{\partial U_j^2} & -\dfrac{\partial^2 S_j}{\partial U_j \partial V_j} \\ -\dfrac{\partial^2 S_j}{\partial U_j \partial V_j} & -\dfrac{\partial^2 S_j}{\partial V_j^2}\end{bmatrix}\begin{bmatrix}\delta U_j \\ \delta V_j\end{bmatrix} + \cdots \quad (3.38)$$

が得られます．ただし，一定に保つ変数の添字を省略しました．これが，任意の $(\delta U_j, \delta V_j)$ について成立するためには，まず，一次の項が消える必要があります．この条件から (2.29) 式が得られました．それに加えて，(3.38) 式の二次の項に現れる 2×2 行列，すなわちヘッセ行列の全ての小行列式が正でなければなりません．この条件は，具体的に

$$-\frac{\partial^2 S}{\partial U^2} > 0, \qquad \det\begin{bmatrix}-\dfrac{\partial^2 S}{\partial U^2} & -\dfrac{\partial^2 S}{\partial U \partial V} \\ -\dfrac{\partial^2 S}{\partial U \partial V} & -\dfrac{\partial^2 S}{\partial V^2}\end{bmatrix} > 0 \quad (3.39)$$

と表せます．ただし，各部分系についての内容は本質的に同じなので，それらを区別する添字 j を除きました．この条件は次のようにも表せます．

熱力学不等式（その 1）

$$C_V > 0, \qquad \kappa_T \equiv -\frac{1}{V}\left(\frac{\partial V}{\partial P}\right)_T > 0. \quad (3.40)$$

ここに現れる κ_T は**等温圧縮率**と呼ばれています．

基本問題 3.6

(2.30) 式を既知として，(3.39) 式が (3.40) 式と等価であることを示せ．

方針 各偏導関数を，(3.37) 式を用いて変形する．

【答案】 (3.39) 式の各行列要素は，(U, V) が独立変数であることを念頭に，(2.24) 式と (2.8) 式を用いて次のように変形できる．

$$-\frac{\partial^2 S}{\partial U^2} = -\frac{\partial}{\partial U}\left(\frac{\partial S}{\partial U}\right)_V = -\frac{\partial}{\partial U}\frac{1}{T} = \frac{1}{T^2}\left(\frac{\partial T}{\partial U}\right)_V = \frac{1}{T^2}\frac{1}{\left(\dfrac{\partial U}{\partial T}\right)_V} = \frac{1}{nC_V T^2}, \quad (3.41\text{a})$$

$$-\frac{\partial^2 S}{\partial V^2} = -\frac{\partial}{\partial V}\left(\frac{\partial S}{\partial V}\right)_U = -\frac{\partial}{\partial V}\frac{P}{T} = \frac{P}{T^2}\left(\frac{\partial T}{\partial V}\right)_U - \frac{1}{T}\left(\frac{\partial P}{\partial V}\right)_U, \quad (3.41\text{b})$$

3.3 熱力学不等式

$$-\frac{\partial^2 S}{\partial V \partial U} = -\frac{\partial}{\partial V}\left(\frac{\partial S}{\partial U}\right)_V = -\frac{\partial}{\partial V}\frac{1}{T} = \frac{1}{T^2}\left(\frac{\partial T}{\partial V}\right)_U. \tag{3.41c}$$

さらに，$\left(\frac{\partial T}{\partial V}\right)_U$ と $\left(\frac{\partial P}{\partial V}\right)_U$ は，(3.37) 式を用いて次のように書き換えられる．

$$\left(\frac{\partial T}{\partial V}\right)_U = \frac{\partial(T,U)}{\partial(V,U)} = \frac{\frac{\partial(T,U)}{\partial(V,T)}}{\frac{\partial(V,U)}{\partial(V,T)}} = \frac{-\left(\frac{\partial U}{\partial V}\right)_T}{\left(\frac{\partial U}{\partial T}\right)_V} = -\frac{\left(\frac{\partial U}{\partial V}\right)_T}{nC_V},$$

$$\left(\frac{\partial P}{\partial V}\right)_U = \frac{\partial(P,U)}{\partial(V,U)} = \frac{\frac{\partial(P,U)}{\partial(V,T)}}{\frac{\partial(V,U)}{\partial(V,T)}} = \frac{\left(\frac{\partial P}{\partial V}\right)_T\left(\frac{\partial U}{\partial T}\right)_V - \left(\frac{\partial P}{\partial T}\right)_V\left(\frac{\partial U}{\partial V}\right)_T}{\left(\frac{\partial U}{\partial T}\right)_V}$$

$$= \left(\frac{\partial P}{\partial V}\right)_T - \frac{\left(\frac{\partial P}{\partial T}\right)_V\left(\frac{\partial U}{\partial V}\right)_T}{nC_V}.$$

これらを (3.41b) 式と (3.41c) 式に代入し，(2.30) 式を用いて次のように簡略化する．

$$-\frac{\partial^2 S}{\partial V^2} = -\frac{P}{T^2}\frac{\left(\frac{\partial U}{\partial V}\right)_T}{nC_V} - \frac{1}{T}\left\{\left(\frac{\partial P}{\partial V}\right)_T - \frac{\left(\frac{\partial P}{\partial T}\right)_V\left(\frac{\partial U}{\partial V}\right)_T}{nC_V}\right\}$$

$$= -\frac{1}{T}\left(\frac{\partial P}{\partial V}\right)_T + \frac{1}{nC_V T^2}\left(\frac{\partial U}{\partial V}\right)_T\left\{T\left(\frac{\partial P}{\partial T}\right)_V - P\right\} \tag{3.42}$$

$$= -\frac{1}{T}\left(\frac{\partial P}{\partial V}\right)_T + \frac{1}{nC_V T^2}\left\{\left(\frac{\partial U}{\partial V}\right)_T\right\}^2,$$

$$-\frac{\partial^2 S}{\partial V \partial U} = -\frac{1}{nC_V T^2}\left(\frac{\partial U}{\partial V}\right)_T.$$

これら二つの式と (3.41a) 式を用いると，(3.39) 式の行列式は，以下のように変形できる．

$$\det\begin{bmatrix} -\frac{\partial^2 S}{\partial U^2} & -\frac{\partial^2 S}{\partial U \partial V} \\ -\frac{\partial^2 S}{\partial V \partial U} & -\frac{\partial^2 S}{\partial V^2} \end{bmatrix} = \frac{\partial^2 S}{\partial U^2}\frac{\partial^2 S}{\partial V^2} - \left(\frac{\partial^2 S}{\partial V \partial U}\right)^2$$

$$= \frac{1}{nC_V T^2}\left[-\frac{1}{T}\left(\frac{\partial P}{\partial V}\right)_T + \frac{1}{nC_V T^2}\left\{\left(\frac{\partial U}{\partial V}\right)_T\right\}^2\right] - \left\{\frac{-1}{nC_V T^2}\left(\frac{\partial U}{\partial V}\right)_T\right\}^2$$

$$= -\frac{1}{nC_V T^3}\left(\frac{\partial P}{\partial V}\right)_T = \frac{1}{nC_V T^3 V}\frac{1}{-\frac{1}{V}\left(\frac{\partial V}{\partial P}\right)_T} = \frac{1}{nC_V T^3 V \kappa_T}.$$

この式と (3.41a) 式を (3.39) 式の二つの不等式に代入し，$T > 0$ を考慮すると，(3.40) 式が得られる．∎

┃ポイント┃ (3.39) 式と (3.40) 式の独立変数を見比べて，(3.37) 式による変数変換 $(U, V) \to (T, V)$ を行いました．

さらに，次の不等式も成立します．

> **熱力学不等式（その 2）**
> $$C_P > C_V, \qquad \kappa_T > \kappa_S. \tag{3.43}$$

ここに現れる

$$\kappa_S \equiv -\frac{1}{V}\left(\frac{\partial V}{\partial P}\right)_S > 0$$

は**断熱圧縮率**と呼ばれています．証明は，以下の演習問題 3.3.2 と 3.3.3 に譲ります．

---------- 演習問題 ----------
━━ A ━━

3.3.1 次の不等式を証明せよ．ただし，H はエンタルピー (3.11) である．

(1) $\left(\dfrac{\partial S}{\partial P}\right)_H < 0.$

(2) $\left(\dfrac{\partial S}{\partial V}\right)_U > 0.$

━━ B ━━

3.3.2 [重要] 定積モル比熱 C_V と定圧モル比熱 C_P の間に，不等式 $C_P > C_V$ が成立することを証明せよ．ただし，等温圧縮率 $\kappa_T \equiv -\dfrac{1}{V}\left(\dfrac{\partial V}{\partial P}\right)_T$ は不等式 $\kappa_T > 0$ を満たすものとする．

3.3.3 等温圧縮率 κ_T と断熱圧縮率 κ_S の間に，不等式 $\kappa_T > \kappa_S$ が成立することを証明せよ．ただし，定圧モル比熱 $C_P \equiv \dfrac{T}{n}\left(\dfrac{\partial S}{\partial T}\right)_P$ は不等式 $C_P > 0$ を満たすものとする．

3.3.4 [重要] 定圧モル比熱 C_P と定積モル比熱 C_V の比と，等温圧縮率 κ_T と断熱圧縮率 κ_S の比との間に，等式
$$\frac{C_P}{C_V} = \frac{\kappa_T}{\kappa_S}$$
が成立することを証明せよ．

3.4 ファンデルワールス方程式と気体液体転移**
── 一次相転移の典型例

> **Contents**
> Subsection ❶ ファンデルワールスの状態方程式
> Subsection ❷ 臨界点と無次元化
> Subsection ❸ 気体液体転移とマクスウェルの規則
> Subsection ❹ ジュール - トムソン過程による気体の冷却

> キーポイント
> 一次相転移の典型例を学び，無次元化の威力を理解する．

❶ ファンデルワールスの状態方程式

1850年代に行われた「ジュール - トムソン効果」の実験により，「実在気体は完全な理想気体ではない」ことが明らかになりました．引き続く1860年代に，アンドリュースは，二酸化炭素の状態方程式に関する詳細な実験を行い，気体から液体へと連続的に移り変わる**臨界点**の存在を見いだしました（1869年）．ファンデルワールスは，この臨界点の理論的記述を目指して研究を始めました．ファンデルワールス方程式は，直観的に，次のように導出できます．

(a) **排除体積効果**

気体が有限の大きさを持つ分子からなるものと仮定とすると，分子が実際に動ける領域は，容器の体積 V より小さくなると予想できます．排除体積効果と呼ばれるこの効果は，理想気体の状態方程式において，

$$V \longrightarrow V - nb \tag{3.44a}$$

とすることで取り込むことができると期待できます．ここで，n はモル数，$b > 0$ は分子の大きさ（体積）に関連した定数です．

(b) **分子間引力**

分子間に引力が働くものと仮定すると，気体の圧力 P は，理想気体の圧力より減少すると予想できます．また，引力が全ての二粒子対に働くとすると，圧力の減少の大きさは，気体の密度 $\frac{N}{V}$ の二乗に比例すると考えられます．ここで N は分子数で，モル数 n に比例します．この効果は，理想気体の状態方程式を

$$P = \frac{nRT}{V} \longrightarrow P = \frac{nRT}{V} - a\left(\frac{n}{V}\right)^2$$

と変更すれば取り込むことができるでしょう．ここで a は比例定数です．この変更は，

$$P \longrightarrow P + a\left(\frac{n}{V}\right)^2 \tag{3.44b}$$

とすることと等価です.

理想気体の状態方程式 $PV = nRT$ に (3.44) 式の二つの変更を取り込みます. ただし, 排除体積効果は補正項 $a\left(\frac{n}{V}\right)^2$ からは落とすことにします. すると,

ファンデルワールスの状態方程式
$$\left\{P + a\left(\frac{n}{V}\right)^2\right\}(V - nb) = nRT \tag{3.45}$$

が得られます. この方程式は, 1873年, オランダのライデン大学へ提出された博士論文として公開されました. その画期的な特徴は, 気体と液体を統一的に記述できるという点にあります. そして, 様々な気体を液化する実験的努力に指針を与え, 「超流動」と「超伝導」の発見へとつながる低温物理学発展の礎となりました.

❷ 臨界点と無次元化

状態方程式に関連して, 臨界点を数学的に次のように定義します.

臨界点（定義）

状態方程式 $P = P(T, V)$ で,
$$\left(\frac{\partial P}{\partial V}\right)_c = 0 \quad と \quad \left(\frac{\partial^2 P}{\partial V^2}\right)_c = 0$$
が同時に成り立つ点 (V_c, P_c, T_c).

理想気体には臨界点はありません. 一方, ファンデルワールス方程式 (3.45) は, 臨界点
$$(V_c, P_c, T_c) = \left(3nb, \frac{a}{27b^2}, \frac{8a}{27bR}\right) \tag{3.46}$$
を持ちます（基本問題 3.7 参照）.

基本問題 3.7

ファンデルワールス方程式 (3.45) の臨界点が (3.46) 式で与えられることを示せ.

方針 臨界点の定義式から連立方程式を作り，解を求める.

【答案】 臨界点の定義式に従ってファンデルワールス方程式 (3.45) の臨界点を求める方程式を書き下すと，次のようになる.

$$P_c = \frac{nRT_c}{V_c - nb} - a\frac{n^2}{V_c^2}, \tag{3.47a}$$

$$0 = \left(\frac{\partial P}{\partial V}\right)_c = -\frac{nRT_c}{(V_c - nb)^2} + 2a\frac{n^2}{V_c^3}, \tag{3.47b}$$

$$0 = \left(\frac{\partial^2 P}{\partial V^2}\right)_c = 2\frac{nRT_c}{(V_c - nb)^3} - 6a\frac{n^2}{V_c^4}. \tag{3.47c}$$

三元連立方程式 (3.47) は，三つの未知変数 (V_c, P_c, T_c) を決定する．まず，(3.47b) 式に $\frac{2}{V_c - nb}$ を掛けて (3.47c) 式に加えると，

$$2a\frac{n^2}{V_c^3}\left(\frac{2}{V_c - nb} - \frac{3}{V_c}\right) = 0$$

となる．これより

$$V_c = 3nb$$

が得られる．この表式を (3.47b) 式に代入すると，T_c が

$$T_c = \frac{2an^2}{V_c^3}\frac{(V_c - nb)^2}{nR} = \frac{2an^2}{27(nb)^3}\frac{4(nb)^2}{nR} = \frac{8a}{27bR}$$

と求まる．さらに，上の二式を (3.47a) 式に代入すると，P_c が

$$P_c = \frac{nR}{2nb}\frac{8a}{27bR} - a\frac{n^2}{9(nb)^2} = \frac{a}{27b^2}$$

と得られる．■

ポイント 連立方程式を手際良く解きましょう．

(3.46) 式によると,理想気体では 1 となる比 $\frac{PV}{nRT}$ が,ファンデルワールス方程式の臨界点で,

$$\frac{P_c V_c}{nRT_c} = \frac{3}{8} = 0.375 \tag{3.48}$$

の値を取り,1 から大きく外れることがわかります.表 3.1 は,三つの典型物質の臨界点と比 $\frac{P_c V_c}{nRT_c}$ の実測値をまとめたものです.比 $\frac{P_c V_c}{nRT_c}$ はいずれも 0.2 〜 0.3 程度となっており,ファンデルワールス方程式の理論値 0.375 とかなり良い一致がみられます.

表 3.1 三つの典型物質の臨界点と比 $\frac{P_c V_c}{nRT_c}$ 文献[6]

物質	T_c [°C]	P_c [MPa]	V_c [cm^3/mol]	$\frac{P_c V_c}{nRT_c}$
H$_2$O	374	22.06	56.0	0.229
O$_2$	-118.6	5.04	73.4	0.288
He	-267.9	0.227	57.2	0.301

さらに 1880 年,ファンデルワールスは,変数変換

$$(V, P, T) = (V_c V_r, P_c P_r, T_c T_r) \tag{3.49}$$

により方程式を無次元量 (V_r, P_r, T_r) のみで表し,(V_c, P_c, T_c) の大きく異なる様々な気体が,単一の「還元方程式」で記述できる可能性を指摘しました.実際,表式 (3.46) を用いた変数変換 (3.49) を (3.45) 式に代入すると,

ファンデルワールスの還元方程式

$$\left(P_r + \frac{3}{V_r^2}\right)\left(V_r - \frac{1}{3}\right) = \frac{8}{3} T_r \tag{3.50}$$

が得られます.異なる (V_c, P_c, T_c) を持つ物質の同じ (T_r, V_r, P_r) 状態を**対応状態**と呼びます.

図 3.3 は,$T_r = T_r(V_r, P_r)$ の等高線を描いた図です.図中,●をつけた点が臨界点 $(V_r, P_r, T_r) = (1, 1, 1)$ で,その曲線より下(上)にある一群の曲線が,$T_r < 1$ の低温曲線($T_r > 1$ の高温曲線)です.$T_r < 1$ のそれぞれの圧力曲線 $P_r = P_r(V_r)$ は,図中の▼と▲で例示されているように,極値点を持ちます.そして,二つの極値点の中間の P_r に対しては,三つの V_r の値(図中の×の点)が対応します.その中で,両端の二つの値は V_r の大きい方と小さい方がそれぞれ気体と液体に対応し,真ん中の V_r の状態は等温圧縮率 $\kappa_T \equiv -\frac{1}{V}\left(\frac{\partial V}{\partial P}\right)_T$ が負の値を持つ不安定状態です.

3.4 ファンデルワールス方程式と気体液体転移

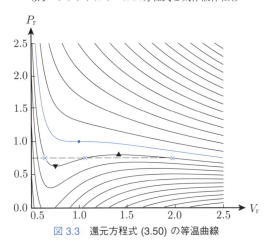

図 3.3 還元方程式 (3.50) の等温曲線

❸ 気体液体転移とマクスウェルの規則

ファンデルワールス気体において，臨界温度 T_c 以下の温度の等温曲線 $P = P(V,T)$ は，V の関数として，図 3.4 のように二つの極値点 B と D を持ちます．そして，正の微係数 $\left(\frac{\partial P}{\partial V}\right)_T > 0$ を持つ経路 B→C→D は，等温圧縮率 $\kappa_T \equiv -\frac{1}{V}\left(\frac{\partial V}{\partial P}\right)_T$ が負となる不安定領域です．従って，気体を体積の大きな領域から圧縮して行くと，A→B→C→D→E の連続的な経路は実現されず，ある圧力 $P = P_A$ において A→E へと不連続に体積が変化します．この気体液体転移が起こる圧力 P_A は，次の規則に従って決定できます（基本問題 3.8 参照）．

マクスウェルの規則

気体液体転移が起こる圧力 P_A は，図 3.4 の領域 ABC と領域 CDE の面積が等しくなるように決まる．

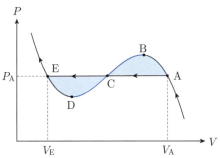

図 3.4 マクスウェルの規則の証明に用いる閉曲線 A→E→D→C→B→A

基本問題 3.8

気体液体転移に際してマクスウェルの規則が成り立つことを証明せよ．

方針 図 3.4 の閉曲線 AEDCBA に沿って第一法則と第二法則を積分する．

【答案】 A を始点とする仮想的な等温可逆過程 A→E→D→C→B→A を考える．この可逆循環過程において，ポテンシャル S と U の値は変化しない．すなわち，

$$0 = \Delta U,$$

$$0 = \Delta S = \oint dS = \oint \frac{d'Q}{T} = \frac{1}{T}\oint d'Q = \frac{\Delta Q}{T}.$$

従って，第一法則 $\Delta U = \Delta Q + \Delta W$ より，系が受け取った全仕事 ΔW もゼロ，すなわち，

$$0 = \Delta W = -\oint P\,dV$$

$$= (\text{ABC の面積}) - (\text{CDE の面積})$$

が成立する．■

ポイント U と S がポテンシャルであること，および，仕事に関する (2.5b) 式を使います．

❹ ジュール-トムソン過程による気体の冷却

3.1 節 Subsection ❷で論じたジュール-トムソン過程は，気体の冷却に用いられています．その可能性と大きさは，ジュール-トムソン係数 (3.12) により評価できます．すなわち，$\mu_{\text{JT}} > 0$ の領域では冷却が可能です．方程式

$$\mu_{\text{JT}} = 0$$

により決まるその境界の温度 $T = T(P)$ を**逆転温度**と呼びます．還元ファンデルワールス方程式 (3.50)，すなわち

$$T_{\text{r}} = \frac{3}{8}\left(P_{\text{r}} + \frac{3}{V_{\text{r}}^2}\right)\left(V_{\text{r}} - \frac{1}{3}\right) \tag{3.51}$$

を用いて逆転温度を計算してみましょう．

基本問題 3.9 【重要】

還元ファンデルワールス方程式 (3.51) を用いて，その逆転温度曲線上で

$$V_r = \frac{9 \pm \sqrt{9(9-P_r)}}{P_r} \tag{3.52}$$

が成り立つことを示せ．

方針 (3.12) 式がゼロとなる条件を (P_r, V_r) を変数として求める．

【答案】 以下では添字 r を省略し，(3.12) 式がゼロとなる条件を以下のように変形する．

$$\begin{aligned}
0 &= T - V\left(\frac{\partial T}{\partial V}\right)_P \\
&= \frac{3}{8}\left[\left(P + \frac{3}{V^2}\right)\left(V - \frac{1}{3}\right) - V\left\{-\frac{6}{V^3}\left(V - \frac{1}{3}\right) + \left(P + \frac{3}{V^2}\right)\right\}\right] \\
&= \frac{3}{8}\left\{-\frac{1}{3}\left(P + \frac{3}{V^2}\right) + \frac{6}{V^2}\left(V - \frac{1}{3}\right)\right\} \\
&= -\frac{PV^2 - 18V + 9}{8V^2}.
\end{aligned}$$

これを解くことにより，$V = V(P)$ が (3.52) 式のように求まる． ∎

ポイント T を消去して (V, P) の方程式にすると容易に解けます．

(3.52) 式を (3.51) 式に代入すると，逆転温度曲線 $T = T(P)$ が得られます．図 3.5 は，この曲線で囲まれた $\mu_{\mathrm{JT}} > 0$ の領域を，PT 平面上に描いた図です．

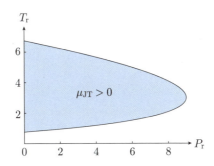

図 3.5 還元ファンデルワールス方程式によるジュール‐トムソン過程での冷却可能領域

演習問題

A

3.4.1 ディーテリチの状態方程式

$$P = \frac{nRT}{V - nb} \exp\left(-\frac{na}{RTV}\right) \quad (a, b > 0) \tag{3.53}$$

に従う n モルの気体がある．以下の問いに答えよ．

(1) 臨界点 (V_c, P_c, T_c) と $\frac{P_c V_c}{nRT_c}$ の値を求めよ．

(2) (3.53) 式で $(V, P, T) = (V_c V_r, P_c P_r, T_c T_r)$ と変数変換を行うと，還元ディーテリチ方程式が，

$$P_r = \frac{T_r}{2V_r - 1} \exp\left(2 - \frac{2}{T_r V_r}\right) \tag{3.54}$$

と得られることを示せ．

B

3.4.2 ジュール - トムソン係数 (3.12) を還元ディーテリチ方程式 (3.54) を用いて計算し，その逆転温度曲線上で

$$P_r = (8 - T_r) \exp\left(\frac{5}{2} - \frac{4}{T_r}\right) \tag{3.55}$$

が成り立つことを示せ．

第4章
統計力学の基礎

　前章での熱力学の知識に基づいて，ここでは，平衡統計力学の基礎を構築します．平衡統計力学の目標は，膨大な数の粒子からなる系を確率論的・統計的に扱い，熱力学では実験的に決定するしかなかった定積熱容量 $C_V(T,V)$ や状態方程式 $P = P(T,V)$ などを，理論的に導出できるようにすることです．この目的に沿って，まず，熱力学変数の中心的存在であるエントロピーの統計力学的表式を，

$$S = -k_\mathrm{B} \sum_\nu w_\nu \ln w_\nu$$

のように導出します．ここで，w_ν は微視的状態 ν の実現確率，また，k_B はボルツマン定数です．次に，このエントロピーの表式に，ジェインズの提唱したエントロピー最大原理を適用し，熱平衡状態の代表的な確率分布であるミクロカノニカル分布（小正準分布），カノニカル分布（正準分布），グランドカノニカル分布（大正準分布）を導出します．この問題は，数学的には「拘束条件つきの極値問題」であり，ラグランジュの未定乗数法が威力を発揮します．この章での議論で，平衡統計力学の基礎ができ上がります．

4.1 エントロピーの統計力学的表式**
―― 確率論とエントロピー

> Contents
> Subsection ❶ 確率論と統計学の基礎
> Subsection ❷ エントロピーの表式

> キーポイント
> 熱力学変数の中心的存在であるエントロピーを，確率を用いて表現する．

❶ 確率論と統計学の基礎

平衡統計力学の目標は，熱力学と整合する微視的な理論体系に基づき，熱力学では実験的に決定するしかなかった定積熱容量 $C_V(T,V)$ や状態方程式 $P = P(T,V)$ などを，理論的に導出できるようにすることです．その対象は，**アボガドロ数**

$$N_A = 6.022 \times 10^{23} \, \mathrm{mol}^{-1} \tag{4.1}$$

程度の莫大な数の同種粒子やスピンなどからなる系であり，個々の運動の全てを力学的に追うのは実際上不可能です．また，たとえそれが可能であったとしても，時々刻々コンピューター上に積み重なる N_A 個のデータは，ほとんどが無意味です．むしろ，我々に必要なのは，平均的な粒子の挙動とそこからのゆらぎなどの統計的なデータであり，実際に測定される温度や圧力などの物理量も，それらの統計量と結びついています．平衡統計力学は，多粒子系・多自由度系の期待値やゆらぎを，熱力学の知識と確率論の助けを借りて，微視的に計算可能にしようとする試みです．

そこで，まず，確率論と統計学の基礎を復習することから始めます．

(a) とりうる状態とその出現確率 w_ν

ある系（あるいは事象）を考え，そのとりうる状態が $\nu = 1, 2, \cdots, W$ 個あり，各状態が確率 w_ν で出現するものとします．変数 w_ν は $0 \leq w_\nu \leq 1$ を満たし，規格化条件

$$\sum_{\nu=1}^{W} w_\nu = 1 \tag{4.2}$$

に従います．例えば，均質な正方形のさいころを振る場合を考えると，とりうる状態は $\nu = 1, 2, \cdots, 6$ の六種類の目で区別され，それらの出現確率は相等しく，$w_\nu = \frac{1}{6}$ です．

(b) 状態 ν に付随した量 g_ν

状態 ν に付随したある量を g_ν で表すことにします．例えばさいころを振る場合の g_ν としては，出る目の数（目）$\nu = 1, 2, \cdots, 6$，その二乗 ν^2，目の偶奇などを考えることができます．

(c) g_ν の期待値（平均値）$\langle g \rangle$

g_ν の期待値（平均値）を

$$\langle g \rangle \equiv \sum_\nu w_\nu g_\nu \tag{4.3}$$

で定義します．$\langle g \rangle$ を $\bar{g}$ と書くこともあります．例えばさいころを振る場合，出る目の期待値は

$$\langle \nu \rangle = \sum_{\nu=1}^{6} \frac{1}{6} \nu$$
$$= \frac{1}{6} \frac{6 \cdot 7}{2} = \frac{7}{2} = 3.5$$

と計算されます．

(d) g_ν の標準偏差 σ_g

g_ν の標準偏差を

$$\sigma_g \equiv \sqrt{\sum_\nu w_\nu (g_\nu - \langle g \rangle)^2}$$
$$= \sqrt{\langle g^2 \rangle - \langle g \rangle^2} \tag{4.4}$$

で定義します．第二の表式は，根号の中を展開して (4.2) 式と (4.3) 式を用いることにより得られます．この定義式から明らかなように，標準偏差 σ_g は，g_ν の分布が平均値を中心としてどの程度広がっているかの目安を与えます．例として，さいころを振る場合，目の二乗の期待値は，

$$\langle \nu^2 \rangle = \sum_{\nu=1}^{6} \frac{1}{6} \nu^2$$
$$= \frac{1}{6} \frac{6 \cdot 7 \cdot (2 \cdot 6 + 1)}{6} = \frac{91}{6}$$

と計算されます．従って，出る目の標準偏差 σ_ν は

$$\sigma_\nu = \sqrt{\frac{91}{6} - 3.5^2} \approx 1.7$$

となることがわかります．統計力学における標準偏差は**ゆらぎ**と呼ばれます．

(e) 独立な系

二個のさいころを同時に投げるとき，一つのさいころがある目（例えば3）を取る確率は，他のさいころがどのような目を取るかに依存しません．これを一般化して，独立な系を以下のように定義します．

> **定義 4.1** 二つの系 $j = 1, 2$ があり，それらの取りうる状態数を $W^{(j)}$ で，また系 j において状態 ν が実現される確率を $w_\nu^{(j)}$ で表す．次に，合成系 $1+2$ を考え，その状態が系 1 の状態 ν_1 と系 2 の状態 ν_2 で完全に指定されるものとし，その出現確率を $w_{(\nu_1, \nu_2)}^{(1+2)}$ で表す．条件
> $$w_{(\nu_1, \nu_2)}^{(1+2)} = w_{\nu_1}^{(1)} w_{\nu_2}^{(2)} \tag{4.5}$$
> が成立するとき，系 1 と系 2 を**独立な系**と呼ぶ．

> **基本問題 4.1**
> 成功・失敗するする確率がそれぞれ p と $1-p$ ($0 < p < 1$) である試行を独立に n 回行うとき，成功する回数が k ($\leq n$) となる確率 w_k^n は，二項分布
> $$w_k^n = \frac{n!}{k!\,(n-k)!} p^k (1-p)^{n-k}$$
> に従う．以下の問いに答えよ．
> (1) $kw_k^n = npw_{k-1}^{n-1}$ が成立することを示せ．
> (2) 成功する回数の期待値とその標準偏差を求めよ．

方針 (4.3) 式と (4.4) 式に従って期待値と標準偏差を計算する．

【答案】 (1) $kw_k^n = \dfrac{n!}{(k-1)!\,(n-k)!} p^k (1-p)^{n-k}$
$= np \dfrac{(n-1)!}{(k-1)!\,(n-k)!} p^{k-1} (1-p)^{n-k}$
$= npw_{k-1}^{n-1}.$

(2) (1) の等式を用いると，期待値が次のように計算できる．
$$\langle k \rangle \equiv \sum_{k=1}^n kw_k^n = np \sum_{k=1}^n w_{k-1}^{n-1}$$
$$= np \sum_{k'=0}^{n-1} w_{k'}^{n-1} = np.$$

また，

4.1 エントロピーの統計力学的表式

$$k^2 w_k^n = \{k(k-1) + k\} w_k^n = n(n-1)p^2 w_{k-2}^{n-2} + np w_{k-1}^{n-1}$$

より，$\langle k^2 \rangle$ が

$$\langle k^2 \rangle \equiv \sum_{k=1}^{n} k^2 w_k^n$$
$$= n(n-1)p^2 \sum_{k=2}^{n} w_{k-2}^{n-2} + np \sum_{k=1}^{n} w_{k-1}^{n-1}$$
$$= n(n-1)p^2 + np$$

と求まる．以上より，

$$\sigma_k \equiv \sqrt{\langle k^2 \rangle - \langle k \rangle^2} = \sqrt{np(1-p)}$$

が得られる．■

ポイント 期待値と標準偏差の概念に習熟しましょう．

❷ エントロピーの表式

熱力学第二法則の数式表現はクラウジウス不等式 (2.19) です．そこに現れるエントロピー S は，熱力学に固有の状態量であり，エネルギーや体積と異なり，力学的には定義できません．この事実に基づき，ここでの統計力学の定式化では，エントロピーをその基礎に据えることにします．

エントロピーは，確率論的に次のように表せます（基本問題 4.2 参照）．

エントロピーの統計力学的表式

$$S = -k_\mathrm{B} \sum_\nu w_\nu \ln w_\nu. \tag{4.6}$$

また，熱力学との整合性を要請すると，比例定数 k_B は，気体定数 $R = 8.314\,\mathrm{J/mol\cdot K}$ をアボガドロ数 (4.1) で割った値，すなわち

$$k_\mathrm{B} = 1.381 \times 10^{-23}\,\mathrm{J/K} \tag{4.7}$$

と取るべきことがわかります．この定数を**ボルツマン定数**と呼びます．

(4.6) 式は，**ギブス・エントロピー**あるいは**フォンノイマン・エントロピー**と呼ばれます．また，(4.6) 式で対数の底を 2 に取り換えて $k_\mathrm{B} \to 1$ とした表式は，情報理論において**シャノン・エントロピー**と呼ばれ，情報量を測る重要な指標となっています．

基本問題 4.2

(4.6) 式を，以下の仮定の下に導出せよ．

(a) エントロピー S は確率 w_ν のみの関数で，異なる状態の出現は独立事象である．従って，その表式は，未知関数 $f(w)$ を用いて，次の形に書くことができる．

$$S = \sum_\nu w_\nu f(w_\nu). \tag{4.8}$$

(b) エントロピーは示量変数である．すなわち，部分系 $j = 1, 2$ のエントロピー $S^{(j)}$ と合成系 $1+2$ のエントロピー $S^{(1+2)}$ との間に，次の等式が成立する．

$$S^{(1+2)} = S^{(1)} + S^{(2)}. \tag{4.9}$$

(c) 部分系 $j = 1, 2$ は統計的に独立である．すなわち，(4.5) 式が成立する．
(d) 熱力学第三法則 (2.36) を満たす．

方針 (4.9) 式に (4.8) 式を代入し，(4.2) 式と (4.5) 式を用いて書き換える．

【答案】 (4.9) 式に (4.8) 式を代入し，(4.5) 式と (4.2) 式を用いて次のように変形する．

$$\begin{aligned}
0 &= S^{(1+2)} - S^{(1)} - S^{(2)} \\
&= \sum_{\nu_1}\sum_{\nu_2} w^{(1+2)}_{(\nu_1,\nu_2)} f(w^{(1+2)}_{(\nu_1,\nu_2)}) - \sum_{\nu_1} w^{(1)}_{\nu_1} f(w^{(1)}_{\nu_1}) \times 1 - 1 \times \sum_{\nu_2} w^{(2)}_{\nu_2} f(w^{(2)}_{\nu_2}) \\
&= \sum_{\nu_1}\sum_{\nu_2} w^{(1)}_{\nu_1} w^{(2)}_{\nu_2} f(w^{(1)}_{\nu_1} w^{(2)}_{\nu_2}) - \sum_{\nu_1} w^{(1)}_{\nu_1} f(w^{(1)}_{\nu_1}) \sum_{\nu_2} w^{(2)}_{\nu_2} - \sum_{\nu_1} w^{(1)}_{\nu_1} \sum_{\nu_2} w^{(2)}_{\nu_2} f(w^{(2)}_{\nu_2}) \\
&= \sum_{\nu_1}\sum_{\nu_2} w^{(1)}_{\nu_1} w^{(2)}_{\nu_2} \{f(w^{(1)}_{\nu_1} w^{(2)}_{\nu_2}) - f(w^{(1)}_{\nu_1}) - f(w^{(2)}_{\nu_2})\}.
\end{aligned}$$

これが任意の $w^{(1)}_{\nu_1}$ と $w^{(2)}_{\nu_2}$ に対して成立するための必要十分条件は，関数 f が，

$$f(vw) = f(v) + f(w)$$

を満たすことである．この式を v で微分すると

$$wf'(vw) = f'(v)$$

が得られる．さらに $v = 1$ と置いた結果は，$k_B \equiv -f'(1)$ を定数として

$$f'(w) = -\frac{k_B}{w}$$

と表せる．この微分方程式は初等的に積分でき，$f(w)$ が

$$f(w) = -k_B \ln w + C \tag{4.10}$$

と求まる．ただし C は定数である．(4.10) 式を (4.8) 式に代入して (4.2) 式を考慮すると，エントロピーが

$$S = -k_\mathrm{B} \sum_\nu w_\nu \ln w_\nu + C \tag{4.11}$$

と表せることがわかる．ここで，$0 \leq w_\nu \leq 1$ のとき

$$-w_\nu \ln w_\nu \geq 0$$

であり，その下限値ゼロは $w_\nu = 0, 1$ で実現されることに注意する．従って，右辺第一項は $-k_\mathrm{B} \sum_\nu w_\nu \ln w_\nu \geq 0$ を満たし，その下限値ゼロは，ある一つの状態 $\nu = \nu_0$ のみの出現確率が1の場合，すなわち，

$$w_\nu = \delta_{\nu\nu_0}$$

なる**純粋状態**に対応する．ただし，$\delta_{\nu\nu_0}$ は

$$\delta_{\nu\nu_0} \equiv \begin{cases} 1 & : \nu = \nu_0 \\ 0 & : \nu \neq \nu_0 \end{cases} \tag{4.12}$$

で定義される**クロネッカーのデルタ**である．この事実と熱力学第三法則 (2.36) より，(4.11) 式の定数 C はゼロと置くべきことが結論づけられる．■

▌ポイント▐ 関数方程式 $f(vw) = f(v) + f(w)$ の解き方を学びましょう．

コラム　情報エントロピーと統計力学

(4.6) 式に基づいて平衡統計力学の定式化を行ったのは，ジェインズで，1957 年のことです．それには，シャノンによる情報量の理論 (1948 年) が大きな影響を及ぼしています．シャノンは，定量化された情報量として (4.6) 式と本質的に同じ表現に到達し，「エントロピー」と名付けました．より具体的に，そのエントロピーは，(4.6) 式から底を 2 に変更し $k_\mathrm{B} = 1$ と置くことで得られ，今日では「情報エントロピー」と呼ばれています．ジェインズは，シャノンの情報理論に触発されて，統計力学の見通し良い定式化に取り組みました．そして，(4.6) 式に「エントロピー最大原理」を適用することで，統計力学の基本的な確率分布がすっきりと導出できることを示したのです．

演習問題
A

4.1.1 非負整数 k の値を取る確率 w_k が，定数 $\lambda > 0$ を用いて，
$$w_k = \frac{\lambda^k e^{-\lambda}}{k!}$$
で与えられるとき，k の期待値と標準偏差を求めよ．

4.1.2 重要 ガウス積分
$$I \equiv \int_{-\infty}^{\infty} e^{-x^2} dx$$
の値を求めるために，その二乗
$$I^2 = \int_{-\infty}^{\infty} e^{-x^2} dx \int_{-\infty}^{\infty} e^{-y^2} dy = \int_{-\infty}^{\infty} dx \int_{-\infty}^{\infty} dy\, e^{-x^2-y^2}$$
を考える．
(1) x と y を $(x, y) = (r\cos\theta, r\sin\theta)$ と極座標表示する．ここで r と θ はそれぞれ $0 \leq r \leq \infty$ および $0 \leq \theta \leq 2\pi$ の範囲を動く．$x^2 + y^2$ および体積素片 $dx\,dy$ を極座標表示せよ．
(2) 極座標表示で I^2 式の積分を実行し，$I = \sqrt{\pi}$ であることを示せ．
(3) 定数 $a > 0$ を含むガウス積分
$$J(a) \equiv \int_{-\infty}^{\infty} e^{-ax^2} dx$$
を計算することにより，
$$\int_{-\infty}^{\infty} x^2 e^{-x^2} dx = \frac{\sqrt{\pi}}{2}$$
が成立することを示せ．

4.1.3 連続的な確率変数 $X \in (-\infty, \infty)$ がある．それが $x \leq X \leq x + dx$ の間の値を取る確率は，確率密度関数
$$f(x) \equiv \frac{1}{\sqrt{2\pi}\,\sigma} \exp\left\{-\frac{(x-\mu)^2}{2\sigma^2}\right\}$$
を用いて，$f(x)\,dx$ で与えられるものとする．ただし，$\sigma > 0$ である．前問の結果を用いて，x の期待値と標準偏差を求めよ．

4.2 平衡確率分布と熱力学ポテンシャル**
——エントロピー最大化による平衡確率分布の導出

> Contents
> Subsection ❶ ラグランジュの未定乗数法
> Subsection ❷ ミクロカノニカル集団
> Subsection ❸ カノニカル集団
> Subsection ❹ グランドカノニカル集団
> Subsection ❺ 量子統計力学の極限としての古典統計力学

> キーポイント
> 様々な外部条件をラグランジュの未定乗数法で取り込み，エントロピー最大原理を使って熱平衡分布を導出する．

❶ ラグランジュの未定乗数法

エントロピーの表式 (4.6) における w_ν の値は任意であり，このままでは使えません．何らかの方法で平衡状態（equilibrium）の確率分布 $w_\nu = w_\nu^{\text{eq}}$ を求める必要があります．

そこで (2.22) 式に注目すると，孤立系では

$$dS \geq 0$$

が成立し，その熱平衡状態はエントロピー最大状態となることが結論づけられています．また，(3.3) 式からは，温度 T の定温熱源と接し外部からの仕事のない系において，不等式

$$d(U - TS) \leq 0, \quad \text{すなわち}, \quad d(S - T^{-1}U) \geq 0$$

が成立することがわかります．従って，この系では $S - T^{-1}U$ が可能な限り増大し，熱平衡状態はその最大状態に対応します．数学的観点からこの $S - T^{-1}U$ の最大値問題を見ると，T^{-1} はラグランジュの未定乗数（基本問題 4.3 参照）と見なせ，U 一定の条件下で S を最大にする問題と読めます．そこで，ここでは，「熱平衡状態は (4.6) 式を最大にする」という**エントロピー最大原理**を採用し，異なる付加条件の下で，三つの代表的な平衡確率分布 w_ν^{eq} を導出します．

その準備として，条件つきの最大値・最小値問題を解く際に使う**ラグランジュの未定乗数法**を，実例で学びます．

基本問題 4.3

$x^2 + y^2 = 1$ で表される単位円上において，関数 $f(x, y) \equiv x + y$ に最大値を与える点を求めよ．

方針 拘束条件に未定乗数を掛けて，最大化すべき関数に取り込む．

【答案 1】 拘束条件
$$x^2 + y^2 - 1 = 0$$
にラグランジュの未定乗数 λ を掛け，$f(x, y)$ に加えた関数
$$g_1(x, y) \equiv x + y + \lambda(x^2 + y^2 - 1)$$
の最大化を考える．以下に見るように，未定乗数 λ は拘束条件を用いて決定できる．$g_1(x, y)$ が極値を取るための必要条件は，
$$\frac{\partial g_1(x, y)}{\partial x} = \frac{\partial g_1(x, y)}{\partial y} = 0$$
である．これらを具体的に書き表すと，
$$0 = 1 + 2\lambda x = 1 + 2\lambda y \quad \longleftrightarrow \quad x = y = -\frac{1}{2\lambda}$$
となる．解 $x = y = -\frac{1}{2\lambda}$ を拘束条件 $x^2 + y^2 = 1$ に代入すると，
$$\frac{1}{4\lambda^2} + \frac{1}{4\lambda^2} = 1 \quad \longleftrightarrow \quad \lambda = \mp \frac{1}{\sqrt{2}} \quad \longrightarrow \quad x = y = \pm \frac{1}{\sqrt{2}}$$
が得られる（複号同順）．この結果を $f(x, y) = x + y$ に代入すると，最大値を与える点が
$$(x, y) = \left(\frac{1}{\sqrt{2}}, \frac{1}{\sqrt{2}} \right)$$
と求まる．ちなみに，もう一つの点
$$(x, y) = \left(-\frac{1}{\sqrt{2}}, -\frac{1}{\sqrt{2}} \right)$$
は，$f(x, y)$ に最小値を与える．■

【答案 2】 関数 $f(x, y)$ にラグランジュの未定乗数 λ を掛け，拘束条件 $x^2 + y^2 - 1 = 0$ に加えた関数
$$g_2(x, y) \equiv x^2 + y^2 - 1 + \lambda(x + y)$$
の最大化を考える．$g_2(x, y)$ が極値を取るための必要条件は，
$$\frac{\partial g_2(x, y)}{\partial x} = \frac{\partial g_2(x, y)}{\partial y} = 0$$
である．これらを具体的に書き表すと，
$$0 = 2x + \lambda = 2y + \lambda \quad \longleftrightarrow \quad x = y = -\frac{\lambda}{2}$$

となる．この x と y を拘束条件 $x^2 + y^2 = 1$ に代入すると，
$$\frac{\lambda^2}{4} + \frac{\lambda^2}{4} = 1 \quad \longleftrightarrow \quad \lambda = \mp\sqrt{2} \quad \longrightarrow \quad x = y = \pm\frac{1}{\sqrt{2}}$$
が得られる（複号同順）．この結果を $f(x,y) = x + y$ に代入すると，最大値を与える点が
$$(x, y) = \left(\frac{1}{\sqrt{2}}, \frac{1}{\sqrt{2}}\right)$$
と求まる．■

ポイント どちらの方法でも同じ結果が得られます．実際，二つの関数 g_j ($j = 1, 2$) の λ 依存性を明示して $g_j(x, y; \lambda)$ と表すと，それらの間には
$$g_2(x, y; \lambda) = \lambda g_1(x, y; \lambda^{-1})$$
の関係があります．その右辺において，変換 $\lambda \to \lambda^{-1}$ は単なる変数の書き換えであり，また，定数倍（λ 倍）は最大値を与える点の決定には影響しません．このことから，最大値を与える点を求める際には，最大化する関数と拘束条件の役割を入れ換えても良いことがわかります．さらに，g_j の構成において，$x^2 + y^2 - 1$ から定数部分 -1 を除いても，同じ結果が得られます．定数部分は，関数値を定数だけ移動させるのみで，最大値を与える点の決定には関与しないからです．

❷ ミクロカノニカル集団

まず，一定の体積 V を持ち，外界と熱的・力学的相互作用のない**孤立系**の平衡確率分布を導出します．エネルギーと粒子数の保存則を考慮すると，この系の内部エネルギー U と粒子数 N は一定です．そこで，(U, V, N) が同じ値を取る状態 ν の集合を考え，その状態数を $W = W(U, V, N)$ とします．エントロピー最大原理に従うと，この系の熱平衡状態は，(4.2) 式の条件下で (4.6) 式を最大化することにより得られます．対応する確率分布に従う系，すなわちミクロカノニカル集団の基礎的事項は，次のようにまとめられます（基本問題 4.4 参照）．

ミクロカノニカル集団

$w_\nu = \dfrac{1}{W}$	：等重率の原理	(4.13a)
$W(U, V, N)$	：状態数	(4.13b)
$S = k_\text{B} \ln W$	：エントロピー（ボルツマンの原理）	(4.13c)

基本問題 4.4 【重要】

(4.6) 式を (4.2) 式の条件下で最大化し，(4.13) 式を導け．

方針 ラグランジュの未定乗数法を用いてエントロピーを最大化する．

【答案】 (4.6) 式を (4.2) 式の条件下で最大化するため，λ をラグランジュの未定乗数とする関数

$$\widetilde{S} \equiv S - \lambda \sum_{\nu'} w_{\nu'} = -k_{\rm B} \sum_{\nu'} w_{\nu'} \ln w_{\nu'} - \lambda \sum_{\nu'} w_{\nu'}$$

を考察する．ただし，議論を明快にするため，和の変数 ν を ν' に取り換えた．この $\widetilde{S}$ が $w_\nu = w_\nu^{\rm eq}$ ($\nu = 1, 2, \cdots, W$) で最大値を取るための必要条件は，

$$0 = \left.\frac{\partial \widetilde{S}}{\partial w_\nu}\right|_{w_\nu = w_\nu^{\rm eq}} = -k_{\rm B}(\ln w_\nu^{\rm eq} + 1) - \lambda \quad \longleftrightarrow \quad w_\nu^{\rm eq} = \exp\left(-\frac{\lambda}{k_{\rm B}} - 1\right)$$

である．微分には，ν' に関する和の中で，$\nu' = \nu$ のところだけが寄与することに注意されたい．この結果から，$w_\nu^{\rm eq}$ は，状態 ν によらず一定値を取ることがわかる．これは等重率の原理に他ならない．ここで，系の状態数が W であることを考慮して (4.2) 式を用いると，平衡状態における状態 ν の出現確率が

$$w_\nu^{\rm eq} = \frac{1}{W}$$

と表せる．この平衡確率分布を**ミクロカノニカル分布**または**小正準分布**と呼ぶ．ちなみに，未定乗数も $\lambda = k_{\rm B}(\ln W - 1)$ と決定できるが，以下の議論には不要である．ミクロカノニカル分布を (4.6) 式に代入すると，平衡状態のエントロピー $S_{\rm eq} \equiv S[w_\nu^{\rm eq}]$ が，

$$S_{\rm eq} = -k_{\rm B} \sum_{\nu'=1}^{W} \frac{1}{W} \ln \frac{1}{W} = -k_{\rm B} W \frac{1}{W}(-\ln W) = k_{\rm B} \ln W$$

と得られる．以上の結果を添字の eq を除いてまとめると，(4.13) 式となる．■

ポイント エントロピーなどに現れる ν' に関する和を w_ν について微分する際の添字の区別に注意しましょう．$\nu' = \nu$ の所だけが微分に寄与します．

(4.13) 式より，ミクロカノニカル分布による統計力学の基礎は，状態数 $W = W(U, V, N)$ であることがわかります．いったん状態数が求まると，エントロピーが (4.13c) 式により得られます．さらに，温度 T，圧力 P，化学ポテンシャル μ が，熱力学関係式 (3.17) に基づいて，

$$\left(\frac{\partial S}{\partial U}\right)_{V,N} = \frac{1}{T}, \quad \left(\frac{\partial S}{\partial V}\right)_{U,N} = \frac{P}{T}, \quad \left(\frac{\partial S}{\partial N}\right)_{U,V} = -\frac{\mu}{T} \quad (4.14)$$

により計算できます．

❸カノニカル集団

次に,一定の体積 V を持ち,温度一定の外界との間に熱のやり取りがある**閉じた系**を考察します.その熱平衡状態では,系のエネルギーは時間的にゆらぎますが,エネルギー期待値 $\langle E \rangle$ は一定と見なすことができるでしょう.この期待値 $\langle E \rangle$ は,(4.3) 式で $g_\nu \to E_\nu$ としたものとして定義されます.それが一定値 U に等しいという条件は,

$$U = \sum_\nu w_\nu E_\nu \tag{4.15}$$

と表せます.この U は系の**内部エネルギー**に他なりません.

エントロピー最大原理に従うと,この系の熱平衡状態は,(4.2) 式と (4.15) 式の条件下で,(4.6) 式を最大化する状態です.対応する確率分布に従う系,すなわちカノニカル集団の基礎的事項は,変数

$$\beta \equiv \frac{1}{k_\mathrm{B} T} \tag{4.16}$$

を用いて,次のようにまとめられます(基本問題 4.5 参照).

カノニカル集団

$$w_\nu = \frac{e^{-\beta E_\nu}}{Z} \quad : \text{カノニカル分布} \tag{4.17a}$$

$$Z(T, V, N) \equiv \sum_\nu e^{-\beta E_\nu} \quad : \text{分配関数} \tag{4.17b}$$

$$F = -\frac{1}{\beta} \ln Z \quad : \text{ヘルムホルツ自由エネルギー} \tag{4.17c}$$

基本問題 4.5 【重要】

(4.6) 式を (4.2) 式と (4.15) 式の条件下で最大化し，(4.17) 式を導け．

方針 ラグランジュの未定乗数法を用いてエントロピーを最大化する．

【答案】 この最大化問題は，T と λ をラグランジュの未定乗数として，関数

$$F \equiv U - TS + \lambda \left(\sum_{\nu'} w_{\nu'} - 1 \right) = \sum_{\nu'} w_{\nu'} \left(E_{\nu'} + k_\mathrm{B} T \ln w_{\nu'} + \lambda \right) - \lambda \tag{4.18}$$

の極値問題に置き換えることができる．関数 (4.18) の構成の際には，まず，最大化する関数 S と拘束条件 (4.15) の役割を入れ換え，その後に規格化条件 (4.2) を取り込んだ．(3.1) 式と見比べると，(4.18) 式の F は"非平衡状態"におけるヘルムホルツ自由エネルギーに他ならず，未定乗数 T は絶対温度の意味を持つことがわかる．

平衡確率分布を求める．(4.18) 式が $w_\nu = w_\nu^\mathrm{eq}$ で極値を取るための必要条件は，

$$0 = \left. \frac{\partial F}{\partial w_\nu} \right|_{w_\nu = w_\nu^\mathrm{eq}} = E_\nu + k_\mathrm{B} T (\ln w_\nu^\mathrm{eq} + 1) + \lambda \quad \longleftrightarrow \quad w_\nu^\mathrm{eq} = e^{-\beta(E_\nu + \lambda) - 1}$$

である．ただし，(4.16) 式を用いた．ここで，新たな定数 $Z \equiv e^{\beta \lambda + 1}$ を導入すると，w_ν^eq は

$$w_\nu^\mathrm{eq} = \frac{e^{-\beta E_\nu}}{Z}$$

と簡潔に表現できる．この平衡確率分布を**カノニカル分布**または**正準分布**と呼ぶ．「$E_\nu \to \infty$ の極限で出現確率 w_ν がゼロとなる」との物理的要請をおくと，$T > 0$ であることが結論される．また，規格化条件 (4.2) を用いると，定数 Z が

$$Z = \sum_\nu e^{-\beta E_\nu}$$

と求まる．この Z を分配関数と呼ぶ．さらに，w_ν^eq の表式を (4.18) 式に代入すると，熱平衡状態のヘルムホルツ自由エネルギー $F_\mathrm{eq} \equiv F[w_\nu^\mathrm{eq}]$ が，

$$F_\mathrm{eq} = \sum_\nu w_\nu^\mathrm{eq} \{ E_\nu + k_\mathrm{B} T (-\beta E_\nu - \ln Z) \} = -k_\mathrm{B} T \ln Z = -\frac{1}{\beta} \ln Z$$

と表せることがわかる．エントロピー最大原理と $T > 0$ を思い起こすと，この F_eq は，(4.18) 式の最小値であると結論づけられる．以上の結果を添字の eq を除いてまとめると，(4.17) 式となる．■

ポイント 極値問題をヘルムホルツの自由エネルギーと関連づけるために，エントロピー S に未定乗数 $-T$ を掛けて U に加えました．

4.2 平衡確率分布と熱力学ポテンシャル

(4.17) 式より，カノニカル分布による統計力学の基礎は，分配関数 $Z = Z(T,V,N)$ であることがわかります．いったん分配関数が求まると，ヘルムホルツ自由エネルギーが (4.17c) 式により得られ，さらに，エントロピー S，圧力 P，化学ポテンシャル μ が，熱力学関係式 (3.18) 式に基づいて，

$$\left(\frac{\partial F}{\partial T}\right)_{V,N} = -S, \quad \left(\frac{\partial F}{\partial V}\right)_{T,N} = -P, \quad \left(\frac{\partial F}{\partial N}\right)_{T,V} = \mu \tag{4.19a}$$

により計算できます．

一方，内部エネルギー U は，(4.15) 式に (4.17a) 式を代入して (4.17b) 式を用いることにより，

$$U = \frac{1}{Z}\sum_\nu e^{-\beta E_\nu} E_\nu = -\frac{1}{Z}\frac{\partial Z}{\partial \beta} = -\frac{\partial}{\partial \beta}\ln Z \tag{4.19b}$$

と表され，分配関数から直接計算できることがわかります．さらに，(2.8) 式の定積モル比熱は，(4.19b) 式の最後の微分式と期待値の定義式 (4.3) を用いて，

$$C_V = \frac{1}{n}\left(\frac{\partial U}{\partial T}\right)_{V,N} = \frac{1}{nk_BT^2}\frac{\partial^2}{\partial \beta^2}\ln Z = \frac{\langle E^2\rangle - \langle E\rangle^2}{nk_BT^2} \tag{4.19c}$$

のように二通りに表現できます（演習問題 4.2.2）．

内部エネルギー U が示量変数で温度 T が示強変数であることから，熱容量 nC_V は示量変数となります．これより，カノニカル分布における内部エネルギーのゆらぎ

$$\Delta U \equiv \sqrt{\langle E^2\rangle - \langle E\rangle^2} = \sqrt{nk_BT^2 C_V}$$

は，粒子数の平方根 $\sqrt{N}$ に比例することがわかります．従って，相対的なエネルギーゆらぎの大きさ $\frac{\Delta U}{U}$ は，系の粒子数 N が増大するにつれ，$N^{-\frac{1}{2}}$ に比例して小さくなります．これは，統計力学におけるゆらぎの一般的性質です．従って，N が大きい場合の期待値については，カノニカル分布がミクロカノニカル分布と同じ結果を与えます．

❹ グランドカノニカル集団

温度一定の外界との間に，熱に加えて粒子のやり取りがある**開いた系**を考察します．その熱平衡状態では，系のエネルギーと粒子数は時間的にゆらぎますが，それらの期待値 $\langle E\rangle$ と $\langle \mathcal{N}\rangle$ は一定と見なして良いでしょう．新たな期待値 $\langle \mathcal{N}\rangle$ は，(4.3) 式で $g_\nu \to \mathcal{N}_\nu$ としたものとして定義されます．それが一定値 N に等しいという条件は，

$$N = \sum_\nu w_\nu \mathcal{N}_\nu \tag{4.20}$$

と表せます．この $N = \langle \mathcal{N}\rangle$ は系の平均粒子数です．

エントロピー最大原理に従うと，この系の熱平衡状態は，(4.2) 式，(4.15) 式，および (4.20) 式の条件下で，(4.6) 式を最大にする状態です．対応する確率分布に従う系，すな

わちグランドカノニカル集団の基礎的事項は，次のようにまとめられます．

グランドカノニカル集団

$$w_\nu = \frac{e^{-\beta(E_\nu - \mu \mathcal{N}_\nu)}}{Z_G} \quad :グランドカノニカル分布 \quad (4.21\text{a})$$

$$Z_G(T, V, \mu) = \sum_\nu e^{-\beta(E_\nu - \mu \mathcal{N}_\nu)} \quad :大分配関数 \quad (4.21\text{b})$$

$$\Omega = -\frac{1}{\beta} \ln Z_G \quad :グランドポテンシャル \quad (4.21\text{c})$$

導出は演習問題 4.2.1 に譲ります．このように，グランドカノニカル分布による統計力学の基礎は，大分配関数 $Z_G = Z_G(T, V, \mu)$ です．いったん大分配関数が求まると，グランドポテンシャル Ω が (4.21c) 式により得られます．さらに，エントロピー S，圧力 P，粒子数 N が，熱力学関係式 (3.21) に基づいて，

$$\left(\frac{\partial \Omega}{\partial T}\right)_{V, \mu} = -S, \quad \left(\frac{\partial \Omega}{\partial V}\right)_{T, \mu} = -P, \quad \left(\frac{\partial \Omega}{\partial \mu}\right)_{T, V} = -N \quad (4.22\text{a})$$

により計算できます．一方，内部エネルギー U は，(4.15) 式に (4.21a) 式を代入して (4.21b) 式と (4.20) 式を用いることにより，

$$U = \frac{1}{Z_G} \sum_\nu e^{-\beta(E_\nu - \mu \mathcal{N}_\nu)}(E_\nu - \mu \mathcal{N}_\nu + \mu \mathcal{N}_\nu) = -\frac{\partial}{\partial \beta} \ln Z_G + \mu N \quad (4.22\text{b})$$

と，大分配関数 Z_G と粒子数 N から計算できることがわかります．最後に，粒子数ゆらぎの二乗も，簡単な計算により，大分配関数を用いた表式

$$\sigma_\mathcal{N}^2 \equiv \langle \mathcal{N}^2 \rangle - \langle \mathcal{N} \rangle^2 = \frac{1}{\beta^2} \frac{\partial^2}{\partial \mu^2} \ln Z_G \quad (4.22\text{c})$$

へと書き換えられます（演習問題 4.2.3）．有限の粒子数ゆらぎは，グランドカノニカル分布に特徴的な性質です．

❺ 量子統計力学の極限としての古典統計力学

以上で，**量子統計力学**，すなわち，量子力学に従う多粒子・多自由度系に対する統計力学の枠組みが完成しました．そこでは，エネルギー準位は量子化されて離散的になり，上述の離散的な確率論の表式がそのまま利用できます．一方，**古典統計力学**，すなわち，古典力学に従う多粒子・多自由度系に対する統計力学においては，エネルギーは連続変数となり，今までの定式化はそのままでは使えません．しかし，量子力学が古典力学を含むことから，古典統計力学も量子統計力学の高温極限として自然に得られるべきものです．そのような要請を置いて前期量子論の知識[文献5]を用いると，古典統計力学における期待値の計算法を，上記の定式化から構成できます．その対応は，N 個の同種粒子からなる気体や液体を考える場合，エネルギー E_ν を引数に持つ一般の関数 $g(E_\nu)$ を用いて，

4.2 平衡確率分布と熱力学ポテンシャル

$$\sum_{\nu} g(E_{\nu}) \quad \longrightarrow \quad \frac{1}{N!} \prod_{j=1}^{N} \int \frac{d^3 r_j d^3 p_j}{(2\pi\hbar)^3} g(\mathcal{H}) \tag{4.23}$$

とまとめられます．ここで，$\hbar$ は，**プランク定数** $h = 6.626 \times 10^{-34}$ J·s を用いて

$$\hbar \equiv \frac{h}{2\pi} = 1.055 \times 10^{-34} \text{ J·s} \tag{4.24}$$

で定義されています．また，積記号のついた多重積分は，各粒子の位置 $\boldsymbol{r}_j \equiv (x_j, y_j, z_j)$ と運動量 $\boldsymbol{p}_j \equiv (p_{jx}, p_{jy}, p_{jz})$ に関する 6 次元積分

$$\int \frac{d^3 r_j d^3 p_j}{(2\pi\hbar)^3} \equiv \frac{1}{(2\pi\hbar)^3} \int dx_j \int dy_j \int dz_j \int_{-\infty}^{\infty} dp_{jx} \int_{-\infty}^{\infty} dp_{jy} \int_{-\infty}^{\infty} dp_{jz} \tag{4.25a}$$

を構成単位として，

$$\prod_{j=1}^{N} \int \frac{d^3 r_j d^3 p_j}{(2\pi\hbar)^3} \equiv \int \frac{d^3 r_1 d^3 p_1}{(2\pi\hbar)^3} \int \frac{d^3 r_2 d^3 p_2}{(2\pi\hbar)^3} \cdots \int \frac{d^3 r_N d^3 p_N}{(2\pi\hbar)^3} \tag{4.25b}$$

と書き表せます．$\boldsymbol{r}_j$ 積分は粒子の入っている容器の内部について行うものとします．さらに，$\mathcal{H}$ は系の古典的ハミルトニアン，すなわち，力学的エネルギーで，典型例としては，

$$\mathcal{H} = \sum_{j=1}^{N} \frac{\boldsymbol{p}_j^2}{2m} + \sum_{i=1}^{N-1} \sum_{j=i+1}^{N} \mathcal{V}(|\boldsymbol{r}_i - \boldsymbol{r}_j|)$$

が挙げられます．ただし m は粒子の質量，$\boldsymbol{p}_j^2 \equiv p_{jx}^2 + p_{jy}^2 + p_{jz}^2$，また，$\mathcal{V}$ は相互作用ポテンシャルです．初めて多重積分 (4.25) を見ると，統計力学に怖じ気づくかも知れませんが，例えば相互作用のない場合には，同じ積分が N 回繰り返されるだけであり，慣れてくると何でもなくなるので安心してください．

(4.23) 式の置き換えの物理的意味を簡単に述べます．因子 $2\pi\hbar$ は**ハイゼンベルグの不確定性原理** $\Delta p_x \Delta x \gtrsim 2\pi\hbar$ に由来します．また，因子 $N!$ は，N 個の粒子の置換の総数であり，「同種粒子は区別できない」という性質から生じます．この因子は，気体や液体のように構成分子が動き回って位置を交換できるときのみ必要です．この $N!$ の因子は，量子力学成立前にギブスによって導入されました．その理由は，この因子がないとエントロピーが示量変数にならず，熱力学と矛盾するためです．**ギブスのパラドクス**として知られるこの矛盾は，状態数の数え方の曖昧さと同様に，古典統計力学の枠内では合理的な理解が困難です．それらは，量子統計力学において，自然に解消されることになります．

演習問題
A

4.2.1 重要　(4.2) 式，(4.15) 式，および (4.20) 式の条件下で，(4.6) 式を最大化し，(4.21) 式を導け．

4.2.2 重要　カノニカル分布におけるエネルギーゆらぎの二乗 $\langle E^2 \rangle - \langle E \rangle^2$ が，分配関数 (4.17b) を用いて，

$$\langle E^2 \rangle - \langle E \rangle^2 = \frac{\partial^2}{\partial \beta^2} \ln Z$$

と表せることを示せ．

4.2.3 グランドカノニカル分布における粒子数ゆらぎの二乗 $\langle \mathcal{N}^2 \rangle - \langle \mathcal{N} \rangle^2$ が，大分配関数 (4.21b) を用いて，

$$\langle \mathcal{N}^2 \rangle - \langle \mathcal{N} \rangle^2 = \frac{1}{\beta^2} \frac{\partial^2}{\partial \mu^2} \ln Z_{\mathrm{G}}$$

と表せることを示せ．

第5章
古典系への適用

　前章での統計力学の定式化を，古典力学が支配する多粒子系・多自由度系に適用し，定積モル比熱 $C_V(T,V)$ や状態方程式 $P=P(T,V)$ などを理論的に導出します．その予言を実験結果と比べ，古典統計力学の適用範囲を明らかにします．また，局在スピン系の磁性を扱い，二次相転移の概念と平均場理論を学びます．

5.1 古典気体への適用**
—— 状態方程式などの理論的導出

> Contents
> Subsection ❶ **単原子分子理想気体**
> Subsection ❷ **二原子分子理想気体**
> Subsection ❸ **相互作用のある古典気体**

> キーポイント
> まずは分配関数や状態数を計算する．

❶ 単原子分子理想気体

統計力学の最初の適用例として，古典力学に従う単原子分子理想気体を考察します．質量 m を持ち相互作用のない N 個の単原子分子が，体積 V の容器に閉じ込められている状況を考えます．この系のハミルトニアン $\mathcal{H}$ すなわち全エネルギーは，

$$\mathcal{H} = \sum_{j=1}^{N} \frac{\bm{p}_j^2}{2m} \tag{5.1}$$

と表せます．ここで $\bm{p}_j$ は粒子 j の運動量です．

この系を，カノニカル集団の方法 (4.17) に従って統計力学的に考察していきます．その中心的役割を担うのが，(4.17b) 式で定義された分配関数 Z です．その古典的表式は，(4.23) 式で $g(x) = e^{-\beta x}$ と選ぶことにより，次のように得られます．

$$Z = \frac{1}{N!} \prod_{j=1}^{N} \int \frac{d^3 r_j d^3 p_j}{(2\pi\hbar)^3} e^{-\beta\mathcal{H}}. \tag{5.2}$$

基本問題 5.1 ────────────────── 重要

ハミルトニアン (5.1) で記述される系の分配関数 (5.2) を計算せよ．さらに，(4.17c) 式と (4.19) 式に基づいて，ヘルムホルツ自由エネルギー F，内部エネルギー U，定積モル比熱 C_V，圧力 P，エントロピー S，化学ポテンシャル μ の表式を求めよ．ただし，ガウス積分

$$J(a) \equiv \int_{-\infty}^{\infty} e^{-ax^2} dx = \sqrt{\frac{\pi}{a}} \quad (a > 0) \tag{5.3}$$

の知識（演習問題 4.1.2）と，$N \gg 1$ の場合に成立する近似式（演習問題 5.1.4）

$$N! \approx \sqrt{2\pi N} \left(\frac{N}{e}\right)^N \tag{5.4}$$

を用いて良い．

5.1 古典気体への適用

> **方針** 運動量に関する多重積分を一重積分の積として表す.

【答案】 統計因子 $e^{-\beta\mathcal{H}}$ は,等式 $e^{a+b+c+\cdots}=e^a e^b e^c\cdots$ と (4.25) 式の積記号を用いて,

$$e^{-\beta\mathcal{H}} = \exp\left(-\beta\sum_{j=1}^{N}\frac{p_{jx}^2+p_{jy}^2+p_{jz}^2}{2m}\right)$$

$$= \prod_{j=1}^{N}\prod_{\eta=x,y,z}\exp\left(-\beta\frac{p_{j\eta}^2}{2m}\right) \tag{5.5}$$

と表せる.これを (5.2) 式に代入し,次のように変形する.

$$Z = \frac{1}{N!}\prod_{j=1}^{N}\int\frac{d^3r_j d^3p_j}{(2\pi\hbar)^3}e^{-\beta\mathcal{H}}$$

$$= \frac{1}{N!}\prod_{j=1}^{N}\int\frac{d^3r_j}{(2\pi\hbar)^3}\prod_{\eta=x,y,z}\int_{-\infty}^{\infty}dp_{j\eta}\exp\left(-\beta\frac{p_{j\eta}^2}{2m}\right)$$

$$\int d^3r_j = V, \quad \int_{-\infty}^{\infty}dp_{j\eta}\exp\left(-\beta\frac{p_{j\eta}^2}{2m}\right) = \left(\frac{2\pi m}{\beta}\right)^{\frac{1}{2}}$$

$$= \frac{1}{N!}\prod_{j=1}^{N}\frac{V}{(2\pi\hbar)^3}\left(\frac{2\pi m}{\beta}\right)^{\frac{3}{2}}$$

$$\frac{1}{N!} \approx \frac{1}{(2\pi N)^{\frac{1}{2}}}\left(\frac{e}{N}\right)^N$$

$$\approx \frac{1}{(2\pi N)^{\frac{1}{2}}}\left\{\frac{Ve}{N}\left(\frac{m}{2\pi\hbar^2\beta}\right)^{\frac{3}{2}}\right\}^N. \tag{5.6}$$

この Z の対数は,$N\gg 1$ の場合に $\ln N \ll N$ が成り立つことを考慮して $O(\ln N)$ の項を落とし,

$$\ln Z \approx N\left(\frac{3}{2}\ln\frac{m}{2\pi\hbar^2\beta}+\ln\frac{V}{N}+1\right) \tag{5.7}$$

と評価できる.(5.7) 式から様々な熱力学量が計算できる.まず自由エネルギーは,(4.17c) 式により,

$$F = -Nk_{\mathrm{B}}T\left(\frac{3}{2}\ln\frac{mk_{\mathrm{B}}T}{2\pi\hbar^2}+\ln\frac{V}{N}+1\right) \tag{5.8a}$$

と書き下せる.次に,エントロピー,圧力,および化学ポテンシャルが,(4.19a) 式を用いて,

$$S = -\left(\frac{\partial F}{\partial T}\right)_{V,N} = Nk_{\mathrm{B}}\left(\frac{3}{2}\ln\frac{mk_{\mathrm{B}}T}{2\pi\hbar^2}+\ln\frac{V}{N}+\frac{5}{2}\right), \tag{5.8b}$$

$$P = -\left(\frac{\partial F}{\partial V}\right)_{T,N} = \frac{Nk_{\mathrm{B}}T}{V}, \tag{5.8c}$$

$$\mu = \left(\frac{\partial F}{\partial N}\right)_{T,V} = -k_{\rm B}T\left(\frac{3}{2}\ln\frac{mk_{\rm B}T}{2\pi\hbar^2} + \ln\frac{V}{N}\right) \tag{5.8d}$$

と求められる.(5.8c) 式は,$Nk_{\rm B} = nR$(n はモル数,R は気体定数)の関係に注意すると,理想気体の状態方程式 (1.22) に他ならないことがわかる.さらに,内部エネルギーは,(5.7) 式を (4.19b) 式に代入して微分を実行し,

$$\begin{aligned} U &= -\frac{\partial}{\partial \beta}\ln Z = N\frac{3}{2\beta} \\ &= \frac{3}{2}Nk_{\rm B}T \end{aligned} \tag{5.8e}$$

と得られる.さらに,定積モル比熱も,(5.8e) 式を (4.19c) 式に代入すると,

$$\begin{aligned} C_V &= \frac{1}{n}\left(\frac{\partial U}{\partial T}\right)_{V,N} = \frac{3}{2}N_{\rm A}k_{\rm B} \\ &= \frac{3}{2}R \end{aligned} \tag{5.8f}$$

と求まる.ただし,$N_{\rm A}$ はアボガドロ数 (4.1) である.■

ポイント 上の導出は,

$$Z \to (F, U) \to (S, P, \mu, C_V)$$

の順です.一方,熱力学では,実験で (C_V, P) を測定し,その結果を用いて (S, F) を積分で求めました.このように,順序が逆になっています.上の (U, S, F) の温度・体積依存性は,演習問題 2.2.1(3) や演習問題 3.1.2 で熱力学的に求めた結果と一致し,さらに,定数部分まできちんと導出されています.

5.1 古典気体への適用

このようにして，熱力学では実験的に決定するしかなかった気体の状態方程式，定積モル比熱，その他の状態量が，統計力学を用いて微視的に計算できました．表 5.1 は室温の 1 気圧下における希ガスの $\frac{C_V}{R}$ の測定値です．理論値 $\frac{3}{2}$ との極めて良い一致が見て取れます．なお，ここでの導出はカノニカル集団 (4.17) を用いて行いましたが，同じ結果がミクロカノニカル集団 (4.13) からも得られることを確認できます（演習問題 5.1.3）．

表 5.1 希ガスの $\frac{C_V}{R}$ の測定値 文献[6 改変]

気体	He	Ne	Ar	Kr	Xe
測定温度 [K]	273	292	273	292	292
$\frac{C_V}{R}$	1.59	1.56	1.50	1.45	1.50

上で求めた熱力学量の温度依存性を，グラフにして可視化しましょう．そのために，まず，系の特徴的な長さとエネルギーを用いて熱力学量を無次元化します．この "無次元化" は，物理学における標準的手続きで，異なる系の間にある共通の特徴をつかむために頻繁に用いられます．

まず系の特徴的な長さとして，原子間の平均距離が挙げられます．それは，一原子が占める平均体積を立方体で表したときの一辺の長さ

$$\ell \equiv \left(\frac{V}{N}\right)^{\frac{1}{3}} \tag{5.9a}$$

のオーダーです．この ℓ を質量 m および $\hbar$ と組み合わせると，系の特徴的エネルギー

$$\varepsilon_Q \equiv \frac{\hbar^2}{2m}\left(\frac{\pi}{\ell}\right)^2 = \frac{\hbar^2 \pi^2}{2m}\left(\frac{N}{V}\right)^{\frac{2}{3}} \tag{5.9b}$$

が得られます．ただし，数定数 π は便宜上挿入しました．$\hbar$ を用いて表されたこの ε_Q は，**量子効果**（quantum effects）が顕著になるエネルギーの目安を与えます．この ε_Q を用いて，無次元化された温度 $\widetilde{T}$ を

$$\widetilde{T} \equiv \frac{k_B T}{\varepsilon_Q} \tag{5.9c}$$

で定義します．すると (5.8a), (5.8b), (5.8d) 式の右辺に現れる共通の因子が，

$$\frac{3}{2}\ln\frac{mk_B T}{2\pi\hbar^2} + \ln\frac{V}{N} = \frac{3}{2}\ln\frac{m\varepsilon_Q \widetilde{T}}{2\pi\hbar^2} + 3\ln\ell = \frac{3}{2}\ln\frac{\pi\widetilde{T}}{4}$$

のように簡略化されます．この式を (5.8) 式に用いると，無次元化された一粒子当りの熱力学量が，$\widetilde{T}$ のみを用いて

$$\frac{F}{N\varepsilon_Q} = -\frac{3}{2}\widetilde{T}\ln\frac{\pi\widetilde{T}}{4} - \widetilde{T}, \tag{5.10a}$$

$$\frac{S}{Nk_\mathrm{B}} = \frac{3}{2}\ln\frac{\pi\widetilde{T}}{4} + \frac{5}{2}, \tag{5.10b}$$

$$\frac{\mu}{\varepsilon_\mathrm{Q}} = -\frac{3}{2}\widetilde{T}\ln\frac{\pi\widetilde{T}}{4}, \tag{5.10c}$$

$$\frac{U}{N\varepsilon_\mathrm{Q}} = \frac{3}{2}\widetilde{T}, \tag{5.10d}$$

$$\frac{PV}{N\varepsilon_\mathrm{Q}} = \widetilde{T} \tag{5.10e}$$

と表せます.

図 5.1 は,これらの熱力学量を $\widetilde{T} \equiv \frac{k_\mathrm{B}T}{\varepsilon_\mathrm{Q}}$ の関数として描いたものです.U と PV は,共に温度に比例しており,(5.10) 式からも明らかなように,

$$PV = \frac{2}{3}U \tag{5.11}$$

の関係があります.一方,高温で正であったエントロピーは,$\widetilde{T} \lesssim 0.25$ の低温で負になり $-\infty$ へと発散します.熱力学第三法則 (2.36) に反するこの事実は,$\widetilde{T} \lesssim 1.0$ で量子効果が顕著となり,古典統計力学が破綻することを示しています.ヘルムホルツ自由エネルギー F や化学ポテンシャル μ の極低温での奇妙な振る舞いも,非物理的なものです.量子効果を取り込んだ結果については,7.3 節 Subsection ❸の図 7.2 を参照してください.そこでは,熱力学第三法則がきちんと満たされています.

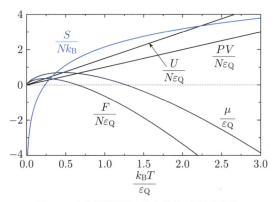

図 5.1 古典理想気体の熱力学量の温度依存性

❷ 二原子分子理想気体

次に二原子分子理想気体の定積モル比熱を考察します．気体を構成する分子が質量 m_a と質量 m_b を持つ原子 a と b からなるとすると，分子の古典的ハミルトニアン h は，

$$h = \frac{\boldsymbol{p}_\mathrm{a}^2}{2m_\mathrm{a}} + \frac{\boldsymbol{p}_\mathrm{b}^2}{2m_\mathrm{b}} + \mathcal{V}(|\boldsymbol{r}_\mathrm{a} - \boldsymbol{r}_\mathrm{b}|) \tag{5.12}$$

と表せます．原子間の相互作用ポテンシャル $\mathcal{V}$ は，一般に図 5.2(a) の概形を持ち，最小点 a は「原子 a と b の間の平均距離」に他なりません．このポテンシャルをその最小点 $r = a$ でテイラー展開[文献2] し，

$$\mathcal{V}(r) \approx \mathcal{V}(a) + \frac{1}{2}\mathcal{V}''(a)(r-a)^2 \tag{5.13}$$

と近似します．これは，$-\mathcal{V}(a) \gg k_\mathrm{B}T$ が成立している場合，すなわち，ポテンシャルの深さが熱エネルギー $k_\mathrm{B}T$ より十分大きい場合には，非常に良い近似となります．そして，その場合の二原子分子は，バネ定数が $\mathcal{V}''(a) > 0$ のバネ模型で記述されます（図 5.2(b) 参照）．

ハミルトニアン (5.12) に変数変換

$$\begin{cases} \boldsymbol{R} \equiv \dfrac{m_\mathrm{a}\boldsymbol{r}_\mathrm{a} + m_\mathrm{b}\boldsymbol{r}_\mathrm{b}}{m_\mathrm{a} + m_\mathrm{b}} \\ \boldsymbol{r} \equiv \boldsymbol{r}_\mathrm{a} - \boldsymbol{r}_\mathrm{b} \end{cases} \longleftrightarrow \begin{cases} \boldsymbol{r}_\mathrm{a} = \boldsymbol{R} + \dfrac{m_\mathrm{b}}{m_\mathrm{a} + m_\mathrm{b}}\boldsymbol{r} \\ \boldsymbol{r}_\mathrm{b} = \boldsymbol{R} - \dfrac{m_\mathrm{a}}{m_\mathrm{a} + m_\mathrm{b}}\boldsymbol{r} \end{cases} \tag{5.14}$$

をほどこします．ここで，$\boldsymbol{R}$ は質量中心であり，また，$\boldsymbol{r}$ は相対座標です．すると，分子の運動エネルギーが，速度 $\dot{\boldsymbol{r}}_\mathrm{a} \equiv \dfrac{d\boldsymbol{r}_\mathrm{a}}{dt}$ と $\dot{\boldsymbol{r}}_\mathrm{b}$ を用いて，

$$\begin{aligned} \frac{\boldsymbol{p}_\mathrm{a}^2}{2m_\mathrm{a}} + \frac{\boldsymbol{p}_\mathrm{b}^2}{2m_\mathrm{b}} &= \frac{1}{2}m_\mathrm{a}\dot{\boldsymbol{r}}_\mathrm{a}^2 + \frac{1}{2}m_\mathrm{b}\dot{\boldsymbol{r}}_\mathrm{b}^2 \\ &= \frac{1}{2}(m_\mathrm{a}+m_\mathrm{b})\dot{\boldsymbol{R}}^2 + \frac{1}{2}\frac{m_\mathrm{a}m_\mathrm{b}}{m_\mathrm{a}+m_\mathrm{b}}\dot{\boldsymbol{r}}^2 \\ &= \frac{\boldsymbol{P}^2}{2M} + \frac{\boldsymbol{p}^2}{2m} \end{aligned}$$

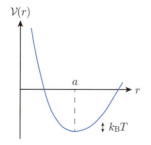

(a) 相互作用ポテンシャル　　　　(b) バネ模型

図 5.2　二原子分子

と変形できます. ただし, $M, m, \boldsymbol{P}, \boldsymbol{p}$ は, それぞれ

$$M \equiv m_{\mathrm{a}} + m_{\mathrm{b}}, \quad m \equiv \frac{m_{\mathrm{a}} m_{\mathrm{b}}}{m_{\mathrm{a}} + m_{\mathrm{b}}},$$
$$\boldsymbol{P} \equiv M\dot{\boldsymbol{R}}, \quad \boldsymbol{p} \equiv m\dot{\boldsymbol{r}} \tag{5.15}$$

で定義されています. これらの変数を用いると, (5.12) 式は

$$h = \frac{\boldsymbol{P}^2}{2M} + \frac{\boldsymbol{p}^2}{2m} + \mathcal{V}(r) \tag{5.16}$$

と, 重心運動と相対運動が分離した形に表せます.

この分子 N 個からなる気体のハミルトニアン $\mathcal{H}$ は,

$$\mathcal{H} = \sum_{j=1}^{N} \left\{ \frac{\boldsymbol{P}_j^2}{2M} + \frac{\boldsymbol{p}_j^2}{2m} + \mathcal{V}(r_j) \right\} \tag{5.17}$$

と表せます. 対応する分配関数は, (4.17b) 式に古典化の手続き (4.23) を適用することで,

$$Z = \frac{1}{N!} \prod_{j=1}^{N} \int \frac{d^3 P_j d^3 R_j}{(2\pi\hbar)^3} \int \frac{d^3 p_j d^3 r_j}{(2\pi\hbar)^3} e^{-\beta\mathcal{H}} \tag{5.18}$$

と書き下せます. ここで, $\frac{1}{N!}$ は, 同種分子が区別できないことによる因子です.

基本問題 5.2

ハミルトニアン (5.17) で記述される系の分配関数 (5.18) を, (5.3) 式と (5.4) 式を用いて計算せよ. ただし, ポテンシャル $\mathcal{V}(r)$ はその最低点近傍で (5.13) 式のように展開でき, $-\mathcal{V}(a) \gg k_{\mathrm{B}}T$ を満たすものとする. さらに, 内部エネルギー U と定積モル比熱 C_V の表式を求めよ.

方針 座標 $\boldsymbol{r}_j$ が記述する分子内運動を極座標表示に移って計算する.

【答案】 (5.17) 式を (5.18) 式に代入する. 各重心座標 $\boldsymbol{R}_j$ の積分は体積 V を与え, また運動量積分は (5.6) 式と同様に実行できる. このようにして, 分配関数が

$$Z = \frac{V^N}{N!} \left(\frac{M}{2\pi\hbar^2\beta} \right)^{\frac{3N}{2}} \left(\frac{m}{2\pi\hbar^2\beta} \right)^{\frac{3N}{2}} \left\{ \int d^3 r\, e^{-\beta\mathcal{V}(r)} \right\}^N \tag{5.19}$$

に簡略化される. (5.19) 式の三次元積分は, 極座標表示[2]

$$\boldsymbol{r} \equiv (r\sin\theta\cos\varphi, r\sin\theta\sin\varphi, r\cos\theta),$$
$$d^3 r = r^2 dr\, \sin\theta\, d\theta\, d\varphi \tag{5.20}$$

に移って角度積分を

$$\int_0^{2\pi} d\varphi \int_0^{\pi} d\theta\, \sin\theta = 2\pi\left[-\cos\theta\right]_0^{\pi} = 4\pi \tag{5.21}$$

と実行することにより, 次の一次元積分へと簡略化できる.

5.1 古典気体への適用

$$z_\mathrm{r} \equiv \int d^3 r\, e^{-\beta \mathcal{V}(r)}$$

$$= 4\pi \int_0^\infty dr\, r^2\, e^{-\beta \mathcal{V}(r)}$$

$$\approx 4\pi e^{-\beta \mathcal{V}(a)} \int_{-a}^\infty (a+x)^2 e^{-\frac{\beta}{2} m\omega^2 x^2} dx.$$

ただし,最後の表式の導出では, (5.13) 式の近似を採用して $\mathcal{V}''(a) \equiv m\omega^2$ と表し,変数変換 $x \equiv r - a$ を行った.ここで,前提条件 $-\mathcal{V}(a) \gg k_\mathrm{B} T$ を思い起こすと,「分子の平衡位置からの熱ゆらぎ $\langle x^2 \rangle^{\frac{1}{2}}$ は原子間距離 a よりも遥かに小さい」ものと期待できる.従って,積分に寄与するのは $|x| \ll a$ の範囲のみである.以上の物理的考察に基づき,上の z_r で

$$(a+x)^2 \approx a^2$$

と近似し,さらに積分の下限 $-a$ を $-\infty$ で置き換えることで,

$$z_\mathrm{r} \approx 4\pi a^2 e^{-\beta \mathcal{V}(a)} \int_{-\infty}^\infty e^{-\frac{\beta}{2} m\omega^2 x^2} dx$$

$$= 4\pi a^2 e^{-\beta \mathcal{V}(a)} \left(\frac{2\pi}{m\omega^2 \beta}\right)^{\frac{1}{2}}$$

が得られる.これを (5.19) 式に代入し, (5.4) 式を用いて $\ln Z$ を評価すると,

$$\ln Z \approx N \left\{ \ln \frac{Ve}{N} + \frac{3}{2} \ln \frac{M}{2\pi \hbar^2 \beta} + \frac{3}{2} \ln \frac{m}{2\pi \hbar^2 \beta} + \ln(4\pi a^2) - \beta \mathcal{V}(a) + \frac{1}{2} \ln \frac{2\pi}{m\omega^2 \beta} \right\} \tag{5.22}$$

となる.ただし $O(\ln N)$ の項は落とした.

内部エネルギーは, (5.22) 式を (4.19b) 式に代入して微分を実行し,

$$U = \left(\frac{3}{2} + \frac{3}{2} + \frac{1}{2}\right) N k_\mathrm{B} T + N \mathcal{V}(a)$$

$$= \frac{7}{2} N k_\mathrm{B} T + N \mathcal{V}(a) \tag{5.23}$$

と求まる.さらに, (4.19c) 式により定積モル比熱を計算すると,

$$C_V = \frac{7}{2n} N k_\mathrm{B} = \frac{7}{2} N_\mathrm{A} k_\mathrm{B} = \frac{7}{2} R \tag{5.24}$$

が得られる.ただし, N_A はアボガドロ数 (4.1), R は気体定数 (1.24) である. ■

ポイント 導出には,「分子の平衡位置からの熱ゆらぎ $\langle x^2 \rangle^{\frac{1}{2}}$ は原子間距離 a よりも遥かに小さい ($\langle x^2 \rangle^{\frac{1}{2}} \ll a$)」ことを考慮した近似が必要です.

(5.23) 式は，分子の (x,y,z) 方向の重心運動量（自由度 3），(x,y,z) 方向の相対運動量（自由度 3），および分子内振動の座標成分（自由度 1）のそれぞれが，内部エネルギーに $\frac{1}{2}k_\mathrm{B}T$ の寄与をするものとして理解できます．すなわち，「古典的な系が温度 T の熱浴と接しているとき，一自由度当りのエネルギーは $\frac{1}{2}k_\mathrm{B}T$ に等しい」という**エネルギー等分配則**の表れです．

表 5.2 には，三種類の二原子分子気体について，室温の 1 気圧下における $\frac{C_V}{R}$ の実測値を与えました．$\frac{C_V}{R}$ の測定値は 2.5 に近く，(5.24) 式の値 3.5 より約 1.0 だけ小さくなっています．これは，室温において，自由度 2 の分子内振動からの寄与 1.0 が，量子効果により抑制されるためです．このように，古典統計力学は，二原子分子気体の室温における定積モル比熱を正しく記述できません．この不一致は，ケルビン，マクスウェル，ボルツマンなど，19 世紀の大物理学者を悩ませました．[文献[7]]

表 5.2　室温における二原子分子気体の $\frac{C_V}{R}$ の測定値 [文献[6] 改変]

気体	H_2	N_2	O_2
測定温度 [K]	277–290	293	278–287
$\frac{C_V}{R}$	2.46	2.49	2.50

❸ 相互作用のある古典気体

古典統計力学適用の第三の例として，相互作用のある単原子分子気体を考察し，その状態方程式を導きます．さらに，相互作用の強い領域に方程式を補外し，ファンデルワールスの状態方程式 (3.45) における定数 a と b の意味を明らかにします．内容はやや難しいので，初学者はこの小節を読み飛ばして頂いても差し支えありません．

単原子分子 N 個からなる気体が体積 V の容器に入っており，その全ての原子対間に，距離 r のみに依存するポテンシャル $\mathcal{V}(r)$ が働いているものとします．この系のハミルトニアン $\mathcal{H}$ は，

$$\mathcal{H} = \mathcal{H}_\mathrm{K} + \mathcal{H}_\mathrm{P}, \tag{5.25a}$$

$$\mathcal{H}_\mathrm{K} \equiv \sum_{j=1}^{N} \frac{\boldsymbol{p}_j^2}{2m}, \qquad \mathcal{H}_\mathrm{P} \equiv \sum_{\langle i,j \rangle} \mathcal{V}(|\boldsymbol{r}_i - \boldsymbol{r}_j|) \tag{5.25b}$$

のように，運動 (kinetic) エネルギー $\mathcal{H}_\mathrm{K}$ と相互作用のポテンシャル (potential) エネルギー $\mathcal{H}_\mathrm{P}$ の和として表せます．ここで，$\mathcal{V}(r)$ は原子対間の相互作用ポテンシャルであり，$\langle i,j \rangle$ の和は全ての原子対についての和を表します．

この系の分配関数 Z は，(i) 指数関数の性質 $e^{a+b} = e^a e^b$，(ii) $\mathcal{H}_\mathrm{K}$ と $\mathcal{H}_\mathrm{P}$ がそれぞれ $\boldsymbol{p}_j$ と $\boldsymbol{r}_j$ のみの関数であること，および (iii) 等式 $1 = V^N V^{-N}$ を用いて，次のように書き換えられます．

5.1 古典気体への適用

$$Z = \frac{1}{N!} \prod_{j=1}^{N} \int \frac{d^3 r_j d^3 p_j}{(2\pi\hbar)^3} e^{-\beta\mathcal{H}} = Z_\text{K} Z_\text{P}, \tag{5.26a}$$

$$Z_\text{K} \equiv \frac{V^N}{N!} \prod_{j=1}^{N} \int \frac{d^3 p_j}{(2\pi\hbar)^3} e^{-\beta\mathcal{H}_\text{K}}, \tag{5.26b}$$

$$Z_\text{P} \equiv \frac{1}{V^N} \prod_{j=1}^{N} \int d^3 r_j \, e^{-\beta\mathcal{H}_\text{P}}. \tag{5.26c}$$

運動量積分からなる Z_K は，理想気体の分配関数 (5.6) に一致します．一方，Z_P は，相互作用ポテンシャルに関する空間積分の寄与を V^N で割ったもので，

$$f_{ij} \equiv e^{-\beta \mathcal{V}(|\boldsymbol{r}_i - \boldsymbol{r}_j|)} - 1 \tag{5.27}$$

を用いて

$$\begin{aligned} Z_\text{P} &\equiv \frac{1}{V^N} \left(\prod_{j=1}^{N} \int d^3 r_j \right) \prod_{\langle i,j \rangle} e^{-\beta \mathcal{V}(|\boldsymbol{r}_i - \boldsymbol{r}_j|)} \\ &= \frac{1}{V^N} \left(\prod_{j=1}^{N} \int d^3 r_j \right) \prod_{\langle i,j \rangle} (1 + f_{ij}) \end{aligned} \tag{5.28}$$

と表せます．

理想気体（$\mathcal{V}=0$）では $f_{ij}=0$ が成立することに注目し，ここでは，f_{ij} についてのベキ展開を行って一次までの項を残す近似

$$\prod_{\langle i,j \rangle} (1 + f_{ij}) \approx 1 + \sum_{\langle i,j \rangle} f_{ij} \tag{5.29}$$

を採用します．この「理想気体からの展開」による近似は，例えば $N=3$ の場合には，

$$\prod_{\langle i,j \rangle} (1 + f_{ij}) = (1 + f_{12})(1 + f_{23})(1 + f_{31})$$

$$= 1 + f_{12} + f_{23} + f_{31} + f_{12}f_{23} + f_{23}f_{31} + f_{31}f_{12} + f_{12}f_{23}f_{31}$$

と展開し，$f_{12}f_{23}$ 以後の項を落とすことに対応します．

基本問題 5.3

(5.29) 式の近似を用いて (5.28) 式を評価すると，Z_P が次のように表せることを示せ．

$$Z_\mathrm{P} \approx 1 - \frac{N^2 B(T)}{V}. \tag{5.30}$$

ただし，$B(T)$ は次式で定義されている．

$$B(T) \equiv 2\pi \int_0^\infty \left\{1 - e^{-\beta \mathcal{V}(r)}\right\} r^2 dr. \tag{5.31}$$

方針 各原子対が同じ寄与を与えるので，一つの原子対に注目して計算する．

【答案】 (5.29) 式の近似を用いると，Z_P は

$$Z_\mathrm{P} \approx \frac{1}{V^N} \left(\prod_{j=1}^N \int d^3 r_j\right)\left(1 + \sum_{\langle i,j \rangle} f_{ij}\right)$$

$$= 1 + \frac{N(N-1)}{2V^N} \left(\prod_{j=1}^N \int d^3 r_j\right) f_{12}$$

と表せる．ただし，第二の等号では，全ての $\langle i,j \rangle$ 対が同じ寄与を与えることを考慮し，f_{12} の寄与に原子対の数 $\frac{N(N-1)}{2}$ を掛けた．最後の表式における $\boldsymbol{r}_3$ から $\boldsymbol{r}_N$ の積分は，定数 V^{N-2} を与える．一方，$\boldsymbol{r}_1$ と $\boldsymbol{r}_2$ については，重心座標と相対座標への変数変換

$$\boldsymbol{R} \equiv \frac{\boldsymbol{r}_1 + \boldsymbol{r}_2}{2}, \qquad \boldsymbol{r} \equiv \boldsymbol{r}_1 - \boldsymbol{r}_2$$

を行って積分を書き換える．すると，Z_P が

$$Z_\mathrm{P} = 1 + \frac{N(N-1)}{2V^2} \int d^3 R \int d^3 r \left\{e^{-\beta \mathcal{V}(r)} - 1\right\}$$

$$\approx 1 - \frac{N^2}{2V} \int d^3 r \left\{1 - e^{-\beta \mathcal{V}(r)}\right\}$$

と簡略化できる．ただし，$\int d^3 R = V$ を用い，また，$\frac{N(N-1)}{2} \approx \frac{N^2}{2}$ と近似した．さらに，極座標表示 (5.20) に移って角度積分を (5.21) 式のように実行すると，

$$Z_\mathrm{P} = 1 - \frac{N^2}{2V} 4\pi \int_0^\infty dr\, r^2 \left\{1 - e^{-\beta \mathcal{V}(r)}\right\}$$

が得られる．これは，(5.30) 式に他ならない．■

ポイント 一つの原子対に着目し，その六重積分を，重心座標と相対座標への変数変換と極座標表示を用いて簡略化します．

(5.30) 式は，理想気体からの展開を行って最低次項のみを残すことで得られました．従って，その表式が精度良く成り立つための条件は，$Z_P \approx 1$ すなわち

$$\left|\frac{N^2 B(T)}{V}\right| \ll 1 \tag{5.32}$$

であると結論づけられます．

対応する自由エネルギー $F = -k_B T \ln Z$ は

$$\begin{aligned} F &= -k_B T \ln Z_K - k_B T \ln Z_P \\ &\approx -k_B T \ln Z_K - k_B T \ln\left\{1 - \frac{N^2 B(T)}{V}\right\} \\ &\approx F^{(\text{id})} + N k_B T \frac{N B(T)}{V} \end{aligned} \tag{5.33a}$$

と評価できます．ここで，$F^{(\text{id})} \equiv -k_B T \ln Z_K$ は**理想気体**（ideal gas）の自由エネルギー (5.8a) です．最後の表式では，$|x| < 1$ で成立するテイラー展開 $-\ln(1-x) = x + \frac{1}{2}x^2 + \frac{1}{3}x^3 + \cdots$ を行い[文献2]，(5.32) 式を考慮して初項のみを残しました．(5.33a) 式より，圧力 $P = -\frac{\partial F}{\partial V}$ が，理想気体の結果 (5.8c) に補正項を加え，

$$\begin{aligned} P &= P^{(\text{id})} + N k_B T \frac{N B(T)}{V^2} \\ &= \frac{N k_B T}{V}\left\{1 + B(T)\frac{N}{V}\right\} \end{aligned} \tag{5.33b}$$

と得られます．最後の式における括弧内の第二項は，理想気体からの $\frac{N}{V}$ 展開の一次の項を表します．この $\frac{N}{V}$ に関するベキ級数展開を**ビリアル展開**，また，第二項の係数 $B(T)$ を**第二ビリアル係数**と呼びます．なお，ここで用いた近似は，**クラスター展開**と呼ばれる系統的展開法の最低次項にさらに近似をほどこしたものです．そのクラスター展開では，(5.33a) 式の最後の表式と (5.33b) 式の成立条件は，(5.32) 式より緩やかな

$$\left|\frac{N B(T)}{V}\right| \ll 1 \tag{5.34}$$

に置き換わります．[文献8]

表式 (5.33) の核となるのは，(5.31) 式で定義された第二ビリアル係数 $B(T)$ です．この $B(T)$ を，図 5.3 のようにモデル化した原子間ポテンシャルに対して計算してみましょう．図中の r_0 は，原子を剛体球と見なしたときの原子半径であり，二つの原子が距離 $2r_0$ より近づけないことを表します．また，$r \geq 2r_0$ では，気体液体転移の原因と考えられる引力が取り込まれています．以下では，引力の最大値 $\mathcal{V}_0$ が熱エネルギー $k_B T$ より十分小さい場合（$\beta \mathcal{V}_0 \ll 1$）を考えます．すると，(5.31) 式の被積分関数は

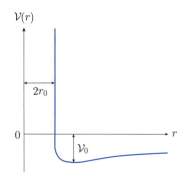

図 5.3 原子間相互作用のモデルポテンシャル

$$1 - e^{-\beta \mathcal{V}(r)} \approx \begin{cases} 1 & : r \leq 2r_0 \\ \beta \mathcal{V}(r) & : r > 2r_0 \end{cases} \tag{5.35}$$

と近似できます．従って，(5.31) 式の積分は，

$$B(T) \approx 2\pi \int_0^{2r_0} r^2 dr + \frac{2\pi}{k_B T} \int_{2r_0}^\infty \mathcal{V}(r) r^2 dr = b_0 - \frac{a_0}{k_B T} \tag{5.36}$$

と評価できます．ただし，定数 a_0 と b_0 は，

$$a_0 \equiv -2\pi \int_{2r_0}^\infty \mathcal{V}(r) r^2 dr > 0, \qquad b_0 \equiv \frac{16}{3}\pi r_0^3 \tag{5.37}$$

で定義されています．(5.36) 式を (5.33a) 式と (5.33b) 式に代入すると，自由エネルギー F と圧力 P が

$$F \approx F^{(\mathrm{id})} + \frac{k_B T N^2 b_0}{V} - \frac{N^2 a_0}{V}, \tag{5.38a}$$

$$P = \frac{N k_B T}{V}\left\{1 + \left(b_0 - \frac{a_0}{k_B T}\right)\frac{N}{V}\right\} \tag{5.38b}$$

と得られます．圧力は，高温では斥力による b_0 が支配的で理想気体よりも増大しますが，低温では引力による $-\frac{a_0}{k_B T}$ の因子が効いて理想気体よりも減少します．この低温における圧力の減少が，液化の主因の一つであると考えることができます．

自由エネルギー (5.38a) を高密度領域まで使えるように拡張することを考えましょう．そのため，(5.34) 式と (5.36) 式に由来する条件 $\frac{Nb_0}{V} \ll 1$ に注意して，右辺第二項を

$$N k_B T \frac{N b_0}{V} \approx -N k_B T \ln\left(1 - \frac{N b_0}{V}\right) \tag{5.39}$$

と近似すると，(5.38a) 式が

$$F \approx F^{(\mathrm{id})} - Nk_{\mathrm{B}}T\ln\left(1 - \frac{Nb_0}{V}\right) - \frac{N^2 a_0}{V} \tag{5.40a}$$

へと書き換えられます．この自由エネルギーは，導出の際の条件 $\frac{Nb_0}{V} \ll 1$ を超えて，$\frac{Nb_0}{V} < 1$ の全領域で使うことができます．実際，$\frac{N}{V} \lesssim b_0^{-1}$ の高密度領域では，F は対数発散的に増大し，$\frac{N}{V} > b_0^{-1}$ の領域には連続的に到達できません．言い換えると，気体が高密度のときに圧縮しにくくなることを数式で表現できているのです．このように，(5.39)式の近似により，高密度領域まで有効な F の表式を得ることができました．

(5.40a) 式を用いると，圧力 $P = -\frac{\partial F}{\partial V}$ が

$$P = \frac{Nk_{\mathrm{B}}T}{V - Nb_0} - \frac{N^2 a_0}{V^2} \tag{5.40b}$$

と求まります．これはファンデルワールスの状態方程式 (3.45) 式に他なりません．実際，上の式で，粒子数 N をアボガドロ数 $N_{\mathrm{A}} = 6.022 \times 10^{23}/\mathrm{mol}$ とモル数 n で $N = nN_{\mathrm{A}}$ と表し，気体定数 $R = N_{\mathrm{A}}k_{\mathrm{B}}$ と新たな定数 $a \equiv N_{\mathrm{A}}^2 a_0$ および $b \equiv N_{\mathrm{A}}b_0$ を用いて書き換えると，(5.40b) 式が (3.45) 式と一致することがわかります．このようにして，ファンデルワールスの状態方程式が微視的に導出でき，定数 a と b が持つ物理的意味 ── 長距離引力と剛体芯斥力 ── も明らかにできました．

演習問題

A

5.1.1 古典統計力学に従う単原子分子 N 個からなる理想気体が，体積 V の容器に閉じ込められ，温度 T の熱浴と熱平衡状態にある．各粒子のエネルギー ε は，運動量の大きさ $p = |\boldsymbol{p}|$ に比例し，$\varepsilon = cp$ で与えられるものとする．ただし c は正定数である．

(1) 分配関数 Z を求めよ．以下の (5.46) 式の結果を用いて良い．

(2) 自由エネルギー F，エントロピー S，圧力 P，化学ポテンシャル μ，内部エネルギー U，および定積モル比熱 C_V の表式を求めよ．

5.1.2 単元素からなる立方格子の固体を考える．固体中の各原子は平衡位置のまわりで微小振動を行っている．この状態を，右図のように，原子が平衡位置の周りで独立に振動しているものと見なし，統計力学的に解析する．対応する古典的ハミルトニアンは，原子の総数を N，また原子の質量を m として，次式で近似できる．

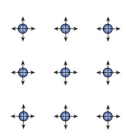

$$\mathcal{H} = \sum_{j=1}^{N}\left(\frac{\boldsymbol{p}_j^2}{2m} + \frac{1}{2}\kappa \boldsymbol{q}_j^2\right).$$

ここで，$\boldsymbol{p}_j$ は原子 j の運動量，$\kappa > 0$ はバネ定数，$\boldsymbol{q}_j$ は原子 j の平衡位置からのずれを表す．

(1) この系の分配関数

$$Z = \prod_{j=1}^{N}\int\frac{d^3p_j d^3r_j}{(2\pi\hbar)^3}e^{-\beta\mathcal{H}}$$

を，積分を実行して求めよ．なお，因子 $\frac{1}{N!}$ が無いのは，「各原子が格子点近傍に局在しており区別可能であるから」と理由づけられる．

(2) 定積モル比熱 C_V が，**デュロン - プティ則**

$$C_V = 3R \tag{5.41}$$

に従うことを示せ．ここで，R は気体定数 (1.24) である．

―― B ――

5.1.3 重要 (5.1) 式のハミルトニアンを持つ N 個の単原子分子が，体積 V の断熱容器に入っている．この孤立系に関する以下の問いに答えよ．

(1) エネルギーが U 以下の状態数

$$W_0(U,V,N) \equiv \frac{1}{N!}\prod_{j=1}^{N}\int\frac{d^3r_j d^3p_j}{(2\pi\hbar)^3}\theta(U-\mathcal{H}) \tag{5.42}$$

を求めよ．ここで，関数 $\theta(x)$ は

$$\theta(x) \equiv \begin{cases} 1 & : x \geq 0 \\ 0 & : x < 0 \end{cases} \tag{5.43}$$

で定義された**階段関数**である．また，半径 r の d 次元球の体積 $\mathcal{V}_d(r)$ は，ガンマ関数 (5.46) を用いて，

$$\mathcal{V}_d(r) = \frac{\pi^{\frac{d}{2}}}{\Gamma\left(\frac{d}{2}+1\right)}r^d \tag{5.44}$$

と表せる．

(2) 次に，「エネルギーが U の状態数 $W(U,V,N)$」を，$\frac{\Delta U}{U} \sim N^{-\frac{1}{2}}$ と選んだエネルギー幅 ΔU を用いて，古典的に次のように定義する．

$$W(U,V,N) \equiv \frac{\partial W_0(U,V,N)}{\partial U}\Delta U. \tag{5.45}$$

このように定義された $W(U,V,N)$ は，近似的に U と $U+\Delta U$ の間にある状態数に等しい．この $W(U,V,N)$ を用いて，ミクロカノニカル集団の方法 (4.13) により，エントロピー S，内部エネルギー U，圧力 P，化学ポテンシャル μ の

表式を求め，(T, V, N) の関数として表せ．また，それらの結果が，カノニカル集団 (4.17) を用いて導出した (5.8b)–(5.8e) 式に一致することを確かめよ．

5.1.4 重要　ガンマ関数 $\Gamma(x)$ は

$$\Gamma(x+1) \equiv \int_0^\infty e^{-t} t^x \, dt \qquad (x > -1) \tag{5.46a}$$

で定義される．

(1) $x > 0$ のとき，漸化式

$$\Gamma(x+1) = x\Gamma(x) \tag{5.46b}$$

が成り立つことを示せ．

(2) N を正の整数として，

$$\Gamma(N+1) = N! \tag{5.46c}$$

を示せ．

(3) $\Gamma(x+1)$ を

$$\Gamma(x+1) = \int_0^\infty e^{f(t)} \, dt, \qquad f(t) \equiv -t + x \ln t \tag{5.46d}$$

と表す．指数関数の肩に現れる関数 $f(t)$ を最大にする t の値 t_0 を求めよ．

(4) 特に $x \gg 1$ の場合を考え，関数 $f(t)$ を

$$f(t) \approx f(t_0) + f'(t_0)(t - t_0) + \frac{f''(t_0)}{2!}(t - t_0)^2$$

と近似する．さらに，(5.46d) 式の積分の下限 0 を $-\infty$ で置き換えることにより，$x \gg 1$ における $\Gamma(x+1)$ が，

$$\Gamma(x+1) \approx \sqrt{2\pi x} \left(\frac{x}{e}\right)^x \tag{5.46e}$$

と近似できることを示せ．

(5) $N = 5, 10, 20$ について，$x = N$ と置いた近似式 (5.46e) と $\Gamma(N+1) = N!$ の値を求め，相対誤差の N 依存性を明らかにせよ．

5.2 局在磁気モーメントによる磁性$^{++}$
──物理学の概念の宝庫

Contents

- Subsection ❶ 自由な磁気モーメントの磁性
- Subsection ❷ 強磁性と自発的対称性の破れ
- Subsection ❸ ランダウの二次相転移理論

キーポイント

自由な磁気モーメントの磁気応答から学び始め，自発的対称性の破れの理解を目指す．

❶ 自由な磁気モーメントの磁性

磁性または磁気は，古代ギリシャ時代から知られていた現象です．しかし，磁性の微視的理解は，1920年代の量子力学成立まで待たなければなりませんでした．量子力学によると，粒子にはスピンという量子化された内部自由度が付随しています．スピンは，直観的には粒子の自転運動に対応し，磁気モーメントの原因となります．特に絶縁体の磁性は，スピンが格子点上に配列した局在モーメント模型で良く記述されます．ここでは，局在モーメントの示す磁気現象を考察します．

図 5.4 のように，絶縁体の各格子点上に，大きさ μ_m の自由な局在磁気モーメントが存在するモデルを考えます．磁束密度 B の一様な外部磁場が存在する場合，この系の古典的ハミルトニアンは，

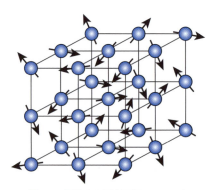

図 5.4　固体中の局在磁気モーメント

5.2 局在磁気モーメントによる磁性

$$\mathcal{H} = -\sum_{\boldsymbol{R}} \boldsymbol{m_R} \cdot \boldsymbol{B} \tag{5.47}$$

と表せます.ここで $\boldsymbol{m_R}$ は,格子点 $\boldsymbol{R}$ に局在した磁気モーメントです.以下,格子点 $\boldsymbol{R}$ の総数を N ($\gg 1$) とします.

$\boldsymbol{B}$ の方向を z 軸に選び,各磁気モーメントを,(5.20) 式と同様に,

$$\boldsymbol{m_R} = (\mu_\mathrm{m} \sin\theta_{\boldsymbol{R}} \cos\varphi_{\boldsymbol{R}}, \mu_\mathrm{m} \sin\theta_{\boldsymbol{R}} \sin\varphi_{\boldsymbol{R}}, \mu_\mathrm{m} \cos\theta_{\boldsymbol{R}})$$

と極座標表示します.すると,(5.47) 式は,

$$\mathcal{H} = -\mu_\mathrm{m} B \sum_{\boldsymbol{R}} \cos\theta_{\boldsymbol{R}} \tag{5.48}$$

へと簡略化されます.このように,系のエネルギーは,各磁気モーメントが磁場の方向となす角 $\theta_{\boldsymbol{R}}$ により決まり,最低エネルギー状態は,全てのスピンが磁場方向に揃った状態です.

次に,分配関数を書き下します.しかし,今の場合,ハミルトニアンが磁気モーメントベクトルを用いて表されています.従って,空間座標と運動量を用いた (4.23) 式はそのままでは適用できず,少々とまどいます.これは,状態数がきちんと定義できない古典統計力学につきものの曖昧さです.そこで,(4.23) 式を見直すと,その表式は,確率因子 $e^{-\beta\mathcal{H}}$ を位相空間の可能な状態全てについて積分したものになっています.従って,今の場合にも,可能な状態,すなわち,$(\theta_{\boldsymbol{R}}, \varphi_{\boldsymbol{R}})$ で指定される各々の磁気モーメントの方向について,$e^{-\beta\mathcal{H}}$ を積分すれば良いと考えられます.ただし,各磁気モーメントは局在していて区別できるので,$\frac{1}{N!}$ の因子は落とすべきです.以上の考察により,Z が

$$Z = \prod_{\boldsymbol{R}} \frac{1}{4\pi} \int_0^\pi d\theta_{\boldsymbol{R}} \sin\theta_{\boldsymbol{R}} \int_0^{2\pi} d\varphi_{\boldsymbol{R}} \, e^{-\beta\mathcal{H}} \tag{5.49}$$

と書き下せます.ここで,因子 $\frac{1}{4\pi}$ は,高温極限 $\beta \to 0$ で $Z \to 1$ となるように選んだ規格化因子であり,その大きさは熱力学量の計算結果には影響を与えません.以上の手続きは,対応する量子力学的計算の古典極限を正しく再現することが確認されています.

基本問題 5.4 　　　　　　　　　　　　　　　　　　　　　　　重要

ハミルトニアンが (5.47) 式で与えられる系の分配関数 (5.49) について，以下の問いに答えよ．

(1) 系の磁化

$$M \equiv \sum_{R} \langle m_R \rangle \tag{5.50a}$$

が，分配関数を用いて，以下のように表せることを示せ．

$$M = \frac{1}{\beta} \frac{\partial}{\partial \boldsymbol{B}} \ln Z. \tag{5.50b}$$

(2) $\boldsymbol{B}$ の方向を z 軸に選ぶ．対応するハミルトニアン (5.48) を (5.49) 式に代入し，分配関数 Z を計算せよ．

(3) (5.50b) 式に基づき，磁化の大きさ M を (B, T) の関数として求めよ．

(4) **初磁化率** χ を

$$\chi \equiv \lim_{B \to 0} \frac{M}{B} \tag{5.51}$$

で定義する．この χ は，小さな B に対する系の磁気応答を表す重要な物理量である．以下では，初磁化率を単に**磁化率**と呼ぶことにする．この系の磁化率が

$$\chi = \frac{C}{T}, \qquad C \equiv \frac{N \mu_\mathrm{m}^2}{3 k_\mathrm{B}} \tag{5.52}$$

と表せることを示せ．

方針 Z の計算では，変数変換 $t_R \equiv \cos \theta_R$ を行って角度積分を実行する．

【答案】 (1) カノニカル分布においてエネルギー $\mathcal{H}$ を持つ状態の実現確率が $\frac{e^{-\beta \mathcal{H}}}{Z}$ であること，および，(5.47) 式と (5.49) 式を考慮すると，磁化の表式を以下のように変形できる．

$$\begin{aligned}
M &\equiv \left\langle \sum_R m_R \right\rangle \\
&= \left(\prod_R \frac{1}{4\pi} \int_0^\pi d\theta_R \sin \theta_R \int_0^{2\pi} d\varphi_R \right) \frac{e^{-\beta \mathcal{H}}}{Z} \sum_R m_R \\
&= \frac{1}{Z} \left(\prod_R \frac{1}{4\pi} \int_0^\pi d\theta_R \sin \theta_R \int_0^{2\pi} d\varphi_R \right) \exp\left(\beta \sum_R m_R \cdot B \right) \sum_R m_R \\
&= \frac{1}{Z} \left(\frac{1}{\beta} \frac{\partial Z}{\partial \boldsymbol{B}} \right) = \frac{1}{\beta} \frac{\partial}{\partial \boldsymbol{B}} \ln Z.
\end{aligned}$$

(2) (5.49) 式の φ_R 積分は定数 2π を与える．また，θ_R 積分に対しては，変数変換

$$t_R \equiv \cos \theta_R, \qquad dt_R = -\sin \theta_R d\theta_R, \qquad 0 \leq \theta_R \leq \pi \leftrightarrow 1 \geq t_R \geq -1$$

をほどこす．そして，各 $\boldsymbol{R}$ の寄与が同じであることに注意すると，分配関数が以下のように計

5.2 局在磁気モーメントによる磁性

算できる.

$$Z = \prod_{\boldsymbol{R}} \frac{1}{2} \int_{-1}^{1} dt_{\boldsymbol{R}}\, e^{\beta\mu_\mathrm{m} B t_{\boldsymbol{R}}}$$

$$= \left(\frac{e^{\beta\mu_\mathrm{m} B} - e^{-\beta\mu_\mathrm{m} B}}{2\beta\mu_\mathrm{m} B} \right)^N = \left(\frac{\sinh \beta\mu_\mathrm{m} B}{\beta\mu_\mathrm{m} B} \right)^N. \tag{5.53}$$

(3) (5.50b) 式を (5.53) 式の分配関数に適用する. 磁束密度 $\boldsymbol{B}$ は z 方向を向いているので, 磁化 $\boldsymbol{M}$ も z 成分のみを持つことが結論され, $M_z = M$ が

$$M = \frac{N}{\beta} \frac{\partial}{\partial B} \ln \frac{\sinh \beta\mu_\mathrm{m} B}{\beta\mu_\mathrm{m} B} = N\mu_\mathrm{m} L(\beta\mu_\mathrm{m} B) \tag{5.54}$$

と計算できる. ただし, 関数 $L(x)$ は

$$L(x) \equiv \frac{d}{dx} \ln \frac{\sinh x}{x} = \frac{\cosh x}{\sinh x} - \frac{1}{x} \tag{5.55a}$$

で定義され, **ランジュバン関数**と呼ばれる. 図 5.5 に $L(x)$ のグラフを示す. このランジュバン関数は, $x \to 0$ と $x \to \infty$ の極限で,

$$L(x) \longrightarrow \begin{cases} \dfrac{x}{3} & : x \to 0 \\ 1 & : x \to \infty \end{cases} \tag{5.55b}$$

のように振る舞うことがテイラー展開^{文献[2]} などにより示せる.

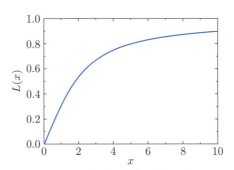

図 5.5 ランジュバン関数 $L(x)$ のグラフ

(4) (5.51) 式に (5.54) 式を代入し, (5.55b) 式の $x \to 0$ での極限形を用いると, この系の磁化率が (5.52) 式のように表せることがわかる. ■

■ポイント■ 磁化率の計算においては, 関数 $L(x)$ を $x = 0$ でテイラー展開することが必要です.

このように，自由な局在磁気モーメント系の磁化率は，$T \to 0$ で発散します．(5.52) 式は，1895 年にピエール・キュリーにより実験的に見いだされたので，**キュリーの法則**と呼ばれ，定数 C も**キュリー定数**と名づけられています．その理論的導出を行ったのが，キュリーの下で博士号を取得したランジュバンです．

この磁化率の振る舞いは，物理的に次のように理解できます．温度一定の系における熱平衡状態は，

$$F = U - TS, \quad \begin{cases} U = \sum_\nu w_\nu E_\nu \\ -TS = k_\mathrm{B} T \sum_\nu w_\nu \ln w_\nu \end{cases} \tag{5.56}$$

の最小状態です．ただし w_ν は状態 ν の実現確率です．絶対零度 ($T = 0$) では，内部エネルギー U を最小にする状態，すなわち，最低エネルギー状態が実現され，それは全ての磁気モーメントが B の方向にそろった状態です．また，この状態は微小な B で一気に実現され，それは磁化率の発散として観測されます．一方，高温では，$-TS$ 項が支配的です．従って，エントロピーを最大化する状態が実現されます．それは，4.2 節 Subsection ❷の考察からも明らかなように，全ての状態が同じ確率で現れる状態，すなわち各磁気モーメントの方向がランダムな状態に他なりません．容易に想像されるように，この状態は B の影響をほとんど受けず，磁化率は非常に小さいのです．高温から低温への χ の T^{-1} に比例した増大は，以上の両極限を繋ぐものとして理解できます．

❷ 強磁性と自発的対称性の破れ[++]

次に，(5.47) 式に加えて，隣接する磁気モーメント間に相互作用がある場合を考察します．ここでの議論はやや難しいかもしれません．初学者は読み飛ばして頂いても問題ありません．

具体的に，ハミルトニアン

$$\mathcal{H} = -\frac{J}{2} \sum_{R} \sum_{\delta} m_R \cdot m_{R+\delta} - \sum_{R} m_R \cdot B \tag{5.57}$$

で記述される系を考察します．ここで，J は隣接モーメント間の相互作用定数であり，R は格子点の位置ベクトル，また，δ は隣接格子に至るベクトルです．格子点 R と隣接ベクトル δ の総数をそれぞれ N と d で表すことにします．例えば図 5.4 の 3 次元単純立方格子の場合，ある原子に着目すると，その隣接ベクトル δ の数は前後上下左右の六つで，$d = 6$ です．右辺第一項の形の相互作用があることは，量子力学に基づいてハイゼンベルグが明らかにしました (1928 年)．その原因は，量子力学において同種粒子が区別できないことによる交換効果です．それゆえ，右辺第一項は**ハイゼンベルグの交換相互作用**，

また，ハミルトニアン (5.57) は**ハイゼンベルグ模型**と呼ばれます．以下では $J > 0$ の強磁性的相互作用の場合を考えます．実際，$J > 0$ の場合には，$\boldsymbol{B} = \boldsymbol{0}$ でも，磁気モーメントが全て同一方向を向いた完全強磁性状態がエネルギー最小状態となります．

(5.57) 式の右辺第一項がある場合，この系の分配関数を厳密に求めることは非常に難しくなります．このような場合の初等的かつ標準的近似法が，**平均場近似**あるいは**分子場近似**と呼ばれる手法です．それを今の場合に適用すると，次のようになります．

基本問題 5.5

ハミルトニアンが (5.57) 式で与えられる $J > 0$ の系を，平均場近似を用いて統計力学的に考察する．以下の問いに答えよ．

(1) (5.57) 式の右辺第一項で，各磁気モーメント $\boldsymbol{m_R}$ を，平均値 $\langle \boldsymbol{m_R} \rangle$ とそこからのずれ $\Delta \boldsymbol{m_R} \equiv \boldsymbol{m_R} - \langle \boldsymbol{m_R} \rangle$ の和として，

$$\boldsymbol{m_R} = \langle \boldsymbol{m_R} \rangle + \Delta \boldsymbol{m_R} \tag{5.58}$$

と表し，$\Delta \boldsymbol{m_R}$ に関する二次の項を無視する．さらに，平均値 $\langle \boldsymbol{m_R} \rangle$ は格子点によらず，磁化 $\boldsymbol{M}$ を用いて $\langle \boldsymbol{m_R} \rangle = \frac{\boldsymbol{M}}{N}$ と表せるものとする．これらの近似のもとで，(5.57) 式が次のように表せることを示せ．

$$\mathcal{H} \approx -\sum_{\boldsymbol{R}} \boldsymbol{m_R} \cdot \boldsymbol{B}_{\text{eff}} + \frac{Jd}{2N} M^2, \qquad \boldsymbol{B}_{\text{eff}} \equiv \boldsymbol{B} + \frac{Jd}{N} \boldsymbol{M}. \tag{5.59}$$

(2) $\boldsymbol{B}_{\text{eff}}$ は一様で z 方向を向いているものとして，ハミルトニアン (5.59) に対する分配関数 Z を求めよ．

(3) 自由エネルギー F の表式を求めよ．

(4) F を磁化 M について最小化することにより，熱平衡磁化 M を決める式が，

$$M = N\mu_{\text{m}} L(\beta \mu_{\text{m}} B_{\text{eff}}) \tag{5.60}$$

で与えられることを示せ．ただし，関数 $L(x)$ は (5.55a) 式で定義されている．

(5) 高温相は，$B \to 0$ で $M \to 0$ となる**常磁性状態**である．この常磁性状態の磁化率 (5.51) が，

$$\chi = \frac{C}{T - T_{\text{c}}}, \qquad T_{\text{c}} \equiv \frac{Jd\mu_{\text{m}}^2}{3k_{\text{B}}} \tag{5.61}$$

と表せることを示せ．ただし，定数 C は (5.52) 式に与えられている．

> **方針** 誘導に従って,自由な磁気モーメントの問題に帰着して計算する.

【答案】 (1) (5.57) 式の右辺第一項は次のように変形できる.

$$-\frac{J}{2}\sum_R\sum_\delta \bm{m}_R\cdot\bm{m}_{R+\delta}$$

(5.58) 式を代入

$$= -\frac{J}{2}\sum_R\sum_\delta (\langle\bm{m}_R\rangle + \Delta\bm{m}_R)\cdot(\langle\bm{m}_{R+\delta}\rangle + \Delta\bm{m}_{R+\delta})$$

$\Delta\bm{m}_R$ に関する二次の項を落とす

$$\approx -\frac{J}{2}\sum_R\sum_\delta (\langle\bm{m}_R\rangle\cdot\langle\bm{m}_{R+\delta}\rangle + \Delta\bm{m}_R\cdot\langle\bm{m}_{R+\delta}\rangle + \langle\bm{m}_R\rangle\cdot\Delta\bm{m}_{R+\delta})$$

$\Delta\bm{m}_R \equiv \bm{m}_R - \langle\bm{m}_R\rangle$ を代入

$$= -\frac{J}{2}\sum_R\sum_\delta (-\langle\bm{m}_R\rangle\cdot\langle\bm{m}_{R+\delta}\rangle + \bm{m}_R\cdot\langle\bm{m}_{R+\delta}\rangle + \langle\bm{m}_R\rangle\cdot\bm{m}_{R+\delta})$$

$\langle\bm{m}_R\rangle = \dfrac{\bm{M}}{N}$ を代入

$$= \frac{J}{2}\sum_R\sum_\delta \left(\frac{\bm{M}}{N}\right)^2 - \frac{J}{2}\sum_R\sum_\delta \bm{m}_R\cdot\frac{\bm{M}}{N} - \frac{J}{2}\sum_R\sum_\delta \frac{\bm{M}}{N}\cdot\bm{m}_{R+\delta}$$

第三項で $\bm{R}$ の和を $\bm{R}' \equiv \bm{R}+\bm{\delta}$ の和に書き換え

$$= \frac{J}{2}Nd\left(\frac{\bm{M}}{N}\right)^2 - Jd\frac{\bm{M}}{N}\cdot\sum_R \bm{m}_R.$$

ここで,最後の等式では,その上の第二項と第三項が同じ寄与を与えることを用いた.最後の近似式を (5.57) 式の右辺第一項に用いると, (5.59) 式が得られる.

(2) (5.59) 式のハミルトニアンは,右辺第二項の定数項を除いて (5.47) 式と同じ形である.従って, (5.53) 式の導出にならって,分配関数が

$$Z = \left(\frac{\sinh\beta\mu_\mathrm{m}B_\mathrm{eff}}{\beta\mu_\mathrm{m}B_\mathrm{eff}}\right)^N \exp\left(-\beta\frac{Jd}{2N}M^2\right) \tag{5.62}$$

と求まる.ただし,右辺の第二因子は,ハミルトニアン (5.59) の定数項の寄与である.

(3) 次のように得られる.

$$F = -k_\mathrm{B}T\ln Z$$
$$= -Nk_\mathrm{B}T\ln\frac{\sinh\beta\mu_\mathrm{m}B_\mathrm{eff}}{\beta\mu_\mathrm{m}B_\mathrm{eff}} + \frac{Jd}{2N}M^2. \tag{5.63}$$

(4) 停留条件 $\frac{\partial F}{\partial M} = 0$ は,変数 $x = \beta\mu_\mathrm{m}B_\mathrm{eff}$ を導入し,微分に関する連鎖律と (5.55a) 式および (5.59) 式を用いることで,次のように変形できる.

5.2 局在磁気モーメントによる磁性

$$\begin{aligned}
0 &= \frac{\partial F}{\partial M} \\
&= -Nk_\mathrm{B}T\left(\frac{d}{dx}\ln\frac{\sinh x}{x}\right)\frac{\partial x}{\partial B_\mathrm{eff}}\frac{\partial B_\mathrm{eff}}{\partial M}\bigg|_{x=\beta\mu_\mathrm{m}B_\mathrm{eff}} + \frac{Jd}{N}M \\
&= -Nk_\mathrm{B}TL(\beta\mu_\mathrm{m}B_\mathrm{eff})\beta\mu_\mathrm{m}\frac{Jd}{N} + \frac{Jd}{N}M \\
&= \frac{Jd}{N}\left\{-N\mu_\mathrm{m}L(\beta\mu_\mathrm{m}B_\mathrm{eff}) + M\right\}.
\end{aligned}$$

これより，(5.60) 式を得る．

(5) 常磁性状態で $B \to 0$ における磁化 M を決める式は，(5.55b) 式における $x \to 0$ の極限形を (5.60) 式に代入して，

$$M = \frac{C}{T}\left(B + \frac{Jd}{N}M\right)$$

と得られる．ただしキュリー定数 C は (5.52) 式に与えられている．この式を M について解くと，磁化率 (5.51) が (5.61) 式のように得られる．■

ポイント 最初に有限の M が出現したと仮定してハミルトニアンを相互作用のない形に近似し，自由エネルギーの表式を求めます．そして，未定の M の値は，自由エネルギーを最小化する条件から決めます．この一連の手続きは**自己無撞着近似**と呼ばれる近似法の特徴で，ここでの平均場近似もその一つに数えられます．

(5.61) 式の磁化率は，高温から温度を下げるにつれて次第に増大し，有限の温度 T_c で発散します．これを**キュリー‐ワイスの法則**と呼びます．ワイスは，1907 年に，上述の平均場近似（分子場近似）を用いて強磁性を議論しました．

この有限温度 T_c における磁化率の発散は，系が $T < T_\mathrm{c}$ で自発磁化を持つこと，すなわち，強磁性状態になることに由来します．実際，(5.60) 式で $B = 0$ と置いた式を，還元温度 $t \equiv \frac{T}{T_\mathrm{c}}$ と還元磁気モーメント $m_r \equiv \frac{M}{N\mu_\mathrm{m}}$ を用いて表すと，次のようになります．

$$\frac{t}{3}x = L(x), \qquad x \equiv \frac{3m_r}{t} \tag{5.64}$$

この方程式がどのような場合に解を持つのかを，グラフを用いて調べましょう．図 5.6(a) には，関数 $y = L(x)$ と一緒に，関数 $y = \frac{t}{3}x$ のグラフを $t = 1.5$ と $t = 0.5$ の場合に描きました．$t = 0.5$ の場合，直線は $y = L(x)$ のグラフと $x > 0$ で交わるのがわかります．解を持つ持たないの境目は，直線 $y = \frac{t}{3}x$ が $x = 0$ で曲線 $y = L(x)$ に接する条件から，$t = 1$ であるとわかります．(5.64) 式を $t < 1$ で数値的に解いて自発磁化 M の温度依存性を描いたのが図 5.6(b) です．磁化が T_c 近傍で急激に立ち上がるのが見て取れます．

自発磁化のない $T > T_\mathrm{c}$ の状態を**常磁性状態**，自発磁化が有限な $T < T_\mathrm{c}$ の状態を**強磁性状態**と呼びます．それらは，$T = T_\mathrm{c}$ での**相転移**を通して移り変わります．$\boldsymbol{B} = \boldsymbol{0}$ の場合の自発磁化 $\boldsymbol{M}$ は，その大きさが同じであれば，どの方向を向いても系の自由エネルギー (5.63) は同じ値を持ちます．しかし，それが一つの方向に決まらないと自由エネルギーは下がりません．そして，現実にも，$\boldsymbol{M}$ の方向が決まった強磁性状態が出現し，その状態は，ハミルトニアン (5.57) が $\boldsymbol{B} = \boldsymbol{0}$ の場合に持つ回転対称性が破れた状態です．つまり，実際に実現される状態の対称性が，ハミルトニアンの対称性よりも低くなっているのです．このことを**自発的対称性の破れ**と呼びます．その方向の決定には，ゆらぎや外部との微小な相互作用が大きな影響を及ぼします．

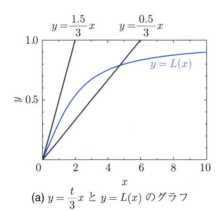

(a) $y = \frac{t}{3}x$ と $y = L(x)$ のグラフ

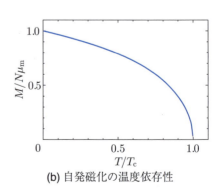

(b) 自発磁化の温度依存性

図 5.6　**自発磁化の出現**

❸ ランダウの二次相転移理論

図 5.6(b) によると，磁化 M は転移点直下で急激に立ち上がります．自由エネルギーを磁化に関して展開することにより，転移点近傍の磁化の振る舞いをより詳細に議論します．これにより，**ランダウの二次相転移理論**を微視的に理解できることになります．

熱平衡条件 $\frac{\partial F}{\partial M} = 0$ を課す前の自由エネルギー (5.63) は，磁化の大きさ M を未定のパラメータとして含んでいます．この F を T_c 近傍で M^2 について展開し，そこでの磁化の振る舞いを詳しく見たのがランダウの二次相転移理論です．簡単のため外部磁場がない $\boldsymbol{B} = \boldsymbol{0}$ の場合を考え，(5.63) 式に現れる関数を次のようにテイラー展開[2]します．

$$\ln \frac{\sinh x}{x} = \ln\left(1 + \frac{x^2}{3!} + \frac{x^4}{5!} + \cdots\right) = \frac{x^2}{6} - \frac{x^4}{180} + \cdots$$

この展開式を用いて，(5.63) 式を M^4 まで考慮すると，

$$F \approx aM^2 + \frac{b}{2}M^4 \tag{5.65}$$

が得られます．展開係数 a と b は，(5.61) 式の T_c を用いて，

$$a \equiv -\frac{N}{6\beta}\left(\frac{\beta\mu_m Jd}{N}\right)^2 + \frac{Jd}{2N} = -\frac{Jd}{2NT}(T_c - T)$$

$$\approx -\frac{Jd}{2NT_c}(T_c - T), \tag{5.66a}$$

$$b \equiv \frac{N}{90\beta}\left(\frac{\beta\mu_m Jd}{N}\right)^4 \approx \frac{Nk_B T_c}{90}\left(\frac{\mu_m Jd}{Nk_B T_c}\right)^4$$

$$= \frac{(Jd)^2}{10N^3 k_B T_c} \tag{5.66b}$$

と表せます．ただし，(5.66b) 式では $T \approx T_c$ と近似しました．このように，平均場近似による転移点近傍の自由エネルギーは，磁化ベクトル $\boldsymbol{M}$ から作られる最も簡単なスカラー

$$M^2 = \boldsymbol{M} \cdot \boldsymbol{M}$$

のベキ級数に展開できます．そして，二次の係数 a が転移点 $T = T_c$ でその符号を変える一方で，四次の係数 b は正の定数と見なせます．これらは，現象論であるランダウ理論の基本的仮定であり，そこでは自由エネルギーの具体形を用いずに，(5.65) 式の展開形から出発します．(5.65) 式を，磁化の大きさ $M = \sqrt{\boldsymbol{M}\cdot\boldsymbol{M}}$ の定義域を負の領域まで拡張して描くと，図 5.7 のようになります．転移点を境に，自由エネルギーの最小点が $M = 0$ から有限の M へと移り変わり，正負の領域に二つの最小点が出現するのが見て取れます．実際には，$T < T_c$ において，磁化ベクトル $\boldsymbol{M}$ の全ての方向に対して一つの最小点があり，それらは球面を構成して同じ自由エネルギーを持っています．この縮重が自発的に取り除かれ，ある一つの $\boldsymbol{M}$ が出現するのが自発的対称性の破れです．その方向の決定には，ゆらぎや外界との微小な相互作用が大きな影響を及ぼします．

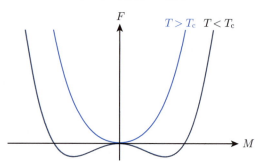

図 5.7 磁化の関数としての自由エネルギー

基本問題 5.6

自由エネルギー (5.65) の係数が (5.66) 式で与えられるものとする．この F を M について最小化し，$T \geq T_{\rm c}$ と $T < T_{\rm c}$ での磁化と自由エネルギーの熱平衡値を求めよ．

方針 係数 b は正定数であるが，a は $T = T_{\rm c}$ で符号を変えることを考慮する．

【答案】 平衡状態（equilibrium）の磁化 $M_{\rm eq}$ を決める式は

$$0 = \left.\frac{\partial F}{\partial M}\right|_{M=M_{\rm eq}} = (a + bM_{\rm eq}^2)M_{\rm eq}$$

である．解としては $M_{\rm eq} = 0$ もしくは $M_{\rm eq}^2 = -\frac{a}{b}$ が得られるが，後者は $T < T_{\rm c}$ のみで意味を持ち，その領域での平衡状態に対応する．つまり，転移点近傍の自発磁化は，

$$M_{\rm eq} = \begin{cases} 0 & : T \geq T_{\rm c} \\ \sqrt{\dfrac{-a}{b}} \propto (T_{\rm c} - T)^{\frac{1}{2}} & : T < T_{\rm c} \end{cases} \quad (5.67)$$

と表せる．このように，$T \lesssim T_{\rm c}$ での自発磁化は，$(T_{\rm c} - T)^{\frac{1}{2}}$ に比例して急激に立ち上がる．これは平均場理論の特徴である．平衡状態の自由エネルギー $F_{\rm eq}$ は，(5.67) 式を (5.65) 式の M に代入して，

$$F_{\rm eq} = \begin{cases} 0 & : T \geq T_{\rm c} \\ -\dfrac{a^2}{2b} \propto -(T_{\rm c} - T)^2 & : T < T_{\rm c} \end{cases} \quad (5.68)$$

と得られる．■

ポイント 場合分けの必要な最小化問題です．

(5.68) 式のように，自由エネルギーは $T = T_c$ で連続的かつ滑らかに変化します．一方，エントロピー

$$S_{\mathrm{eq}} = -\frac{\partial F_{\mathrm{eq}}}{\partial T}$$

は連続ですが $T = T_c$ で折れ曲りを持ち，定積モル比熱

$$C_{\mathrm{eq}} = T\frac{\partial S_{\mathrm{eq}}}{\partial T}$$

は $T = T_c$ で不連続となります．このように，自由エネルギー F の二階微分に初めて不連続性が現れる相転移を**二次相転移**と呼びます．その相転移には，一般に，対称性の破れが関わっています．一方，体積 V やエントロピー S など，自由エネルギー F の一階微分が不連続に変化する相転移は**一次相転移**と呼ばれます．その典型例は 3.4 節で論じた気体液体転移ですが，そこでは，気体も液体も等方的で対称性の破れはありません．

上で見てきた常磁性 - 強磁性転移の転移点では，$M = 0$ が，自由エネルギーの最小点から極大点へ，あるいはその逆へと滑らかに移り変わります．それに伴い，転移点近傍ではゆらぎが大きくなり，実際には平均場近似の記述が不適切となります．その大きなゆらぎに伴う物理量の異常な振る舞いは，**臨界現象**と呼ばれ，現代物理学の中心的な研究テーマの一つとなっています．

第 5 章 古典系への適用

演習問題

A

5.2.1 N 個の原子からなる固体の各格子点に,自由な磁気モーメントがある.各磁気モーメントは,磁束密度 $\boldsymbol{B}$ の方向に $\mu_0 m$ ($m = \pm\frac{1}{2}$) の値だけを取りうるものとする.この磁気モーメント系の全エネルギーは,

$$E_\nu = -\sum_{j=1}^{N} \mu_0 m_j B$$

と表せる.ただし,ν は m_j の組合せ $(m_1, m_2, \cdots) \equiv \{m_j\}$ を表す.
(1) この系の分配関数を求めよ.
(2) 内部エネルギーを求めよ.
(3) モル比熱 C が,ショットキー型比熱

$$C = N_A k_B \left.\frac{x^2}{\cosh^2 x}\right|_{x=\frac{\mu_0 B}{2k_B T}} \tag{5.69}$$

となることを示せ.ただし,N_A はアボガドロ数である.

B

5.2.2 N 個の原子からなる固体の各格子点に,自由な磁気モーメントがある.各磁気モーメントは,磁束密度 $\boldsymbol{B}$ の方向に $\mu_0 m$ ($m = -J, -J+1, \cdots, J-1, J$) の値だけを取りうるものとする.この磁気モーメント系の全エネルギーは,

$$E_\nu = -\sum_{j=1}^{N} \mu_0 m_j B$$

と表せる.ただし,ν は m_j の組合せ $(m_1, m_2, \cdots) \equiv \{m_j\}$ を表す.
(1) この系の分配関数を求めよ.
(2) 磁化 M が,

$$M = N\mu_0 J B_J(J\beta\mu_0 B)$$

と表せることを示せ.ただし $B_J(x)$ は,

$$B_J(x) \equiv \frac{2J+1}{2J}\coth\left(\frac{2J+1}{2J}x\right) - \frac{1}{2J}\coth\frac{x}{2J} \tag{5.70}$$

で定義されるブリルアン関数である.
(3) 磁化率 (5.51) が,キュリーの法則

$$\chi = \frac{C_J}{T}, \qquad C_J \equiv \frac{N\mu_0^2 J(J+1)}{3k_B} \tag{5.71}$$

に従うことを示せ.
(4) 内部エネルギー U の表式を求めよ.

第6章
量子力学からの帰結

　多粒子が関わる物理現象には，室温においても，量子効果が顕著に現れている例が多くあります．例えば，O_2 や N_2 などの二原子分子気体の定積モル比熱は，室温において約 $2.5R$ の値を持ち，古典統計力学が予言する値 $3.5R$ よりも 30%近くも小さくなっています．また，金属の電気伝導にも，量子効果が本質的に重要な役割を果たしていることがわかっています．これらの現象を統計力学で正しく解析するには，量子力学で計算したエネルギーの表式を用いることが必要不可欠です．そこで，本章では，統計力学に関わる量子力学の知識を簡潔にまとめることにします．

6.1 一粒子系の量子力学と状態密度**
——エネルギーの量子化

> Contents
> Subsection ❶ 一次元運動とエネルギーの量子化
> Subsection ❷ 一粒子エネルギー状態密度

> **キーポイント**
> 簡単な系についてシュレーディンガー方程式を解いて，エネルギーの量子化が起こることを確認し，状態密度の概念を学ぶ．

❶ 一次元運動とエネルギーの量子化

量子力学によると，非相対論的な粒子の定常運動は，シュレーディンガー方程式

$$\widehat{\mathcal{H}}\phi(x) = \varepsilon\phi(x) \tag{6.1}$$

で記述できます．文献[5], [11] ただし，$\widehat{\mathcal{H}}$ はハミルトニアン，$\phi(x)$ は粒子の波動関数，ε は固有エネルギーです．ここでは，(6.1) 式を簡単な場合に対して解き，一粒子エネルギーが量子化されることを具体的に確かめます．

基本問題 6.1

質量 m を持ち，ハミルトニアン

$$\widehat{\mathcal{H}} = \frac{\widehat{p}^2}{2m} + \mathcal{V}(x), \quad \widehat{p} \equiv -i\hbar\frac{d}{dx}, \quad \mathcal{V}(x) = \begin{cases} 0 & : 0 \leq x \leq L \\ \infty & : その他 \end{cases} \tag{6.2}$$

で記述される粒子の一次元定常運動を考える．対応するシュレーディンガー方程式 (6.1) を解き，固有値 ε と固有関数 $\phi(x)$ を求めよ．

方針 領域 $0 \leq x \leq L$ での方程式を $x = 0, L$ での境界条件を考慮して解く．

【答案】 ポテンシャル $\mathcal{V}(x)$ が $0 \leq x \leq L$ 以外では ∞ であることから，$\phi(x)$ が有限の値を持つのは $0 \leq x \leq L$ の領域のみである．また，連続性の要請から，波動関数は境界 $x = 0, L$ において

$$\phi(0) = \phi(L) = 0 \tag{6.3}$$

を満たすことも結論づけられる．(6.2) 式のハミルトニアンを (6.1) 式に代入すると，$0 \leq x \leq L$ での方程式は

$$\frac{d^2\phi(x)}{dx^2} + k^2\phi(x) = 0, \quad k \equiv \sqrt{\frac{2m\varepsilon}{\hbar^2}} \tag{6.4}$$

へと書き換えられる．この定数係数二階常微分方程式は，容易に解くことができる．すなわち，

$\phi(x) = Ce^{\lambda x}$（C と λ は定数）と置いて (6.4) 式に代入することで $\lambda = \pm ik$ が得られる．これから，一般解が，二つの積分定数 A, B を用いて

$$\phi(x) = Ae^{ikx} + Be^{-ikx} \tag{6.5}$$

と表せることがわかる．この式を (6.3) 式に代入すると，$\phi(0) = 0$ より

$$B = -A$$

が得られる．また，条件 $\phi(L) = 0$ は

$$0 = Ae^{ikL} + Be^{-ikL} = A(e^{ikL} - e^{-ikL}) = 2iA\sin kL$$

と書き換えられる．この式が $\phi(x) \neq 0$ の解を持つためには，n をゼロでない整数として

$$kL = n\pi$$

が成り立つ必要がある．以上より，境界条件 (6.3) を満たす (6.4) 式の非自明な（＝有限な）解が次のように得られる．

$$\phi_n(x) = A_n \sin k_n x, \qquad k_n \equiv \frac{n\pi}{L} \qquad (n = \pm 1, \pm 2, \cdots). \tag{6.6}$$

ここで n の異なる解を区別するために波動関数 ϕ や k に添字 n をつけ，また $2iA \to A_n$ の置き換えを行った．(6.4) 式より，一粒子エネルギー ε が次のように量子化されることがわかる．

$$\varepsilon_n = \frac{\hbar^2 k_n^2}{2m}.$$

定数 A_n は次の規格化条件により決める．

$$1 = \int_0^L |\phi(x)|^2 dx = |A_n|^2 \int_0^L \sin^2 k_n x\, dx = |A_n|^2 \int_0^L \frac{1 - \cos 2k_n x}{2} dx = |A_n|^2 \frac{L}{2}.$$

これより

$$|A_n| = \sqrt{\frac{2}{L}}$$

を得る．このように，規格化定数 A_n は位相を除いて一つに決まる．この位相の任意性はゲージ変換の自由度と関係しており，物理量の期待値には現れない．従って，以下ではこの位相をゼロと選ぶことにする．さらに，$k_{-n} = -k_n$ より，$\phi_{-n}(x)$ と $\phi_n(x)$ の間には比例関係 $\phi_{-n}(x) = -\frac{A_{-n}}{A_n}\phi_n(x)$ があることがわかる．すなわちこれら二つの波動関数はせいぜい位相が異なるだけで，物理的には全く同等である．従って (6.6) 式の n を正の値に限ることにする．

以上をまとめると，(6.2) 式の解として次の固有関数が得られる．

$$\phi_n(x) = \sqrt{\frac{2}{L}} \sin k_n x, \qquad k_n = \frac{n\pi}{L} \qquad (n = 1, 2, 3, \cdots). \tag{6.7a}$$

対応するエネルギー固有値は，

$$\varepsilon_n = \frac{\hbar^2 k_n^2}{2m} \tag{6.7b}$$

と量子化され，離散的になる．■

ポイント　固有関数の中から，線形独立な解を選び出すことが必要です．

ハミルトニアン (6.2) の固有値問題を解くことで，一つの固有関数系 $\{\phi_n\}_n$ が得られました．一般に，あるエルミート演算子の固有値問題を解くと，固有関数系が構成できます．そして，この固有関数系は，**完全規格直交性**という性質を持ちます．[文献[5], [11]] これを (6.7) 式の例で確認します．

まず，関数系 $\{\phi_n\}_n$ の内積を

$$\langle \phi_{n'} | \phi_n \rangle \equiv \int_0^L \phi_{n'}^*(x) \phi_n(x) \, dx \tag{6.8}$$

で定義します．すると，(6.7a) 式の固有関数は，

$$\langle \phi_{n'} | \phi_n \rangle = \delta_{n'n} \tag{6.9a}$$

を満たすことが初等積分により確かめられます．これを固有関数の**規格直交性**と呼びます．また，次の段落で詳しく見るように，$\phi_n(x)$ は**完全性**

$$\sum_n \phi_n(x) \phi_n^*(x') = \delta(x - x') \tag{6.9b}$$

も満たします．ただし，関数 $\delta(x)$ は，

$$\delta(x) \equiv \begin{cases} \infty & : x = 0 \\ 0 & : x \neq 0 \end{cases}, \quad \int_{-\infty}^{\infty} \delta(x) \, dx = 1 \tag{6.10}$$

で定義された**ディラックのデルタ関数**です．

(6.9b) 式は次の内容と等価です．「固有関数 $\{\phi_n\}_n$ と同じ領域 $0 \leq x \leq L$ で定義され，境界条件 (6.3) を満たす任意の関数 $f(x)$ を考える．$f(x)$ の $\{\phi_n\}_n$ に関する展開

$$f(x) = \sum_n c_n \phi_n(x)$$

は絶対一様収束する．」固有関数 (6.7a) を用いたこの展開は，正弦フーリエ級数に他なりません．等価性を見るために，上の展開式の両辺に $\phi_{n'}^*(x)$ を掛けて $0 \leq x \leq L$ について積分し，直交性 (6.9a) を用いた後，$n' \to n$ および $x \to x'$ の置き換えを行います．すると，展開係数 c_n が

$$c_n = \int_0^L \phi_n^*(x') f(x') \, dx'$$

と得られます．これを上の $f(x)$ の展開式に再代入し，絶対一様収束性を用いて和と積分の順序を交換すると，展開式が

$$f(x) = \int_0^L \sum_n \phi_n(x) \phi_n^*(x') f(x') \, dx'$$

と表せます．ここで，$f(x)$ が $0 \leq x \leq L$ で定義された任意の関数であることを思い起こすと，(6.9b) 式が得られます．

❷ 一粒子エネルギー状態密度

統計力学では，量子化された一粒子エネルギー ε_n が，エネルギー軸上にどのように分布しているのかが重要となります．この情報を与えるのが，

$$D(\epsilon) \equiv \sum_n \delta(\epsilon - \varepsilon_n) \tag{6.11}$$

で定義される**一粒子エネルギー状態密度** $D(\epsilon)$ です．

基本問題 6.2 ――――――――――――――――――――― 重要

(6.7b) 式の固有エネルギーに対応する状態密度 (6.11) を，**熱力学的極限**と呼ばれる $L \to \infty$ の場合について求めよ．

方針 $L \to \infty$ の極限を考えることで，(6.11) 式の和を積分に置き換える．

【答案】 固有波数 k_n が $0 \leq k_n$ を満たし，その間隔が

$$\Delta k_n \equiv k_{n+1} - k_n = \frac{\pi}{L}$$

と一定であることを用いると，(6.11) 式の和が以下のように変形できる．

$$\begin{aligned}
D(\epsilon) &= \sum_n \delta(\epsilon - \varepsilon_n) \qquad \frac{1}{\Delta k_n}\Delta k_n \text{を挿入して} \frac{1}{\Delta k_n} = \frac{L}{\pi} \text{を用いる} \\
&= \frac{L}{\pi} \sum_n \Delta k_n \delta(\epsilon - \varepsilon_n) \qquad \text{和を積分で近似} \\
&= \frac{L}{\pi} \int_0^\infty dk_n \delta(\epsilon - \varepsilon_n) \qquad \text{変数変換：} k_n = \left(\frac{2m}{\hbar^2}\right)^{\frac{1}{2}} \sqrt{\varepsilon_n} \\
&= \frac{L}{\pi} \left(\frac{2m}{\hbar^2}\right)^{\frac{1}{2}} \int_0^\infty \frac{d\varepsilon_n}{2\sqrt{\varepsilon_n}} \delta(\epsilon - \varepsilon_n) \\
&= \frac{L}{2\pi} \left(\frac{2m}{\hbar^2}\right)^{\frac{1}{2}} \frac{\theta(\epsilon)}{\sqrt{\epsilon}}.
\end{aligned} \tag{6.12}$$

ただし，$\theta(\epsilon)$ は，(5.43) 式で定義された階段関数で，状態密度が $\epsilon > 0$ でのみ有限であることを明示している．■

ポイント 系が大きくなると，エネルギーがほぼ連続的に分布することを用いました．

(6.12) 式のように，長さ L の一次元有限領域を自由運動する粒子の状態密度は，低エネルギーで $\epsilon^{-\frac{1}{2}}$ のように発散します．また，境界条件が (6.3) と異なっても，状態密度は $\Delta k_n \to 0$ の極限で同じ形を持ちます（演習問題 6.1.1 参照）．一般に，系が非常に大きくなると，体系内の性質に与える境界の影響は無視できるようになります．

演習問題
A

6.1.1 重要 質量 m を持ち，ハミルトニアン

$$\widehat{\mathcal{H}} = \frac{\widehat{p}^2}{2m} \tag{6.13}$$

で記述される粒子の定常運動を考える．

(1) 対応するシュレーディンガー方程式 (6.1) を，周期的境界条件

$$\begin{aligned}\phi(0) &= \phi(L), \\ \phi'(0) &= \phi'(L)\end{aligned} \tag{6.14}$$

の下で解くと，固有関数 $\phi_n(x)$ と固有値 ε_n が，以下のように得られることを示せ．

$$\phi_n(x) = \frac{1}{\sqrt{L}} e^{ik_n x}, \qquad k_n = \frac{2n\pi}{L} \quad (n = 0, \pm 1, \pm 2, \pm 3, \cdots), \tag{6.15a}$$

$$\varepsilon_n = \frac{\hbar^2 k_n^2}{2m}. \tag{6.15b}$$

(2) 固有値 (6.15b) に対する状態密度 (6.11) を求め，結果が (6.12) 式と一致することを示せ．

6.1.2 重要 質量 m を持ち，一辺 L の立方体中を定常運動する自由粒子を考える．周期的境界条件を課すと，その固有エネルギーは，

$$\begin{aligned}\varepsilon_{\boldsymbol{k}} &= \frac{\hbar^2 k^2}{2m}, \\ \boldsymbol{k} &\equiv \frac{2\pi}{L}(n_1, n_2, n_3)\end{aligned} \tag{6.16}$$

と表せる．ただし n_j $(j = 1, 2, 3)$ は整数である．対応する状態密度

$$D(\epsilon) \equiv \sum_{\boldsymbol{k}} \delta(\epsilon - \varepsilon_{\boldsymbol{k}})$$

が，

$$D(\epsilon) = \frac{V}{4\pi^2} \left(\frac{2m}{\hbar^2}\right)^{\frac{3}{2}} \sqrt{\epsilon}\, \theta(\epsilon) \tag{6.17}$$

となることを示せ．ただし $\theta(\epsilon)$ は (5.43) 式で定義された階段関数，$V = L^3$ は系の体積である．

演習問題

━━ B ━━

6.1.3 一辺 L の d 次元立方体中を定常運動する自由粒子を考える $(d=1,2,\cdots)$. 周期的境界条件を課すと,その固有エネルギーは,

$$\varepsilon_k = \frac{\hbar^2 k^2}{2m}, \qquad \boldsymbol{k} \equiv \frac{2\pi}{L}(n_1, n_2, \cdots, n_d) \tag{6.18}$$

と表せる.ただし,n_j $(j=1,2,\cdots,d)$ は整数である.対応する状態密度

$$D(\epsilon) \equiv \sum_{\boldsymbol{k}} \delta(\epsilon - \varepsilon_{\boldsymbol{k}})$$

が,

$$D(\epsilon) = \frac{\pi^{\frac{d}{2}} L^d}{(2\pi)^d \, \Gamma\left(\dfrac{d}{2}\right)} \left(\frac{2m}{\hbar^2}\right)^{\frac{d}{2}} \epsilon^{\frac{d}{2}-1} \, \theta(\epsilon) \tag{6.19}$$

と表せることを示せ.ただし,d 次元球の体積は (5.44) 式で与えられる.また,階段関数 (5.43) とディラックのデルタ関数 (6.10) の間には,

$$\delta(x) = \frac{d\theta(x)}{dx} \tag{6.20}$$

の関係がある.

6.2 同種多粒子系の量子力学**
――置換対称性がもたらす帰結

> Contents
> Subsection ❶ 置換の基礎的事項
> Subsection ❷ 同種多粒子系の置換対称性
> Subsection ❸ 相互作用のない場合

> キーポイント
> 質量などの属性が同じである同種粒子は互いに区別できず，置換しても状態は変わらない．このことが，多粒子系のエネルギー構造に大きな影響を及ぼす．基本的な結果は (6.43)–(6.45) 式にまとめられている．それらを参照して，次の章へ進むことも可能である．

❶ 置換の基礎的事項

前節では一粒子系の量子力学を簡単に紹介し，一粒子エネルギーが量子化されることを見ました．その考察を発展させ，ここでは統計力学と関連の深い同種多粒子系の量子力学を扱います．同種多粒子系では，質量や電荷などの粒子の属性が同じことに由来する置換対称性が存在し，粒子を仮想的に入れ替えても状態は区別できません．この事実が多粒子系の量子力学に深遠な影響を及ぼすことになります．置換対称性とスピンとの関連についても説明します．

まず置換についての数学的背景をまとめておきます．[文献9] 円周上に，N 個の椅子が等間隔で配置され，時計回りに $i=1,2,\cdots,N$ の番号がつけられているものとします．**置換** (permutation) とは，それら N 個の席に座っている N 人の人が互いに席を入れ替える操作を意味し，その演算子 $\widehat{P}$ は

$$\widehat{P} \equiv \begin{pmatrix} 1 & 2 & 3 & \cdots & N \\ p_1 & p_2 & p_3 & \cdots & p_N \end{pmatrix} \tag{6.21}$$

と表すことができます．ここで，第二行目の p_i は，席 i に座っていた人が席 p_i に移ることを表します．従って，各 p_i は 1 から N までの中の一つの値をとり，それらの間に重複はありません．相異なる $\widehat{P}$ の数は $N!$ です．特に，人々が「巡回的」あるいは「玉突き状」に席を移動する置換を**巡回置換**と呼びます．この巡回置換の例を $N=4$ の場合について挙げます．

$$\begin{pmatrix} 1 & 2 & 3 & 4 \\ 4 & 3 & 1 & 2 \end{pmatrix} \equiv (1\,4\,2\,3). \tag{6.22}$$

最後の表式は簡略表現で, 席 1 に座っていた人が席 4 へ移り, 席 4 に座っていた人が席 2 へ移り, 席 2 に座っていた人が席 3 へ移り, 席 3 に座っていた人が席 1 へ移ることを意味します. 特に, $N=2$ の場合の巡回置換は**互換**と呼ばれ,

$$\widehat{P}_{12} \equiv \begin{pmatrix} 1 & 2 \\ 2 & 1 \end{pmatrix} \equiv (1\,2) \tag{6.23}$$

と表されます. 以下, 置換に関する基礎事項を列挙します.[文献9]

(i) 「任意の置換は独立な巡回置換の積として表せる.」例を一つ挙げます.

$$\widehat{P}_a \equiv \begin{pmatrix} 1 & 2 & 3 & 4 & 5 & 6 \\ 2 & 5 & 6 & 4 & 1 & 3 \end{pmatrix} \equiv (3\,6)(1\,2\,5). \tag{6.24}$$

このように, 恒等置換 (4) は書くのを省くことにします.

(ii) 「巡回置換は互換の積に書くことができる.」実際, 次式が成立します.

$$\begin{pmatrix} 1 & 2 & \cdots & k-2 & k-1 & k \\ 2 & 3 & \cdots & k-1 & k & 1 \end{pmatrix} = (1\,k)(1\,k-1)\cdots(1\,3)(1\,2).$$

ここで, 右辺における演算は, 右から左へと順に作用させるものとします. $k=4$ の場合について, この等式が成立していることを確かめてみてください.

(iii) 「任意の置換は互換の積に書くことができる.」これは, 上の (i) と (ii) からの当然の帰結です. 例えば, (6.24) 式の置換 $\widehat{P}_a$ は, 次のように表すことができます.

$$\widehat{P}_a = (3\,6)(1\,5)(1\,2)$$

(iv) 「各々の置換を互換の積で表したとき, 互換の数が偶数であるか奇数であるかは, 互換の仕方によらない.」例えば, 上の $\widehat{P}_a$ は奇数個の互換の積として表されています. そこで, ある置換を互換の積で表したとき, その数が奇数個になる置換を**奇置換**, 偶数個になる置換を**偶置換**と呼ぶことにします. 特に, 互換は奇置換です.

基本問題 6.3

次の置換を互換の積に分解し, 偶置換であるか奇置換であるかを明らかにせよ.

$$\widehat{P}_b \equiv \begin{pmatrix} 1 & 2 & 3 & 4 & 5 & 6 \\ 2 & 5 & 6 & 3 & 1 & 4 \end{pmatrix}.$$

方針 まず巡回置換の積に分解する.

【答案】 $\widehat{P}_b$ は次のように変形できる.

$$\widehat{P}_b = \begin{pmatrix} 1 & 2 & 3 & 4 & 5 & 6 \\ 2 & 5 & 6 & 3 & 1 & 4 \end{pmatrix} = (3\,6\,4)(1\,2\,5) = (3\,4)(3\,6)(1\,5)(1\,2).$$

従って, $\widehat{P}_b$ は偶置換である. ∎

❷同種多粒子系の置換対称性

同種粒子 N 個からなる多粒子系の置換対称性を考察します．まず，置換 $\widehat{P}$ の波動関数への作用を明確にすることから始めます．量子力学によると[5],[11]，粒子にはスピンという内部自由度が付随します．具体的に，注目する粒子のスピンの大きさが s とすると，スピン演算子の z 成分 $\widehat{s}_z$ の固有値 α は $\alpha = s, s-1, \cdots, -s$ の $2s+1$ 個あり，各々に縮退はありません．そして，任意の波動関数のスピン状態は，それら $2s+1$ 個の固有値に属する固有状態の線形結合で記述できます．例えば，電子は大きさ $s = \frac{1}{2}$ のスピンを持ち，その波動関数は，$\alpha = \pm\frac{1}{2}$ で区別される二つのスピン状態を取り得ます．そこで，このスピン"座標"α を空間座標 $\boldsymbol{r}$ と一緒にして，$\xi \equiv (\boldsymbol{r}, \alpha)$ と書くことにします．すると，N 粒子系の波動関数は，一般に

$$\Phi_\nu(\xi_1, \xi_2, \cdots, \xi_N) \tag{6.25}$$

と表せます．ただし，ν は N 粒子系の波動関数を指定する量子数です．そして，(6.21)式の置換 $\widehat{P}$ を Φ_ν に作用させることは，

$$\widehat{P}\Phi_\nu(\xi_1, \xi_2, \cdots, \xi_N) \equiv \Phi_\nu(\xi_{p_1}, \xi_{p_2}, \cdots, \xi_{p_N}) \tag{6.26}$$

を意味します．この定義式は，N 個の引数を持つ関数一般について成立します．

さて，同種多粒子系においては，質量などの粒子の属性が同じであるために，置換に関連した特別の対称性が備わっています．典型例として，ハミルトニアン

$$\widehat{\mathcal{H}} = \sum_{j=1}^{N} \frac{\widehat{\boldsymbol{p}}_j^2}{2m} + \sum_{i=1}^{N-1} \sum_{j=i+1}^{N} \mathcal{V}(|\boldsymbol{r}_i - \boldsymbol{r}_j|) \tag{6.27}$$

を考えます．ここで，$\widehat{\boldsymbol{p}}_j \equiv -i\hbar \boldsymbol{\nabla}_j$ は運動量演算子，$\mathcal{V}$ は粒子間の相互作用ポテンシャルです．対応する定常状態のシュレーディンガー方程式は，

$$\widehat{\mathcal{H}}\Phi_\nu(\xi_1, \xi_2, \cdots, \xi_N) = E_\nu \Phi_\nu(\xi_1, \xi_2, \cdots, \xi_N) \tag{6.28a}$$

と表せます．その左から置換演算子 $\widehat{P}$ を作用すると，

$$\widehat{P}\widehat{\mathcal{H}}\widehat{P}^{-1}\widehat{P}\Phi_\nu(\xi_1, \xi_2, \cdots, \xi_N) = E_\nu \widehat{P}\Phi_\nu(\xi_1, \xi_2, \cdots, \xi_N) \tag{6.28b}$$

が得られます．ただし，左辺のハミルトニアンのすぐ後に，恒等演算子 $\widehat{P}^{-1}\widehat{P}$ を挿入しました．そのようにして現れた演算子 $\widehat{P}\widehat{\mathcal{H}}\widehat{P}^{-1}$ に注目すると，ハミルトニアン (6.27) は，任意の置換 $\widehat{P}$ に対し，

$$\widehat{P}\widehat{\mathcal{H}}\widehat{P}^{-1} = \widehat{\mathcal{H}}$$

を満たします（基本問題 6.4 参照）．

6.2 同種多粒子系の量子力学

> **基本問題 6.4**
>
> $N=2$ の場合について,ハミルトニアン (6.27) が,
> $$\widehat{P}\widehat{\mathcal{H}}\widehat{P}^{-1} = \widehat{\mathcal{H}}$$
> を満たすことを示せ.

> **方針** 演算子の右側に波動関数があることを念頭に置換操作を行う.

【答案】 $N=2$ の場合の非自明な置換は,(6.23) 式の互換のみである.その場合について,以下のように変形する.

$$\widehat{P}_{12}\widehat{\mathcal{H}}\widehat{P}_{12}^{-1} = \widehat{P}_{12}\left\{\frac{\widehat{\boldsymbol{p}}_1^2}{2m} + \frac{\widehat{\boldsymbol{p}}_2^2}{2m} + \mathcal{V}(|\boldsymbol{r}_1 - \boldsymbol{r}_2|)\right\}\widehat{P}_{12}^{-1}$$

ハミルトニアンに $\widehat{P}_{12}$ を作用

$$= \left\{\frac{\widehat{\boldsymbol{p}}_2^2}{2m} + \frac{\widehat{\boldsymbol{p}}_1^2}{2m} + \mathcal{V}(|\boldsymbol{r}_2 - \boldsymbol{r}_1|)\right\}\widehat{P}_{12}\widehat{P}_{12}^{-1}$$
$$= \widehat{\mathcal{H}}\widehat{P}_{12}\widehat{P}_{12}^{-1}$$

$\widehat{P}_{12}\widehat{P}_{12}^{-1} = 1$ を用いる

$$= \widehat{\mathcal{H}}. \blacksquare$$

> **ポイント** このように,置換はハミルトニアンにおける和の順序を変えるのみで,ハミルトニアンそのものを不変に保ちます.

ここで，$\widehat{P}\widehat{\mathcal{H}}\widehat{P}^{-1}=\widehat{\mathcal{H}}$ を交換関係

$$\widehat{P}\widehat{\mathcal{H}}=\widehat{\mathcal{H}}\widehat{P} \tag{6.29}$$

へと書き換え，量子力学における保存則の議論と[文献[5], [11]]，線形代数における可換なエルミート行列に関する定理を思い起こすと[文献[3]]，次の二点が結論づけられます．(i) $\widehat{\mathcal{H}}$ に時間依存性がない場合には $\widehat{P}$ の期待値は時間変化しない．(ii) $\widehat{P}$ と $\widehat{\mathcal{H}}$ は同時対角化可能である．

置換 $\widehat{P}$ の固有値は次のように求められます．まず，構成単位である互換 (6.23) を考え，その固有値を σ とすると，$\widehat{P}_{12}^2$ は恒等演算子なので，$\sigma^2=1$ が成立します．これより $\sigma=\pm 1$ が結論されます．次に，一般の置換 (6.21) を考え，その固有値を σ^P と書くことにします．このことは，具体的に，

$$\widehat{P}\Phi_\nu(\xi_1,\xi_2,\cdots,\xi_N)=\sigma^P\Phi_\nu(\xi_1,\xi_2,\cdots,\xi_N) \tag{6.30}$$

と表現できます．ここで，「任意の置換 $\widehat{P}$ は互換の積として表すことができ，その互換の数の偶奇はその置換に固有である」という前節の (iv) を思い起こすと，σ^P が

$$\sigma^P\equiv\begin{cases} 1 & :偶置換 \\ \sigma & :奇置換 \end{cases} \tag{6.31}$$

と得られます．

同種多粒子系の波動関数は，任意の置換 $\widehat{P}$ の固有状態であることが実験から明らかになっています．従って，奇置換に対して不変であるか ($\sigma=1$)，符号を変えるか ($\sigma=-1$) の二種類に分類できます．また，その符号は，粒子の持つ全スピンの大きさ s と，次のように関連づけられます．

スピン・統計定理

$$\begin{aligned}s&=0,1,2,\cdots\quad(\text{整数})\quad\longleftrightarrow\quad\sigma=+1\quad(\text{ボーズ粒子})\\ s&=\tfrac{1}{2},\tfrac{3}{2},\tfrac{5}{2},\cdots\quad(\text{半整数})\quad\longleftrightarrow\quad\sigma=-1\quad(\text{フェルミ粒子})\end{aligned} \tag{6.32}$$

このように，奇置換に際して符号を変えない（変える）粒子をボーズ粒子（フェルミ粒子）と呼びます．そして，その区別は，粒子の持つスピンの大きさが整数か半整数か，という簡単な指標のみに依存します．

❸相互作用のない場合

以下では相互作用のない系に対してその固有関数をあらわに書き下しておきます．考察するハミルトニアンとして，具体的に次のものを考えます．

$$\widehat{\mathcal{H}}_0 \equiv \sum_{j=1}^{N} \left\{ \frac{\widehat{\boldsymbol{p}}_j^2}{2m} + U(\boldsymbol{r}_j) \right\}. \tag{6.33}$$

ここで，一粒子ハミルトニアンの固有値問題

$$\left\{ \frac{\widehat{\boldsymbol{p}}_1^2}{2m} + U(\boldsymbol{r}_1) \right\} \varphi_q(\xi_1) = \varepsilon_q \varphi_q(\xi_1) \tag{6.34}$$

が解けたとし，その固有関数 $\varphi_q(\xi) = \langle \xi | q \rangle$ が以下の完全規格直交関係を満たすものと仮定します．

$$\langle q | q' \rangle \equiv \int \varphi_q^*(\xi_1) \varphi_{q'}(\xi_1) d\xi_1 = \delta_{qq'}, \tag{6.35a}$$

$$\sum_q \varphi_q(\xi_1) \varphi_q^*(\xi_2) = \delta(\xi_1, \xi_2). \tag{6.35b}$$

ここで，q は，固有状態を指定する一組の量子数（quantum numbers）であり，また，

$$\int d\xi_1 \equiv \sum_{\alpha_1} \int d^3 r_1, \qquad \delta(\xi_1, \xi_2) \equiv \delta(\boldsymbol{r}_1 - \boldsymbol{r}_2) \delta_{\alpha_1 \alpha_2}$$

です．

次に，$\widehat{\mathcal{H}}_0$ の固有関数，すなわち相互作用のない N 粒子系の波動関数を得るため，一粒子波動関数の N 個の積

$$\widetilde{\Phi}_\nu(\xi_1, \xi_2, \cdots, \xi_N) \equiv \prod_{j=1}^{N} \langle \xi_j | q_j \rangle$$

から出発します．ここで，N 粒子状態を指定する左辺の量子数 ν は，右辺を構成する一粒子量子数 q_j の組であり，

$$\nu = (q_1, q_2, \cdots, q_N) \tag{6.36}$$

と表せます．そして，$\widehat{P}$ の固有空間への埋め込み作業を，

$$\sum_{\widehat{P}} \sigma^P \widehat{P} \widetilde{\Phi}_\nu(\xi_1, \xi_2, \cdots, \xi_N) = \sum_{\widehat{P}} \sigma^P \widetilde{\Phi}_\nu(\xi_{p_1}, \xi_{p_2}, \cdots, \xi_{p_N})$$

と行います．すると，正しい置換対称性を持った波動関数が以下のように得られます．

$$\Phi_\nu(\xi_1, \xi_2, \cdots, \xi_N) = \frac{A_N}{N!} \sum_{\widehat{P}} \sigma^P \langle \xi_{p_1} | q_1 \rangle \langle \xi_{p_2} | q_2 \rangle \cdots \langle \xi_{p_N} | q_N \rangle$$

$$= \frac{A_N}{N!} \sum_{\widehat{P}} \sigma^P \langle \xi_1 | q_{p_1} \rangle \langle \xi_2 | q_{p_2} \rangle \cdots \langle \xi_N | q_{p_N} \rangle. \tag{6.37}$$

ここで A_N は規格化定数です．また，第二の等式では，$\widehat{P}$ がエルミート演算子であるこ

とを用いて，置換操作の対象を座標から固有状態に変えました．この Φ_ν は，ハミルトニアン (6.33) の固有関数で，その固有値 E_ν は

$$E_\nu = \sum_{j=1}^{N} \varepsilon_{q_j} \tag{6.38}$$

と表せます（基本問題 6.5 参照）．

コラム 粒子とスピン

　電子，陽子，中性子などはいずれもスピン $\frac{1}{2}$ を持つフェルミ粒子です．一方，ボーズ粒子としては，スピン 1 を持つ光子があります．また，複合粒子である水素原子は，陽子 1 個と電子 1 個からなっており，その全スピンは，スピンの合成則より，1 あるいは 0 の整数値を取るため，全体としてボーズ粒子の振舞いをします．面白いのはヘリウムで，安定な ^{4}He の他に，^{3}He という同位体が存在します．電子と陽子は共に 2 個ずつで電気的に中性ですが，中性子の数が ^{4}He は 2 個，^{3}He は 1 個と異なります．電子，陽子，中性子は全てスピン $s = \frac{1}{2}$ を持ちます．従って，それらの総数が 6 個の ^{4}He はボーズ粒子，5 個の ^{3}He は半整数スピンを持つフェルミ粒子です．この違いに起因して，集団としての ^{4}He と ^{3}He は，低温で全く異なった挙動を示すことが知られています．一般に，電子と陽子の数が同じである中性原子は，中性子の数の偶奇により，それぞれボーズ粒子とフェルミ粒子に分類されます．

基本問題 6.5

波動関数 (6.37) がハミルトニアン (6.33) の固有関数で，その固有値が (6.38) 式で与えられることを示せ．

方針　$\widehat{\mathcal{H}}_0$ を (6.37) 式に作用し，(6.34) 式を用いて変形する．

【答案】$\widehat{\mathcal{H}}_0$ を (6.37) 式に作用し，(6.34) 式と「一粒子エネルギーの総和は置換に関して不変である」ことを用いて次のように変形する．

$$\widehat{\mathcal{H}}_0 \Phi_\nu(\xi_1, \xi_2, \cdots, \xi_N)$$
$$= \frac{A_N}{N!} \sum_{\widehat{P}} \sigma^P (\varepsilon_{q_{p_1}} + \cdots + \varepsilon_{q_{p_N}}) \langle \xi_1 | q_{p_1} \rangle \langle \xi_2 | q_{p_2} \rangle \cdots \langle \xi_N | q_{p_N} \rangle$$
$$\varepsilon_{q_{p_1}} + \cdots + \varepsilon_{q_{p_N}} = \varepsilon_{q_1} + \cdots + \varepsilon_{q_N}$$
$$= (\varepsilon_{q_1} + \cdots + \varepsilon_{q_N}) \frac{A_N}{N!} \sum_{\widehat{P}} \sigma^P \langle \xi_1 | q_{p_1} \rangle \langle \xi_2 | q_{p_2} \rangle \cdots \langle \xi_N | q_{p_N} \rangle$$
$$= (\varepsilon_{q_1} + \cdots + \varepsilon_{q_N}) \Phi_\nu(\xi_1, \xi_2, \cdots, \xi_N). \blacksquare$$

ポイント　総和への置換操作は，和の順序を変えるのみです．

フェルミ粒子系（$\sigma = -1$）の場合，(6.37) 式は行列式の定義に外ならず，

$$\Phi_\nu^{(\mathrm{F})}(\xi_1, \xi_2, \cdots, \xi_N) = \frac{A_N^{(\mathrm{F})}}{N!} \det \begin{bmatrix} \langle \xi_1 | q_1 \rangle & \cdots & \langle \xi_1 | q_N \rangle \\ \vdots & & \vdots \\ \langle \xi_N | q_1 \rangle & \cdots & \langle \xi_N | q_N \rangle \end{bmatrix} \tag{6.39}$$

と表すことができます。[文献9] この一粒子波動関数を要素とする行列式は，**スレーター行列式**と呼ばれています。そして，行列式の性質から，$(q_1, \cdots, q_N)$ もしくは $(\xi_1, \cdots, \xi_N)$ のなかに同一のものがあると，$\Phi_\nu^{(\mathrm{F})} = 0$ となることが結論されます。これは，「二個の同種粒子が同時に同じ一粒子状態もしくは（スピンも含めた）同じ一粒子座標を占めることはできない」という**パウリ原理**に他なりません。このように，パウリ原理は実際は「原理」ではなく，同種粒子系の置換対称性に起因する性質です。規格化定数 $A_N^{(\mathrm{F})}$ は，q_j が全て異なることに注意すると，以下のように計算できます。

$$\begin{aligned} 1 &= \int d\xi_1 \cdots \int d\xi_N |\Phi_\nu^{(\mathrm{F})}(\xi_1, \cdots, \xi_N)|^2 \\ &= \frac{(A_N^{(\mathrm{F})})^2}{(N!)^2} \sum_{\widehat{P}} \sum_{\widehat{P}'} (-1)^{P'+P} \prod_{j=1}^{N} \langle q_{p'_j} | q_{p_j} \rangle \\ &= \frac{(A_N^{(\mathrm{F})})^2}{(N!)^2} \sum_{\widehat{P}} \sum_{\widehat{P}'} (-1)^{P'+P} \prod_{j=1}^{N} \delta_{p'_j p_j} \\ &= \frac{(A_N^{(\mathrm{F})})^2}{(N!)^2} \sum_{\widehat{P}} \sum_{\widehat{P}'} (-1)^{P'+P} \delta_{\widehat{P}' \widehat{P}} \\ &= \frac{(A_N^{(\mathrm{F})})^2}{(N!)^2} N!. \end{aligned}$$

これから，

$$A_N^{(\mathrm{F})} = \sqrt{N!} \tag{6.40}$$

が得られます。

一方，ボーズ粒子系（$\sigma = 1$）の場合には，同一の q_j に複数個の粒子が入ることが可能になります。ここでは ν として，q_1 に n_1 個，q_2 に n_2 個，$\cdots$，q_ℓ に n_ℓ 個の粒子が存在する場合，すなわち，

$$\nu = (\underbrace{q_1, \cdots, q_1}_{n_{q_1}}, \underbrace{q_2, \cdots, q_2}_{n_{q_2}}, \cdots, \underbrace{q_\ell, \cdots, q_\ell}_{n_{q_\ell}}), \quad \sum_{j=1}^{\ell} n_{q_j} = N \tag{6.41}$$

の場合を考えます。波動関数は再び $\sigma = 1$ の (6.37) 式で与えられ，q_{p_j} は (6.41) 式の ν の置換です。対応する規格化定数は以下のように計算できます。

$$1 = \int d\xi_1 \cdots \int d\xi_N |\Phi_\nu^{(\mathrm{B})}(\xi_1,\cdots,\xi_N)|^2$$

$$= \frac{(A_N^{(\mathrm{B})})^2}{(N!)^2} \sum_{\widehat{P'}} \sum_{\widehat{P}} \prod_{j=1}^N \langle q_{p'_j}|q_{p_j}\rangle$$

$\widehat{P'}$ が恒等置換の場合を考えて結果を $N!$ 倍する

$$= \frac{(A_N^{(\mathrm{B})})^2}{(N!)^2} N! \sum_{\widehat{P}} \prod_{j=1}^N \langle q_j|q_{p_j}\rangle$$

$$= \frac{(A_N^{(\mathrm{B})})^2}{N!} n_1! n_2! \cdots n_\ell!.$$

これより，ボーズ粒子系の規格化定数が

$$A_N^{(\mathrm{B})} = \frac{\sqrt{N!}}{\sqrt{n_1! n_2! \cdots n_\ell!}} \tag{6.42}$$

と求まります．

　以上の結果をまとめると，次のようになります．相互作用のないボーズ粒子系とフェルミ粒子系のエネルギー E_ν と粒子数 N は，統一的に

$$E_\nu = \sum_q \varepsilon_q n_q, \tag{6.43a}$$

$$N = \sum_q n_q \tag{6.43b}$$

と表すことができます．ここで ε_q は一粒子状態 q のエネルギーを表し，また n_q はその占有数です．多粒子系を指定する量子数 ν は，各一粒子状態 q の占有数 n_q の組に一対一対応し，改めて以下のように表現できます．

$$\nu = (n_{q_1}, n_{q_2}, n_{q_3}, n_{q_4}, \cdots) \equiv \{n_q\}. \tag{6.44}$$

従って，この ν には粒子数の情報も含まれていることになります．

　可能な n_q の値は，ボーズ粒子系とフェルミ粒子系によって異なり，

$$n_q = \begin{cases} 0,1,2,3,\cdots & : \text{ボーズ粒子}\ (s=0,1,2,\cdots) \\ 0,1 & : \text{フェルミ粒子}\ (s=\frac{1}{2},\frac{3}{2},\cdots) \end{cases} \tag{6.45}$$

と表せます．ここで s は考察している粒子のスピンの大きさです．フェルミ粒子系で n_q の上限値が 1 に制限される事実は，**パウリ原理**と呼ばれます．

　相互作用のない多粒子状態 (6.44) は，図 6.1 のように，一粒子エネルギー ε_q の準位をその低い順に下から線分で表し，その線上に占有粒子を置いて可視化できます．一粒子エネルギーがスピンに依存しない場合には，スピン縮重を同一水平面上の $(2s+1)$ 本の線分で表すかわりに，スピンの種類を記号で区別することもよく行われます．典型例と

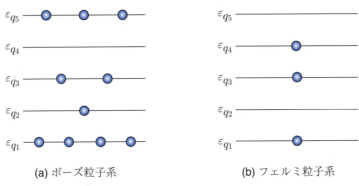

図 6.1 相互作用のない多粒子状態の例．それぞれの状態は，
(a) $\nu = (4, 1, 2, 0, 3, \cdots)$，および，(b) $\nu = (1, 0, 1, 1, 0, \cdots)$
と表せる．

して，$s = \frac{1}{2}$ の場合には，異なる z 成分 $\alpha = \frac{1}{2}, -\frac{1}{2}$ を持つ粒子を，それぞれ↑および↓で区別して表します（演習問題 6.2.3）．

ここでは相互作用のない場合のみを考察しましたが，置換対称性を取り込むより便利な方法として**第二量子化法**があり[12]，相互作用のある系を統計力学的に考察する場合に広く用いられています．

演習問題

A

6.2.1 [重要] 同種粒子 N 個からなる理想気体がある．
(1) 系の全エネルギー E と全粒子数 N を，一粒子状態のエネルギー ε_q とその占有数 n_q を用いて表せ．ただし，q は一粒子状態を指定する量子数である．
(2) ボーズ粒子とフェルミ粒子の区別と，粒子の全スピンの大きさとの関係を述べよ．
(3) ボーズ粒子系とフェルミ粒子系の区別と，N 粒子波動関数の置換対称性の関係を述べよ．
(4) ボーズ粒子系とフェルミ粒子系のそれぞれにおいて，占有数 n_q としてどのような値が許されるか．

6.2.2 [重要] リチウム原子の安定な同位体には，^{6}Li と ^{7}Li がある．それぞれについて，(i) 電子・陽子・中性子の数，(ii) ボーズ粒子かフェルミ粒子かの区別，を明らかにせよ．

6.2.3 スピンの大きさが $s = \frac{1}{2}$ の同種フェルミ粒子からなる理想気体がある．その一粒子エネルギー準位 ε_j ($j = 1, 2, \cdots$) は，スピンによらず，$\varepsilon_1 < \varepsilon_2 < \varepsilon_3 < \cdots$ の構造を持つことがわかっている．$\hat{s}_z$ の固有値 $\alpha = \frac{1}{2}$ を持つ粒子と $\alpha = -\frac{1}{2}$ を持つ粒子をそれぞれ↑と↓で区別し，占有数が

$$\nu_\uparrow = (1, 0, 1, 1, 0, 0, 1, \cdots),$$
$$\nu_\downarrow = (0, 1, 0, 1, 1, 0, 1, \cdots)$$

の状態を図 6.1 にならって可視化せよ．

第7章
量子系への適用

　この章では，量子力学に従う相互作用のない多粒子系を考察し，基本的な熱力学量を計算します．具体的に取り上げる系は，単原子分子の理想ボーズ粒子系とフェルミ粒子系，光子気体，フォノン気体などです．グランドカノニカル分布を用いた統計力学的計算を行って，同種多粒子系の置換対称性が，熱力学的な観測量に顕著に現れることを理解します．

7.1 フェルミ分布とボーズ分布**
―― 熱力学的性質のスピン依存性

> **Subsection ❶ ボーズ分布とフェルミ分布**

> **キーポイント**
> グランドカノニカル分布を用いた統計力学的計算に習熟する．スピンの大きさに依存した置換対称性の違いが，同種多粒子系の熱力学的性質に顕著に現れることを理解する．

❶ ボーズ分布とフェルミ分布

前章の (6.43) 式にまとめられているように，相互作用のない同種多粒子系の全エネルギー E_ν と粒子数 $\mathcal{N}_\nu$ は，一粒子固有エネルギー ε_q とその占有数 n_q を用いて，それぞれ

$$E_\nu = \sum_q n_q \varepsilon_q, \qquad \mathcal{N}_\nu = \sum_q n_q \tag{7.1a}$$

と表すことができます．ただし，q は一粒子状態を指定する量子数です．また，多粒子状態 ν は，各一粒子状態 $(q_1, q_2, q_3, \cdots)$ を占める粒子数の組 $\{n_q\}_q$ で完全に指定され，具体的に $\nu = (n_{q_1}, n_{q_2}, n_{q_3}, \cdots)$ のように表せます．さらに，各々の n_q は，粒子のスピンの大きさ s が整数か半整数かにより，

$$n_q = \begin{cases} 0, 1, 2, \cdots & : \text{ボーズ粒子 } (\sigma = 1) \\ 0, 1 & : \text{フェルミ粒子 } (\sigma = -1) \end{cases} \tag{7.1b}$$

と，取り得る値が異なります．ただし，σ は互換演算子 (6.23) の固有値です．

ここでは，この量子系に 4.2 節における統計力学の定式化を適用し，基本的な熱力学量と一粒子状態の占有数期待値の表式を導きます．用いるのはグランドカノニカル集団の方法 (4.21) です．これは技術的理由によります．すなわち，ミクロカノニカル分布のエネルギー一定条件 $E_\nu = U$ と粒子数一定条件 $\mathcal{N}_\nu = N$，および，カノニカル分布の粒子数一定条件 $\mathcal{N}_\nu = N$ は，数学的に扱いにくいからです．

グランドカノニカル集団の最も基本的な物理量は大分配関数 (4.21b) で，(7.1) 式を代入して変形すると，

$$Z_\mathrm{G} = \prod_q \left\{ 1 - \sigma e^{-\beta(\varepsilon_q - \mu)} \right\}^{-\sigma} \tag{7.2}$$

が得られます（基本問題 7.1 参照）．

基本問題 7.1　　　　　　　　　　　　　　　　　　　　　　　　　　　　　　重要

エネルギー固有値 E_ν と粒子数固有値 $\mathcal{N}_\nu$ が (7.1) 式で与えられる系がある．この系の大分配関数 (4.21b) が，(7.2) 式のように表せることを示せ．

方針　全ての組合せ $\{n_q\}_q$ に関する和を各 n_q についての和の積で表す．

【答案】　(7.1a) 式を大分配関数の一般的表式 (4.21b) に代入し，状態 ν に関する和を次のように実行する．

$$\begin{aligned}
Z_G &= \sum_\nu e^{-\beta(E_\nu - \mu \mathcal{N}_\nu)} \qquad \text{(7.1a) 式を代入} \\
&= \sum_{\{n_q\}_q} e^{-\beta \sum_q (\varepsilon_q - \mu) n_q} \qquad e^{a+b+c+\cdots} = e^a e^b e^c \text{ を用いる} \\
&= \left(\sum_{n_1} \sum_{n_2} \cdots \right) e^{-\beta(\varepsilon_1 - \mu) n_1 - \beta(\varepsilon_2 - \mu) n_2 \cdots} \\
&= \sum_{n_1} e^{-\beta(\varepsilon_1 - \mu) n_1} \sum_{n_2} e^{-\beta(\varepsilon_2 - \mu) n_2} \cdots \\
&= \prod_q \sum_{n_q} e^{-\beta(\varepsilon_q - \mu) n_q}
\end{aligned}$$

　　　　　　　　n_q についての和を (7.1b) 式に従って実行

$$= \begin{cases} \prod_q \left\{ 1 + e^{-\beta(\varepsilon_q - \mu)} + e^{-2\beta(\varepsilon_q - \mu)} + \cdots \right\} & : \sigma = +1 \text{（ボーズ粒子系）} \\ \prod_q \left\{ 1 + e^{-\beta(\varepsilon_q - \mu)} \right\} & : \sigma = -1 \text{（フェルミ粒子系）} \end{cases}$$

$$= \prod_q \left\{ 1 - \sigma e^{-\beta(\varepsilon_q - \mu)} \right\}^{-\sigma}.$$

よって示された．なお，「一粒子占有数の組合せ $\{n_q\}_q$ についての総和」が「各 n_q の可能な値についての和の積」に等しいことは，例えば状態数が二つだけのフェルミ粒子系の場合，具体的に

$$\sum_{\{n_1, n_2\}} e^{-n_1 x_1 - n_2 x_2} = 1 + e^{-x_1} + e^{-x_2} + e^{-x_1 - x_2} = (1 + e^{-x_1})(1 + e^{-x_2})$$

と確かめられる．この等式が n_j の上限値や状態数によらず成り立つことは，それらを変えて確認できる．■

ポイント　グランドカノニカル集団では全粒子数が変化し得ることを用いて，状態についての和の取り方を変更して計算を行いました．量子統計力学における基本的テクニックの一つなので，しっかり身につけて使えるようにしましょう．

次に，熱力学量の計算に移ります．(7.2) 式より，グランドポテンシャル $\Omega = -\frac{1}{\beta} \ln Z_\mathrm{G}$ が

$$\Omega = \frac{\sigma}{\beta} \sum_q \ln \left\{ 1 - \sigma e^{-\beta(\varepsilon_q - \mu)} \right\}$$
$$= \frac{\sigma}{\beta} \int_{-\infty}^{\infty} D(\epsilon) \ln \left\{ 1 - \sigma e^{-\beta(\epsilon - \mu)} \right\} d\epsilon \tag{7.3}$$

と求まります．第二の等号では，後の便宜上，状態密度

$$D(\epsilon) \equiv \sum_q \delta(\epsilon - \varepsilon_q) \tag{7.4}$$

を使って表しました．さらに，粒子数 N と内部エネルギー U が，(4.22) 式を用いて次のように求まります（演習問題 7.1.1）．

$$N = \sum_q \overline{n}(\varepsilon_q) = \int_{-\infty}^{\infty} D(\epsilon) \overline{n}(\epsilon) d\epsilon, \tag{7.5}$$

$$U = \sum_q \varepsilon_q \overline{n}(\varepsilon_q) = \int_{-\infty}^{\infty} D(\epsilon) \epsilon \overline{n}(\epsilon) d\epsilon. \tag{7.6}$$

ただし，関数 $\overline{n}(\epsilon)$ は，

$$\overline{n}(\epsilon) \equiv \frac{1}{e^{\beta(\epsilon - \mu)} - \sigma} \qquad (\sigma = \pm 1) \tag{7.7}$$

で与えられ，「エネルギー ϵ を持つ一粒子状態を占有する平均粒子数」という物理的意味を持ちます．実際，(7.1a) 式の $\mathcal{N}_\nu$ と E_ν を形式的に平均操作すると，それぞれ (7.5) 式と (7.6) 式が得られます．(7.7) 式で，$\sigma = 1$ の場合を**ボーズ分布**，$\sigma = -1$ の場合を**フェルミ分布**と呼びます．高温では，二つの分布は同じ表式

$$\overline{n}(\epsilon) \approx e^{-\beta(\epsilon - \mu)}$$

へと移行します（演習問題 7.1.2）．この分布 $\overline{n}(\epsilon) \approx e^{-\beta(\epsilon-\mu)}$ は，**マクスウェル‐ボルツマン分布**と呼ばれています．

エントロピーは，熱力学関係式 $S = -\frac{\partial \Omega}{\partial T}$ に (7.3) 式を代入して変形することで，

$$S = k_\mathrm{B} \int_{-\infty}^{\infty} D(\epsilon) \left\{ -\overline{n} \ln \overline{n} + \sigma(1 + \sigma \overline{n}) \ln(1 + \sigma \overline{n}) \right\} d\epsilon \tag{7.8}$$

と得られます（演習問題 7.1.3）．ただし，見やすくするため，$\overline{n}(\epsilon)$ の ϵ 依存性を省略しました．

導出した表式について，コメントを三つ加えます．第一に，相互作用のない系の熱力学量は，(7.3), (7.5), (7.6), (7.8) 式から明らかなように，状態密度 (7.4) と分布関数 (7.7) のみを用いて表現できます．また，系の具体的な特徴は，全て $D(\epsilon)$ に含まれています．従って，理想気体の統計力学においては，一粒子エネルギー ε_q の詳細な表式は不要で，

それらがエネルギー軸上にどのように分布しているかが重要なのです．第二に，これらの表式は，体積 V が独立変数として適切でない場合にも有効です．そのような例としては，粒子が調和振動子型ポテンシャルで捕捉された冷却原子気体の系が挙げられます．第三に，(7.5) 式は，N を与えて $\mu = \mu(T, N)$ を決める方程式と見なすこともできます．それを解いて求めた $\mu = \mu(T, N)$ をグランドポテンシャル $\Omega(T, \mu)$ の μ に代入することで，独立変数を μ から N に変更することができます．

演習問題

A

7.1.1 重要　グランドポテンシャルが (7.3) 式で与えられる系について，以下の問いに答えよ．
(1) 粒子数の期待値 N が，(7.5) 式のように表せることを示せ．
(2) 内部エネルギー U が，(7.6) 式のように表せることを示せ．

7.1.2 重要　分布関数 (7.7) が，高温において，マクスウェル - ボルツマン分布 $\overline{n}(\epsilon) \approx e^{-\beta(\epsilon - \mu)}$ で近似できることを示せ．

B

7.1.3 重要　グランドポテンシャルが (7.3) 式で与えられる系について，エントロピーが (7.8) 式のように表せることを示せ．

7.1.4 ボーズ分布・フェルミ分布が関与する量子理想気体の統計力学では，次の積分が頻繁に現れる．

$$I_\sigma(x) \equiv \int_0^\infty \frac{u^{x-1}}{e^u - \sigma} du \qquad (x > 0;\ \sigma = \pm 1). \tag{7.9a}$$

この積分が，次のように表せることを示せ．

$$I_\sigma(x) = \begin{cases} \Gamma(x)\zeta(x) & : \sigma = 1 \\ \left(1 - \dfrac{1}{2^{x-1}}\right)\Gamma(x)\zeta(x) & : \sigma = -1 \end{cases}. \tag{7.9b}$$

ここで，$\Gamma(x)$ は (5.46) 式で与えられるガンマ関数，また，$\zeta(x)$ は

$$\zeta(x) \equiv \sum_{n=1}^\infty \frac{1}{n^x} \tag{7.10}$$

で定義されたリーマンゼータ関数である．

7.2 光子気体とフォノン気体**
──質量ゼロの理想ボース気体

Contents
- Subsection ❶ 光子の状態密度
- Subsection ❷ 光子気体の内部エネルギー

キーポイント

物質との相互作用で粒子数が変化する光子気体は，質量と化学ポテンシャルがゼロの理想ボース気体と見なすことができる．量子化された格子振動であるフォノンの統計力学も，光子気体とほぼ同様に議論できる．

❶ 光子の状態密度

例えば太陽や溶けた鉄のように，高温の物体から発せられる光のスペクトルは，光子気体の熱平衡状態からの輻射として記述できます．歴史的にも，それらの温度を正確に測るための研究から，量子論の発端となったプランクの光量子仮説が生まれました．また，二十世紀後半には，宇宙背景放射が観測されて温度 2.7 K のプランクの公式（＝光子のボーズ分布）で記述できることが確認され，ビッグバン宇宙論に強力な支持を与えました．

光子は質量がゼロでスピンが 1 のボーズ粒子です．スピン演算子 $\hat{s}$ の運動量方向の成分

$$\hat{s}_p \equiv \hat{s} \cdot \frac{p}{|p|}$$

の固有値は，ヘリシティと呼ばれ，±1 の値のみを取り得ます．光子のエネルギー ε と振動数 ν は，アインシュタインの関係

$$\varepsilon = h\nu$$

で結ばれています（$h \equiv 2\pi\hbar$）．また振動数は，

$$\nu = \frac{c}{\lambda} = \frac{ck}{2\pi}$$

のように，光速 c，波長 λ，波数 $k \equiv \frac{2\pi}{\lambda}$ を用いて書き換えられます．以上をまとめると，アインシュタインの関係は，

$$\varepsilon = h\nu = \frac{hc}{\lambda} = \hbar ck \tag{7.11}$$

と三通りに表せます．同じ振動数を持つ光子の自由度は 2 で，ヘリシティの二つの固有値に由来し，古典的には光が自由度 2 の横波であることに対応しています．以上が光子の基本的な性質です．

光子の状態密度を求めるため，一辺 L の立方体中の光子を考え，周期境界条件を採用します．すると，波数ベクトル $\bm{k}$ は，自由粒子の場合 (6.16) と同じく，

$$\bm{k} = \frac{2\pi}{L}(n_1, n_2, n_3) \tag{7.12}$$

と表せます．ただし n_j $(j=1,2,3)$ は整数です．対応する状態密度 $D(\epsilon)$ は，(6.17) 式と同様に計算できます．違いは，(i) 光子のエネルギーが $\varepsilon_{\bm{k}} = \hbar c k$ と波数 k に比例すること，および (ii) 自由度が 2 であることの二点です．これらに注意すると，光子の状態密度が

$$D(\epsilon) \equiv 2 \sum_{\bm{k}} \delta(\epsilon - \varepsilon_{\bm{k}}) = \frac{8\pi V}{(hc)^3} \epsilon^2 \, \theta(\epsilon) \tag{7.13}$$

と得られます．ただし，$V=L^3$ は系の体積で，$\theta(x)$ は階段関数 (5.43) です．

基本問題 7.2 【重要】

(7.11) 式と (7.12) 式を用いて，光子の一粒子エネルギー状態密度が (7.13) 式のように表せることを示せ．

方針 $L \to \infty$ の極限を考えることで，$\bm{k}$ についての和を積分に置き換える．

【答案】 (7.12) 式の $\bm{k}$ は，各方向で一定の間隔 $\Delta k \equiv \frac{2\pi}{L}$ で分布している．このことと光子の自由度が 2 であることを用いると，状態密度が次のように計算できる．

$$\begin{aligned}
D(\epsilon) &= 2 \sum_{\bm{k}} \delta(\epsilon - \varepsilon_{\bm{k}}) \\
&= \frac{2}{(\Delta k)^3} \sum_{\bm{k}} (\Delta k)^3 \delta(\epsilon - \varepsilon_{\bm{k}}) \qquad \text{和を積分に変換} \\
&= 2 \left(\frac{L}{2\pi}\right)^3 \int d^3k \, \delta(\epsilon - \varepsilon_{\bm{k}}) \qquad \text{極座標に変換（角度積分} \to 4\pi) \\
&= 2 \frac{V}{(2\pi)^3} 4\pi \int_0^\infty dk \, k^2 \delta(\epsilon - \varepsilon_{\bm{k}}) \qquad (7.11) \text{ 式に基づく変数変換：} k = \frac{\varepsilon_{\bm{k}}}{\hbar c} \\
&= \frac{V}{\pi^2} \int_0^\infty d\varepsilon_{\bm{k}} \frac{\varepsilon_{\bm{k}}^2}{(\hbar c)^3} \delta(\epsilon - \varepsilon_{\bm{k}}) \\
&= \frac{V}{\pi^2 (\hbar c)^3} \epsilon^2 \, \theta(\epsilon) = \frac{8\pi V}{(hc)^3} \epsilon^2 \, \theta(\epsilon). \; \blacksquare
\end{aligned}$$

ポイント 光子のエネルギーと波数の関係は $\varepsilon_{\bm{k}} = \hbar c k$ で，自由粒子の関係 $\varepsilon_{\bm{k}} = \frac{\hbar^2 k^2}{2m}$ とは k の冪指数が異なります．この違いが状態密度にも現れます．演習問題 6.1.2 の結果と比較して見てください．

❷ 光子気体の内部エネルギー

以上の結果を用いて，光子気体の熱力学量を計算します．ヘルムホルツ自由エネルギー F は，熱力学関係式

$$dF = -S\,dT - P\,dV + \mu\,dN$$

に従います．一方，光電効果を思い起こすとわかるように，光子には，物質と相互作用して生成・消滅するという性質があり，光子数 N は可変量です．従って，熱平衡状態における N は，極値条件 $\frac{\partial F}{\partial N} = 0$ で決まることになります．これより，光子気体について

$$\mu = 0 \tag{7.14}$$

が成立すると結論できます．(7.14) 式をグランドポテンシャルとヘルムホルツ自由エネルギーの一般的関係 $\Omega = F - \mu N$ に代入すると，光子気体では

$$\Omega = F$$

が成立することもわかります．

基本問題 7.3 　　　　　　　　　　　　　　　　　　　　　　　　　　**重要**

光子気体に関する以下の問いに答えよ．

(1) (7.6), (7.9), (7.13), (7.14) 式を用いて，内部エネルギー U の表式を求めよ．ただし，$\Gamma(4) = 3!$, $\zeta(4) = \frac{\pi^4}{90}$ である．

(2) 光子気体の内部エネルギーは，波長 λ に関する積分

$$U = V \int_0^\infty u(\lambda)\,d\lambda$$

としても表せる．その被積分関数 $u(\lambda)$ の表式を求めよ．

方針 　(7.14) 式を (7.6) 式に代入し，積分の計算と変数変換 $\epsilon \to \lambda$ を行う．

【答案】(1) (7.14) 式を (7.6) 式に代入し，次のように計算を行う．

$$\begin{aligned}
U &= \int_{-\infty}^{\infty} \frac{D(\epsilon)\epsilon}{e^{\beta\epsilon} - 1}\,d\epsilon && \text{(7.13) 式を代入} \\
&= \frac{8\pi V}{(hc)^3} \int_0^\infty \frac{\epsilon^3}{e^{\beta\epsilon} - 1}\,d\epsilon && \text{変数変換：} x = \beta\epsilon \\
&= \frac{8\pi V (k_B T)^4}{(hc)^3} \int_0^\infty \frac{x^3}{e^x - 1}\,dx && \text{(7.9) 式を用いる} \\
&= \frac{8\pi V (k_B T)^4}{(hc)^3} \Gamma(4)\zeta(4).
\end{aligned}$$

最後の表式に $\Gamma(4)\zeta(4) = \frac{\pi^4}{15}$ の値を代入すると，光子気体の内部エネルギーが，

$$U = \frac{8\pi^5 k_B^4}{15(hc)^3} V T^4 \tag{7.15}$$

と得られる．

(2) (7.11) 式を用いて (1) の ϵ 積分を波長積分に変形すると

$$U = \frac{8\pi V}{(hc)^3} \int_0^\infty \frac{\epsilon^3}{e^{\beta\epsilon} - 1} d\epsilon \qquad \text{変数変換：} \epsilon = \frac{hc}{\lambda}$$

$$= \frac{8\pi V}{(hc)^3} \int_\infty^0 \frac{\left(\frac{hc}{\lambda}\right)^3}{\exp\left(\frac{\beta hc}{\lambda}\right) - 1} \left(-\frac{hc}{\lambda^2} d\lambda\right) \qquad \text{積分の上下限を入れ換え}$$

$$= 8\pi hc V \int_0^\infty \frac{1}{\lambda^5 \left\{\exp\left(\frac{\beta hc}{\lambda}\right) - 1\right\}} d\lambda.$$

従って，$u(\lambda)$ が

$$u(\lambda) = \frac{8\pi hc}{\lambda^5} \frac{1}{\exp\left(\frac{\beta hc}{\lambda}\right) - 1} \tag{7.16}$$

と得られる．■

ポイント ボーズ分布が関わる積分の問題です．

(7.15) 式のように，熱平衡状態にある光子気体の内部エネルギーは T^4 に比例します．これは**シュテファン - ボルツマンの法則**と呼ばれます．一方，(7.16) 式は，波長が λ と $\lambda + d\lambda$ の間にある成分の単位体積当りの内部エネルギーという意味を持ちます．これが，量子論の発端となった有名な**プランクの公式**です．図 7.1 には，いくつかの温度におけ

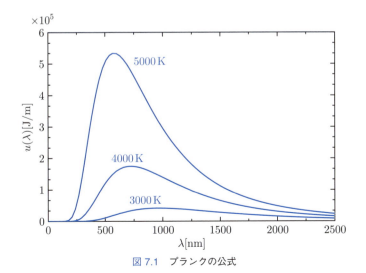

図 7.1　プランクの公式

る $u(\lambda)$ を描きました.いずれの場合にも,$u(\lambda)$ がある波長で最大となっています.この最大値を与える波長 $\lambda = \lambda_{\max}$ の温度依存性を明らかにしましょう.(7.16) 式の $u(\lambda)$ は,$x \equiv \frac{hc}{\lambda k_B T}$ を変数として

$$u(\lambda) = \frac{8\pi (k_B T)^5}{(hc)^4} g(x), \qquad g(x) \equiv \frac{x^5}{e^x - 1}$$

と表せ,その λ 依存性は全て $g(x)$ に含まれます.従って,与えられた温度において $u(\lambda)$ に最大値を与える波長 $\lambda = \lambda_{\max}$ は,極値条件 $g'(x_{\max}) = 0$,すなわち,方程式

$$\frac{x_{\max}}{1 - e^{-x_{\max}}} = 5$$

の解として,$x_{\max} = 4.965$ と求まります.これより,温度 T において $u(\lambda)$ を最大にする波長は,

$$\lambda_{\max} = \frac{hc}{x_{\max} k_B T} = \frac{2.898 \times 10^{-3}}{T} \, [\text{m}] \tag{7.17}$$

と温度に逆比例することがわかります.この結果は,**ウィーンの変位則**と呼ばれます.例えば $T = 4000\,\text{K}$ と $T = 5000\,\text{K}$ においては

$$\lambda_{\max} = \begin{cases} 724\,\text{nm} & : 4000\,\text{K} \\ 580\,\text{nm} & : 5000\,\text{K} \end{cases} \tag{7.18}$$

と計算でき,高温になるにつれ短波長側にずれることがわかります.表 7.1 に,光の波長と色とのおおよその関係を示しました.

表 7.1 光の色と波長(単位は nm)

紫	青	緑	黄	橙	赤
380〜450	450〜495	495〜570	570〜590	590〜620	620〜750

演習問題

A

7.2.1 重要　光子気体の熱力学量に関する以下の問いに答えよ．
(1) 光子気体の状態密度は (7.13) 式で与えられ，その化学ポテンシャルはゼロである．このボーズ粒子系において，グランドポテンシャル (7.3) と内部エネルギー (7.6) との間に，
$$\Omega = -\frac{1}{3}U$$
の関係があることを示せ．
(2) (7.9) 式を用いて Ω の積分を実行し，その表式を求めよ．ただし，$\Gamma(4) = 3!$ および $\zeta(4) = \frac{\pi^4}{90}$ である．
(3) エントロピー S と圧力 P の表式を求めよ．

7.2.2 量子化された格子振動は**フォノン**（phonon）と呼ばれる．温度低下に伴って観測される格子比熱の減少を説明するため，初めてこの量子化を行ってフォノンを統計力学的に扱ったのがアインシュタインである（1906 年）．彼は，「全てのフォノンがエネルギー ε_0 で振動する」という模型を用いた．具体的に三次元単純立方格子を考えると，アインシュタイン模型の状態密度は，格子点の数を N として，
$$D(\epsilon) = 3N\delta(\epsilon - \varepsilon_0) \tag{7.19}$$
と表せる．因子 3 は，x, y, z 方向の振動の自由度に由来する．
(1) 振動の振幅に対応するフォノン数は可変量であることから，フォノン気体の化学ポテンシャルは光子気体と同様にゼロである．(7.6) 式を用いて，温度 T における内部エネルギー U の表式を求めよ．
(2) $T \gg \frac{\varepsilon_0}{k_\mathrm{B}}$ が成り立つ高温での内部エネルギー U と定積モル比熱 C_V の近似的表式を求めよ．
(3) $T \ll \frac{\varepsilon_0}{k_\mathrm{B}}$ が成り立つ低温での内部エネルギー U と定積モル比熱 C_V の近似的表式を求めよ．

B

7.2.3 重要　実際のフォノンは，長波長での一粒子エネルギーが，光子の (7.11) 式と同じ波数依存性

$$\varepsilon_{\boldsymbol{k}}^{\ell} = \hbar c_\ell k, \qquad \varepsilon_{\boldsymbol{k}}^{\mathrm{t}} = \hbar c_{\mathrm{t}} k \tag{7.20}$$

を持つことが知られている．ここで，c_ℓ と c_{t} は縦波（longitudinal wave）と横波（transverse wave）の音速である．一方，格子振動においては，格子間隔が有限であることに対応し，波数 k に上限値 k_{D} が存在する．ここでは，三次元単純立方格子中のフォノンを統計力学的に扱うために，(i) (7.20) 式が $0 \leq k \leq k_{\mathrm{D}}$ で成立する，(ii) 縦波と横波の音速が等しい（$c_\ell = c_{\mathrm{t}} \equiv c_{\mathrm{ph}}$），という簡単化されたモデルを採用する．対応する状態密度は，光子気体の (7.13) 式と同様に，

$$D(\epsilon) = 3 \frac{4\pi V}{(hc_{\mathrm{ph}})^3} \epsilon^2 \, \theta(\epsilon)\theta(k_{\mathrm{B}} T_{\mathrm{D}} - \epsilon) \tag{7.21}$$

のように得られる．ここで，因子 3 は，縦波の自由度 1 と横波の自由度 2 の和であり，また，T_{D} は**デバイ温度**と呼ばれ，波数の上限値 k_{D} を用いて

$$T_{\mathrm{D}} \equiv \frac{\hbar c_{\mathrm{ph}} k_{\mathrm{D}}}{k_{\mathrm{B}}}$$

で定義されている．その呼称は，状態密度 (7.21) を用いて低温の格子比熱を理論的に考察したデバイ理論（1912 年）に由来する．以下の問いに答えよ．

(1) 格子点の数を N とすると，格子振動の自由度は $3N$ である．「状態密度 (7.21) の総和は格子振動の自由度 $3N$ に等しい」という条件より，T_{D} を N を用いて表せ．

(2) 振動の振幅に対応するフォノン数は可変量であることから，フォノン気体の化学ポテンシャルは光子気体と同様にゼロである．(7.6) 式を用いて，温度 T におけるフォノン気体の内部エネルギー U を積分形で表せ．

(3) $T \gg T_{\mathrm{D}}$ の高温における内部エネルギー U と定積モル比熱 C_V の近似的表式を求めよ．

(4) $T \ll T_{\mathrm{D}}$ の低温における内部エネルギー U と定積モル比熱 C_V の近似的表式を求めよ．ただし，$\Gamma(4) = 3!$ および $\zeta(4) = \frac{\pi^4}{90}$ である．

7.3 単原子分子理想気体**
――ボース粒子系とフェルミ粒子系の顕著な違い

> Contents
> Subsection ❶ 圧力と内部エネルギーの関係
> Subsection ❷ 無次元化
> Subsection ❸ 熱力学量の温度変化の図
> Subsection ❹ 低温のフェルミ粒子系
> Subsection ❺ 低温のボース粒子系

> **キーポイント**
> 質量が有限の粒子系を，量子力学で求めたエネルギー準位を用いて，統計力学的に考察する．ボース分布とフェルミ分布が関わる理想気体の熱力学量を，低温で精度良く計算する手法を学び，置換対称性がもたらす効果を理解する．

❶ 圧力と内部エネルギーの関係

以下では，質量 m とスピン s を持つ単原子分子 N 個が，体積 V の容器に閉じ込められている系を考察します．外部磁場や外部ポテンシャルはないものとし，s が整数のボース粒子系と半整数のフェルミ粒子系のそれぞれについて，その統計力学的性質を明らかにします．

外部磁場がないので，スピン変数 $\alpha = s, s-1, \cdots, -s$ はそのままで固有量子数となっており，また，一粒子エネルギーには関与しません．問題を扱いやすくするため，容器が一辺 L の立方体の場合を考え，周期的境界条件を採用します．すると，一粒子エネルギーは

$$\varepsilon_{\bm{k}} = \frac{\hbar^2 k^2}{2m}, \qquad \bm{k} = \frac{2\pi}{L}(n_1, n_2, n_3) \tag{7.22}$$

と表せます．ここで n_j $(j=1,2,3)$ は整数です．その場合の状態密度は，(6.17) 式にスピンの縮重度 $2s+1$ を掛けた式

$$D(\epsilon) = \frac{(2s+1)V}{4\pi^2} \left(\frac{2m}{\hbar^2}\right)^{\frac{3}{2}} \epsilon^{\frac{1}{2}} \theta(\epsilon) \tag{7.23}$$

となります．ただし，$V = L^3$ です．状態密度 (7.23) を用いると，この理想気体で，圧力 P と内部エネルギー U との間に，

$$PV = \frac{2}{3} U \tag{7.24}$$

が成り立つことを証明できます（基本問題 7.4 参照）．

基本問題 7.4

グランドポテンシャル Ω と内部エネルギー U がそれぞれ (7.3) 式および (7.6) 式で与えられる一様な量子理想気体がある．状態密度が

$$D(\epsilon) = A\epsilon^{\eta-1}\theta(\epsilon) \qquad (A > 0;\ \eta > 0) \tag{7.25}$$

と表せる場合には，圧力 P と内部エネルギー U との間に，

$$PV = \frac{1}{\eta}U \tag{7.26}$$

の関係が成り立つことを示せ．ただし，(3.32) 式の関係 $\Omega = -PV$ を既知とし，また，相互作用のない一様ボーズ粒子系では，全ての温度領域について $\mu \leq 0$ が成立しているものとする．

方針 Ω と U を部分積分で関連づけ，$\Omega = -PV$ の関係を用いる．

【答案】 (7.25) 式を (7.3) 式に代入し，次のように変形する．

$$\Omega = \frac{\sigma}{\beta}\int_0^\infty D(\epsilon)\ln\left\{1 - \sigma e^{-\beta(\epsilon-\mu)}\right\}d\epsilon$$

$$= \frac{\sigma}{\beta}A\int_0^\infty \epsilon^{\eta-1}\ln\left\{1 - \sigma e^{-\beta(\epsilon-\mu)}\right\}d\epsilon$$

ϵ について部分積分

$$= \frac{\sigma A}{\beta\eta}\epsilon^\eta\ln\left\{1 - \sigma e^{-\beta(\epsilon-\mu)}\right\}\Big|_0^\infty - \frac{\sigma A}{\beta\eta}\int_0^\infty \epsilon^\eta\frac{\sigma\beta e^{-\beta(\epsilon-\mu)}}{1 - \sigma e^{-\beta(\epsilon-\mu)}}d\epsilon$$

第一項はゼロ（詳細は以下 補足 参照）

$$= -\frac{A\sigma^2}{\eta}\int_0^\infty \epsilon^\eta\frac{1}{e^{\beta(\epsilon-\mu)} - \sigma}d\epsilon$$

$$= -\frac{1}{\eta}\int_0^\infty \frac{D(\epsilon)\epsilon}{e^{\beta(\epsilon-\mu)} - \sigma}d\epsilon$$

(7.6) 式を用いる

$$= -\frac{1}{\eta}U.$$

この式と $\Omega = -PV$ より，(7.26) 式が得られる．

補足 なお，上記の「第一項はゼロ」であることは，次のように示せる．まず，$\epsilon \gtrsim 0$ での関数

$$f(\epsilon) \equiv \epsilon^\eta\ln\left\{1 - \sigma e^{-\beta(\epsilon-\mu)}\right\}$$

の振る舞いは，次のように評価できる．

7.3 単原子分子理想気体

$$f(\epsilon) = \epsilon^\eta \ln\left[1 - \sigma\left\{1 - \beta(\epsilon - \mu) + \frac{1}{2}\beta^2(\epsilon - \mu)^2 \cdots\right\}\right]$$
$$= \epsilon^\eta \ln\{1 - \sigma + \sigma\beta(\epsilon - \mu) + \cdots\}.$$

対数関数の引数は，$\epsilon \to 0$ の極限で，$\sigma = -1$ のとき有限値 2 に近づき，$\sigma = 1$ のとき $\beta(\epsilon - \mu) \geq 0$ のように振る舞う．ただし，最後の不等号では $\sigma = 1$ のとき $\mu \leq 0$ が成立することを用いた．これらの事実と $\eta > 0$ より，$\sigma = \pm 1$ いずれの場合にも $f(0) = 0$ が結論される．一方，$\epsilon \to \infty$ の極限では，$f(\epsilon)$ は

$$f(\epsilon) = \epsilon^\eta \left\{-\sigma e^{-\beta(\epsilon - \mu)} - \frac{1}{2}e^{-2\beta(\epsilon - \mu)} - \cdots\right\}$$
$$\xrightarrow{\epsilon \to \infty} 0$$

と評価できる．以上より，「第一項はゼロ」が示せた．■

┃ポイント┃ $\sigma = 1$ で $\mu \leq 0$ が成立することは，以下で明らかになります．一般に相互作用のないボーズ粒子系の化学ポテンシャルの上限値は，最低一粒子エネルギーです．

(7.26) 式で $\eta = \frac{3}{2}$ と置くと，(7.24) 式が得られます．

┃コラム┃ ボーズとアインシュタイン

ボーズ分布の論文は 1924 年に発表されました．その経緯は興味深いです．インド人の若い物理学徒であったボーズは，光子の熱平衡分布に関し，「同じ量子状態を複数個の光子が占める場合，それらは互いに区別できない」という，当時としては奇想天外の規則を導入することにより，プランク分布が導けることを偶然に発見しました．その結果を論文にしてイギリスの雑誌に投稿しましたが，その規則が当時としてはあまりに常識はずれで根拠を欠いていたため，出版を拒否されます．困ったボーズは，大胆にもアインシュタインに手紙を出し，出版への助力を懇請しました．論文を読んでその重要性を認識したアインシュタインは，ボーズの願いを受け入れ，ドイツ語に訳してドイツの雑誌に出版しました．それと共に，質量ゼロの光子に関するボーズの理論を，質量を持つ粒子系に適用し，ボーズ - アインシュタイン凝縮を理論的に見いだしたのです．

❷ 無次元化

これから熱力学量の温度依存性を詳しく見ていきますが，その議論を見通し良く簡潔にするため，まず，常套手段である無次元化を行います．そのようにすると，一見全く異なって見える様々な系の間に，共通点が見いだせるようになります．以下の操作は，古典系での (5.9) 式を，スピン自由度を含むように一般化することに対応します．

まず，長さの単位として，

$$\ell_Q \equiv \left\{ \frac{(2s+1)V}{N} \right\}^{\frac{1}{3}} \tag{7.27a}$$

を採用します．定義から明らかなように，ℓ_Q は，同じスピン量子数 α を持つ粒子一個当りの占める平均体積の $\frac{1}{3}$ 乗で，それらの粒子間の平均間隔のオーダーです．ℓ_Q を用いて，波数の単位 k_Q，エネルギーの単位 ε_Q，温度の単位 T_Q を，

$$k_Q \equiv \frac{\pi}{\ell_Q}, \qquad \varepsilon_Q \equiv \frac{\hbar^2 k_Q^2}{2m}, \qquad T_Q \equiv \frac{\varepsilon_Q}{k_B} \tag{7.27b}$$

と導入します．ただし，k_Q の定義式における定数 π は便宜上挿入しました．以下で見るように，これらの単位は，各次元において**量子効果**（quantum effects）が顕著になるスケールとなっています．表 7.2 に，いくつかの同種多粒子系における T_Q の値を与えました．T_Q は，単元素金属中の伝導電子（$s = \frac{1}{2}$）に対しては 10^4 K のオーダーであるのに対し，液体 ^{4}He（$s = 0$）と液体 ^{3}He（$s = \frac{1}{2}$）では数 K のオーダーであり，値が大きく異なります．しかし，T_Q でスケールした温度 $\frac{T}{T_Q}$ で見ると，これらの物質の温度変化に共通点を見いだせるようになります．(7.27) 式の単位系を用いて，一粒子エネルギー，温度，化学ポテンシャル，内部エネルギー，および定積モル比熱を，

$$\begin{aligned} \epsilon = \varepsilon_Q \widetilde{\epsilon}, \qquad k_B T = \varepsilon_Q \widetilde{T}, \qquad \mu = \varepsilon_Q \widetilde{\mu}, \\ U = N \varepsilon_Q \widetilde{u}, \qquad C_V = N_A k_B \widetilde{c} \end{aligned} \tag{7.28}$$

と変数変換します．ここで N_A はアボガドロ数です．一方，一粒子エネルギー状態密度は，(7.4) 式より，一般にエネルギーの逆数の次元を持つことがわかります．従って，三次元自由粒子系の状態密度 (7.23) も，

$$D(\epsilon) = \frac{N}{\varepsilon_Q} \widetilde{D}(\widetilde{\epsilon}) \tag{7.29}$$

と表すことにします．すると，右辺の無次元化された一粒子当りの状態密度が，

$$\widetilde{D}(\widetilde{\epsilon}) = \frac{\pi}{4} \sqrt{\widetilde{\epsilon}}\, \theta(\widetilde{\epsilon}) \tag{7.30}$$

と得られます（基本問題 7.5 参照）．

7.3 単原子分子理想気体

表 7.2 量子効果が現れ始める温度 T_Q. 密度の値は 1 気圧下で括弧内の温度における測定値.[文献13 改変] 銅に関しては，電子の価数が一価であることを考慮し，Cu の原子量と金属の密度[文献14 改変] を用いて T_Q を評価した.

粒子系	Cu の伝導電子	液体 ^{4}He	液体 ^{3}He
スピンの大きさ	$\frac{1}{2}$	0	$\frac{1}{2}$
原子量 [g/mol]	63.5	4.00	3.02
密度 [g/cm^3]	8.96 (298 K)	0.125 (4.23 K)	0.059 (3.19 K)
T_Q [K]	5.31×10^4	4.21	2.58

基本問題 7.5 【重要】

(7.27) 式の単位系を用いて，(7.23) 式を (7.29) 式のように表したとき，無次元化された状態密度が (7.30) 式のように表せることを示せ．

方針 $\widetilde{D}(\widetilde{\epsilon}) = \frac{\varepsilon_Q}{N} D(\epsilon)$ 式の右辺を (7.27) 式を用いて変形する．

【答案】 状態密度が有限な領域 $\epsilon > 0$ について，次のように示せる．

$$\widetilde{D}(\widetilde{\epsilon}) \equiv \frac{\varepsilon_Q}{N} D(\epsilon)$$

$$= \frac{(2s+1)V}{4\pi^2 N} \left(\frac{2m}{\hbar^2}\right)^{\frac{3}{2}} \epsilon^{\frac{1}{2}} \varepsilon_Q$$

$$= \frac{\ell_Q^3}{4\pi^2} \left(\frac{2m}{\hbar^2}\right)^{\frac{3}{2}} \varepsilon_Q^{\frac{3}{2}} \widetilde{\epsilon}^{\frac{1}{2}}$$

$$= \frac{\pi}{4} \widetilde{\epsilon}^{\frac{1}{2}}. \blacksquare$$

ポイント 簡単な手続きですが，この無次元化の操作により，以下の議論が非常に見通し良くなります．

量子理想気体における基本的な物理量を無次元化して表しましょう．まず，(7.7) 式に (7.28) 式を代入して $\overline{n}(\epsilon) = \widetilde{n}(\widetilde{\epsilon})$ と表すと，$\widetilde{n}(\widetilde{\epsilon})$ として

$$\widetilde{n}(\widetilde{\epsilon}) = \frac{1}{e^{\widetilde{\beta}(\widetilde{\epsilon}-\widetilde{\mu})} - \sigma}, \qquad \widetilde{\beta} \equiv \frac{1}{\widetilde{T}} \tag{7.31}$$

が得られます．これは，無次元化されたボーズ分布 $(\sigma = 1)$ あるいはフェルミ分布 $(\sigma = -1)$ です．次に，(7.5) 式を N で割り，変数変換 $\epsilon = \varepsilon_\mathrm{Q}\widetilde{\epsilon}$ と (7.29) 式を用いると，

$$1 = \int_0^\infty \widetilde{D}(\widetilde{\epsilon})\,\widetilde{n}(\widetilde{\epsilon})\,d\widetilde{\epsilon} \tag{7.32}$$

が得られます．この式は，粒子数を決めて化学ポテンシャル $\widetilde{\mu} = \widetilde{\mu}(\widetilde{T})$ を決定する積分方程式です．

内部エネルギー (7.6) とエントロピー (7.8) も，変数変換 (7.28) により，それぞれ

$$\widetilde{u} = \int_0^\infty \widetilde{D}(\widetilde{\epsilon})\,\widetilde{\epsilon}\widetilde{n}(\widetilde{\epsilon})\,d\widetilde{\epsilon}, \tag{7.33}$$

$$\widetilde{s} = \int_0^\infty \widetilde{D}(\widetilde{\epsilon})\left\{-\widetilde{n}\ln\widetilde{n} + \sigma(1+\sigma\widetilde{n})\ln(1+\sigma\widetilde{n})\right\}d\widetilde{\epsilon} \tag{7.34}$$

へと簡略化されます．これらは，それぞれ，無次元化された一粒子当りの内部エネルギーおよびエントロピーという意味を持ちます．(7.32) 式で決めた化学ポテンシャル $\widetilde{\mu}(\widetilde{T})$ を用いることで，$\widetilde{u}$ および $\widetilde{s}$ が温度 $\widetilde{T}$ のみの関数として求まります．

基本問題 7.6

以下の問いに答えよ．
(1) 分布関数 (7.31) の温度に関する微分 $\frac{d\tilde{n}}{d\tilde{T}}$ を計算せよ．
(2) (7.32) 式を $\tilde{T}$ で微分することで，$\frac{d\tilde{\mu}}{d\tilde{T}}$ の表式を求めよ．
(3) 定積モル比熱の定義式 $C_V = \frac{1}{n}\frac{\partial U}{\partial T}$ に (7.28) 式の最後の二つの表式を代入すると，$\tilde{c} = \frac{d\tilde{u}}{dT}$ が得られる．(7.33) 式を $\tilde{T}$ で微分して，関数 $\tilde{c}(\tilde{T})$ の表式を求めよ．

方針 あらわな $\tilde{T}$ 依存性と関数 $\tilde{\mu}$ を通した $\tilde{T}$ 依存性の両方について微分．

【答案】 (1) 変数 $x \equiv \frac{\tilde{\epsilon}-\tilde{\mu}}{\tilde{T}}$ を導入し，微分の連鎖律を用いて次のように計算できる．

$$\frac{d\tilde{n}}{d\tilde{T}} = \frac{d}{d\tilde{T}} \frac{1}{\exp\left(\frac{\tilde{\epsilon}-\tilde{\mu}}{\tilde{T}}\right)-\sigma} = \frac{dx}{d\tilde{T}}\left(\frac{d}{dx}\frac{1}{e^x - \sigma}\right)\bigg|_{x=\frac{\tilde{\epsilon}-\tilde{\mu}}{\tilde{T}}}$$

$$= \left(-\frac{x}{\tilde{T}} - \frac{1}{\tilde{T}}\frac{d\tilde{\mu}}{d\tilde{T}}\right)\frac{-e^x}{(e^x-\sigma)^2}\bigg|_{x=\frac{\tilde{\epsilon}-\tilde{\mu}}{\tilde{T}}}$$

$$= \frac{1}{\tilde{T}}\left(x + \frac{d\tilde{\mu}}{d\tilde{T}}\right)\frac{e^x}{(e^x-\sigma)^2}\bigg|_{x=\frac{\tilde{\epsilon}-\tilde{\mu}}{\tilde{T}}}.$$

(2) (1) の結果を用いて (7.32) 式を $\tilde{T}$ で微分すると，

$$0 = \frac{1}{\tilde{T}}\int_0^\infty \tilde{D}(\tilde{\epsilon})\left(x + \frac{d\tilde{\mu}}{d\tilde{T}}\right)\frac{e^x}{(e^x-\sigma)^2}\bigg|_{x=\frac{\tilde{\epsilon}-\tilde{\mu}}{\tilde{T}}} d\tilde{\epsilon} \tag{7.35}$$

となる．これより，$\frac{d\tilde{\mu}}{d\tilde{T}}$ の表式が，

$$\frac{d\tilde{\mu}}{d\tilde{T}} = -\frac{\int_0^\infty \tilde{D}(\tilde{\epsilon})\frac{x\,e^x}{(e^x-\sigma)^2}\bigg|_{x=\frac{\tilde{\epsilon}-\tilde{\mu}}{\tilde{T}}} d\tilde{\epsilon}}{\int_0^\infty \tilde{D}(\tilde{\epsilon})\frac{e^x}{(e^x-\sigma)^2}\bigg|_{x=\frac{\tilde{\epsilon}-\tilde{\mu}}{\tilde{T}}} d\tilde{\epsilon}} \tag{7.36}$$

と得られる．

(3) (7.33) 式を $\tilde{T}$ で微分すると，

$$\tilde{c} = \int_0^\infty \tilde{D}(\tilde{\epsilon})\left(x + \frac{d\tilde{\mu}}{d\tilde{T}}\right)\frac{\tilde{\epsilon}}{\tilde{T}}\frac{e^x}{(e^x-\sigma)^2}\bigg|_{x=\frac{\tilde{\epsilon}-\tilde{\mu}}{\tilde{T}}} d\tilde{\epsilon}$$

となる．この式と，(7.35) 式に $-\tilde{\mu}$ を掛けた式を辺々加えると，数値計算により便利な式

$$\tilde{c} = \int_0^\infty \tilde{D}(\tilde{\epsilon})\left(x + \frac{d\tilde{\mu}}{d\tilde{T}}\right)\frac{x\,e^x}{(e^x-\sigma)^2}\bigg|_{x=\frac{\tilde{\epsilon}-\tilde{\mu}}{\tilde{T}}} d\tilde{\epsilon} \tag{7.37}$$

を得る．■

ポイント 連鎖律を使うと見通し良く微分が実行できます．

❸ 熱力学量の温度変化の図

まず，この量子理想気体の低温における熱力学量を概観します．(7.32), (7.33), (7.34), (7.36), (7.37) 式を数値的に解くと，粒子数一定のボーズ粒子系（$\sigma = 1$）とフェルミ粒子系（$\sigma = -1$）における無次元化された化学ポテンシャル，内部エネルギー，エントロピー，および比熱の温度依存性が図 7.2 のように得られます．それほど難しい計算ではないので，余裕があれば試みてください．計算の手順としては，まず，各温度 $\tilde{T}$ で (7.32) 式を解いて $\tilde{\mu}(\tilde{T})$ を求めます．その結果を (7.33), (7.34), (7.36) 式に代入すると，それぞれ $\tilde{u}, \tilde{s}, \frac{d\tilde{\mu}}{d\tilde{T}}$ が得られます．さらに，得られた $\tilde{\mu}$ と $\frac{d\tilde{\mu}}{d\tilde{T}}$ を用いて，(7.37) 式の比熱を計算すれば良いのです．

図 7.2 の実線はその数値計算から得たものです．一点鎖線は古典統計力学すなわちマクスウェル-ボルツマン分布による結果を表し，図 5.1 の結果を再現しています．また，比熱の図における破線は，最低次の量子補正まで考慮した高温近似

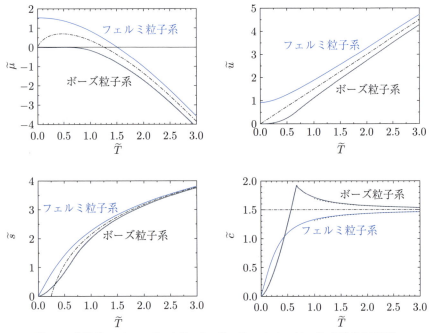

図 7.2　化学ポテンシャル $\tilde{\mu}$，内部エネルギー $\tilde{u}$，エントロピー $\tilde{s}$，比熱 $\tilde{c}$ の温度依存性．実線が正確な曲線で，一点鎖線は古典統計力学の結果．比熱の図における破線（$\tilde{T} \geq 1$）は，古典統計力学の結果に最低次の量子補正を加えた曲線．

$$\widetilde{c} = \frac{3}{2}\left(1 + \frac{\sigma}{\sqrt{2}\,\pi^{\frac{3}{2}}\,\widetilde{T}^{\frac{3}{2}}}\right) \tag{7.38}$$

に従って描きました（演習問題 7.3.1）．いずれの実線も，$\widetilde{T} \lesssim 1$ で古典統計力学の結果から大きくはずれることがわかります．また，ボーズ粒子系とフェルミ粒子系で，低温での振る舞いが大きく異なることも一目瞭然です．(7.24) 式を思い起こすと，内部エネルギー $\widetilde{u}$ のグラフは，量子効果を取り込んだ理想気体の状態方程式と見なすこともできます．これより，ボーズ（フェルミ）粒子系の圧力は，古典系よりも減少（増大）することがわかります．すなわち，ボーズ（フェルミ）粒子系においては，同じスピン量子数 α を持つ粒子間に，置換対称性に由来する量子力学的な有効引力（斥力）が働くのです．エントロピーは，古典統計力学の非物理的結果 $\widetilde{s} \xrightarrow{\widetilde{T} \to 0} -\infty$ と異なり，熱力学第三法則に従って絶対零度でゼロとなっています．また，比熱も絶対零度でゼロに近づきます．ボーズ粒子系の比熱のピークは，**ボーズ‐アインシュタイン凝縮**（Bose-Einstein condensation, 略して **BEC**）と呼ばれる相転移に対応し，その温度以下での化学ポテンシャル $\widetilde{\mu}$ は，最低一粒子エネルギー $\widetilde{\varepsilon}_0 = 0$ に一致して不変です．以下，これらのグラフの低温における特徴を，項を改めて解析的により詳しく見てゆくことにします．

❹ 低温のフェルミ粒子系

低温のフェルミ粒子系（$\sigma = -1$）を考察します．対応する現実の物理系としては，金属中の電子系があります．実際，表 7.2 からも明らかなように，金属電子系では，室温においても量子効果が無視できません．その理解には，低温におけるフェルミ粒子系の統計力学が必要不可欠となっています．

基本問題 7.7 　　　　　　　　　　　　　　　　　　　　　　　　　　重要

状態密度が (7.30) 式で与えられるフェルミ粒子系 ($\sigma = -1$) がある．(7.32) 式を用いて，絶対零度における化学ポテンシャル $\widetilde{\mu}(0)$ の解析的表式を求めよ．

方針　$\widetilde{T} = 0$ でのフェルミ分布関数を代入して (7.32) 式の積分を行う．

【答案】 フェルミ分布関数は，絶対零度の極限で，

$$\widetilde{n}(\widetilde{\epsilon}) \equiv \frac{1}{e^{\widetilde{\beta}(\widetilde{\epsilon}-\widetilde{\mu})}+1} \xrightarrow{\widetilde{\beta} \to \infty} \theta(\widetilde{\mu} - \widetilde{\epsilon}) \tag{7.39}$$

と，階段関数 (5.43) を用いて表せる．この極限形を (7.32) 式に代入して積分を実行すると，

$$1 = \int_0^\infty \widetilde{D}(\widetilde{\epsilon})\, \theta(\widetilde{\mu} - \widetilde{\epsilon})\, d\widetilde{\epsilon}$$
$$= \frac{\pi}{4} \int_0^{\widetilde{\mu}} \widetilde{\epsilon}^{\frac{1}{2}}\, d\widetilde{\epsilon} = \frac{\pi}{6} \widetilde{\mu}^{\frac{3}{2}}$$

となる．これより，

$$\widetilde{\mu}(0) = \left(\frac{6}{\pi}\right)^{\frac{2}{3}} = 1.54$$

を得る．■

ポイント　絶対零度のフェルミ分布関数は階段関数です．

絶対零度の化学ポテンシャル $\mu(0)$ は**フェルミエネルギー**と呼ばれます．フェルミエネルギーは，(7.27) 式で定義された ε_Q と同じオーダーで，フェルミ粒子系を特徴づけるエネルギースケールとなっています．$\mu(0) \equiv \varepsilon_F$ と表して無次元化された表式と共に書き下すと，次のようになります．

$$\widetilde{\varepsilon}_F = \left(\frac{6}{\pi}\right)^{\frac{2}{3}} = 1.54, \qquad \varepsilon_F = \frac{\hbar^2}{2m}\left\{\frac{6\pi^2 N}{(2s+1)V}\right\}^{\frac{2}{3}}. \tag{7.40}$$

対応する波数 $k_F \equiv \left(\frac{2m\varepsilon_F}{\hbar^2}\right)^{\frac{1}{2}}$，すなわち，

$$k_F = \left\{\frac{6\pi^2 N}{(2s+1)V}\right\}^{\frac{1}{3}} \tag{7.41}$$

は**フェルミ波数**と呼ばれ，粒子密度のみに依存します．(7.39) 式より，絶対零度では，$\varepsilon_k \leq \varepsilon_F$ すなわち $k \leq k_F$ を満たす一粒子状態 $k\alpha$ に全粒子がぎっしりと詰まった基底状態が実現することがわかります．

次に，有限温度のフェルミ粒子系を考察します．(7.32) 式を解くことで化学ポテンシャル $\widetilde{\mu} = \widetilde{\mu}(\widetilde{T})$ が求まります．その値を (7.31) 式に代入すると，フェルミ分布関数が得られます．いくつかの温度についてこの操作を実行し，フェルミ分布関数を描いたのが図 7.3

7.3 単原子分子理想気体

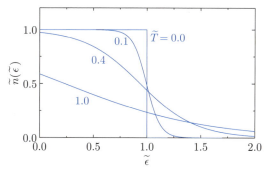

図 7.3 $\widetilde{T} = 0.0, 0.1, 0.4, 1.0$ におけるフェルミ分布関数 (7.31). 化学ポテンシャル $\widetilde{\mu}(\widetilde{T})$ は (7.32) 式を解いて求めた.

です．絶対零度におけるフェルミ分布関数の不連続な飛びが，温度上昇と共に，次第にぼやけていくのがわかります．この分布関数が関わる熱力学量の計算では，

$$J \equiv \int_0^\infty \frac{g(\widetilde{\epsilon})}{e^{\widetilde{\beta}(\widetilde{\epsilon}-\widetilde{\mu})}+1}\, d\widetilde{\epsilon}$$

の形の積分が頻繁に現れ，分布関数以外の因子 $g(\widetilde{\epsilon})$ は一般に $\widetilde{\epsilon} \approx \widetilde{\mu}$ で緩やかに変化します．上記の積分を低温で精度良く評価するため，J を

$$J = \int_0^{\widetilde{\mu}} g(\widetilde{\epsilon})\, d\widetilde{\epsilon} + \Delta J, \tag{7.42a}$$

$$\Delta J \equiv \int_0^\infty g(\widetilde{\epsilon}) \left\{ \frac{1}{e^{\widetilde{\beta}(\widetilde{\epsilon}-\widetilde{\mu})}+1} - \theta(\widetilde{\mu}-\widetilde{\epsilon}) \right\} d\widetilde{\epsilon} \tag{7.42b}$$

と表します．この積分は，$\widetilde{T} \ll 1$ の低温で，

$$\Delta J \approx \frac{\pi^2}{6} g'(\widetilde{\mu})\widetilde{T}^2 + \frac{7\pi^4}{360} g^{(3)}(\widetilde{\mu})\widetilde{T}^4 + \cdots \tag{7.42c}$$

と評価できます（演習問題 7.3.2）．(7.42) 式をゾンマーフェルト展開と呼びます．

この展開を (7.32) 式と (7.33) 式に用いると，低温のフェルミ粒子系における化学ポテンシャルと内部エネルギーが，それぞれ

$$\widetilde{\mu} \approx \widetilde{\varepsilon}_\mathrm{F} \left\{ 1 - \frac{\pi^2}{12} \left(\frac{\widetilde{T}}{\widetilde{\varepsilon}_\mathrm{F}} \right)^2 \right\}, \tag{7.43}$$

$$\widetilde{u} \approx \frac{2}{5} \widetilde{D}(\widetilde{\varepsilon}_\mathrm{F}) \widetilde{\varepsilon}_\mathrm{F}^2 \left\{ 1 + \frac{5\pi^2}{12} \left(\frac{\widetilde{T}}{\widetilde{\varepsilon}_\mathrm{F}} \right)^2 \right\} \tag{7.44}$$

と得られます（基本問題 7.8 参照）．

基本問題 7.8 【重要】

(7.32) 式と (7.33) 式をゾンマーフェルト展開 (7.42) を用いて評価し，三次元自由フェルミ粒子系の絶対零度近傍における化学ポテンシャルと内部エネルギーが，それぞれ (7.43) 式と (7.44) 式のように表せることを示せ．

方針 各積分を (7.42) 式を用いて近似し，補正項を計算する．

【答案】 (7.32) 式で低温展開 (7.42) を行い，$\widetilde{T}^2$ まで考慮すると，低温（$\widetilde{T} \ll 1$）での化学ポテンシャルを決める方程式

$$1 = \frac{\pi}{6}\widetilde{\mu}^{\frac{3}{2}}\left\{1 + \frac{\pi^2}{8}\left(\frac{\widetilde{T}}{\widetilde{\mu}}\right)^2\right\}$$

が得られる．これより，低温での $\widetilde{\mu}$ が，

$$\widetilde{\mu} \approx \left(\frac{6}{\pi}\right)^{\frac{2}{3}}\left\{1 + \frac{\pi^2}{8}\left(\frac{\widetilde{T}}{\widetilde{\mu}}\right)^2\right\}^{-\frac{2}{3}}$$

(7.40) 式を代入，温度補正項はテイラー展開して $\widetilde{\mu} \to \widetilde{\varepsilon}_F$ の置き換え

$$\approx \widetilde{\varepsilon}_F\left\{1 - \frac{2}{3}\frac{\pi^2}{8}\left(\frac{\widetilde{T}}{\widetilde{\mu}}\right)^2\right\} \approx \widetilde{\varepsilon}_F\left\{1 - \frac{\pi^2}{12}\left(\frac{\widetilde{T}}{\widetilde{\varepsilon}_F}\right)^2\right\}$$

と求まる．

内部エネルギー (7.33) は，(7.42) 式で $g(\widetilde{\epsilon}) = \frac{\pi}{4}\widetilde{\epsilon}^{\frac{3}{2}}$ と置いた場合に相当する．その展開で $\widetilde{T}^2$ まで考慮し，次のように変形する．

$$\widetilde{u} \approx \frac{\pi}{10}\widetilde{\mu}^{\frac{5}{2}}\left\{1 + \frac{5\pi^2}{8}\left(\frac{\widetilde{T}}{\widetilde{\mu}}\right)^2\right\}$$

$\widetilde{\mu}^{\frac{5}{2}}$ に (7.43) 式を代入，温度補正項は $\widetilde{\mu} \to \widetilde{\varepsilon}_F$ の置き換え

$$\approx \frac{\pi}{10}\widetilde{\varepsilon}_F^{\frac{5}{2}}\left\{1 - \frac{\pi^2}{12}\left(\frac{\widetilde{T}}{\widetilde{\varepsilon}_F}\right)^2\right\}^{\frac{5}{2}}\left\{1 + \frac{5\pi^2}{8}\left(\frac{\widetilde{T}}{\widetilde{\varepsilon}_F}\right)^2\right\}$$

温度補正項についてテイラー展開

$$\approx \frac{\pi}{10}\widetilde{\varepsilon}_F^{\frac{5}{2}}\left\{1 + \left(-\frac{5}{2}\frac{1}{12} + \frac{5}{8}\right)\pi^2\left(\frac{\widetilde{T}}{\widetilde{\varepsilon}_F}\right)^2\right\}$$

$$= \frac{\pi}{10}\widetilde{\varepsilon}_F^{\frac{5}{2}}\left\{1 + \frac{5}{12}\pi^2\left(\frac{\widetilde{T}}{\widetilde{\varepsilon}_F}\right)^2\right\}.$$

この式を $\widetilde{D}(\widetilde{\epsilon}) = \frac{\pi}{4}\widetilde{\epsilon}^{\frac{1}{2}}$ で表すと，問題文の式となる．■

ポイント 温度に関する最低次項（補正項）を系統的に集める問題です．この近似では，補正項に現れる温度以外のパラメーターは，全て絶対零度の値で置き換えることができます．

(7.44) 式を $\widetilde{T}$ で微分すると,フェルミ粒子系の低温比熱が,

$$\widetilde{c} = \frac{\pi^2}{3}\widetilde{D}(\widetilde{\varepsilon}_\text{F})\widetilde{T},$$
$$C_V = N_\text{A} k_\text{B} \widetilde{c} = \frac{\pi^2}{3n} D(\varepsilon_\text{F}) k_\text{B}^2 T \tag{7.45}$$

と求まります.ただし n はモル数です.このように,低温比熱は温度とフェルミエネルギーでの状態密度に比例します.この解析的結果は,図 7.2 におけるフェルミ粒子系の比熱曲線の低温部を良く再現できます.

❺ 低温のボーズ粒子系

次に,低温のボーズ粒子系 ($\sigma = 1$) を考察します.数学的に見た場合のボーズ分布関数 (7.7) の大きな特徴は,$\epsilon = \mu$ に特異点を持ち発散することです.高温では $\varepsilon_q > \mu$ が成立するので,この特異点は物理現象に現れません.しかし,温度低下と共に μ は増大し,最低一粒子エネルギーに向かって下から近づきます.そして,系の次元や外部ポテンシャルの形状によっては,ある有限温度 T_0 で化学ポテンシャル μ が最低一粒子エネルギーと一致し,ボーズ分布関数の発散が現実のものとなります.この発散は,最低一粒子エネルギー状態を巨視的な数の粒子が占有する**ボーズ-アインシュタイン凝縮(BEC)**相への転移を意味します.

具体的に,三次元自由ボーズ粒子系における BEC 転移を,図 7.2 に基づき予備的に概観します.最低一粒子エネルギーは $\varepsilon_0 = 0$ で,有限の温度 $T_0 \sim \frac{\varepsilon_\text{Q}}{k_\text{B}}$ で化学ポテンシャル μ がゼロとなります.そして,$T < T_0$ では,化学ポテンシャルは上限値 $\mu = 0$ をとって変化せず,最低一粒子エネルギー状態 $\boldsymbol{k} = \boldsymbol{0}$ を巨視的な数 $N_0 \lesssim N$ の粒子が占めています.このボーズ-アインシュタイン凝縮を以下で解析的により詳しく見て行きます.

基本問題 7.9 　　　　　　　　　　　　　　　　　　　　　　　　　　重要

状態密度が (7.30) 式で与えられる理想ボーズ粒子系（$\sigma = 1$）がある．(7.32) 式と (7.9) 式を用いて，BEC 転移温度 $\widetilde{T}_0$ の表式を求めよ．ただし，$\Gamma(\frac{3}{2}) = \frac{\sqrt{\pi}}{2}$ および $\zeta(\frac{3}{2}) = 2.612\cdots$ である．

方針　化学ポテンシャルが最低一粒子エネルギーに一致する温度を計算する．

【答案】 考察する系の最低一粒子エネルギーは $\varepsilon_0 = 0$ であるから，BEC の転移点は条件 $\widetilde{\mu} = 0$ により決まる．つまり，転移温度 $\widetilde{T}_0$ は，(7.32) 式で $\sigma = 1, \widetilde{T} = \widetilde{T}_0$, および $\widetilde{\mu} = 0$ と置いた式から決定できる．この $\widetilde{T}_0$ の方程式は，次のように変形できる．

$$
\begin{aligned}
1 &= \frac{\pi}{4} \int_0^\infty \frac{\widetilde{\epsilon}^{\frac{1}{2}}}{e^{\widetilde{\beta}_0 \widetilde{\epsilon}} - 1} d\widetilde{\epsilon} \qquad \text{変数変換 } x = \widetilde{\beta}_0 \widetilde{\epsilon} \\
&= \frac{\pi}{4} \widetilde{T}_0^{\frac{3}{2}} \int_0^\infty \frac{x^{\frac{1}{2}}}{e^x - 1} dx \qquad \text{(7.9) 式を用いる．} \\
&= \frac{\pi}{4} \widetilde{T}_0^{\frac{3}{2}} \Gamma\left(\frac{3}{2}\right) \zeta\left(\frac{3}{2}\right) \\
&= \left(\frac{\pi}{4} \widetilde{T}_0\right)^{\frac{3}{2}} \zeta\left(\frac{3}{2}\right).
\end{aligned} \qquad (7.46)
$$

これより，$\widetilde{T}_0$ の表式が

$$
\widetilde{T}_0 = \frac{4}{\pi \left\{ \zeta\left(\frac{3}{2}\right) \right\}^{\frac{2}{3}}} \approx 0.671
$$

と得られる．■

ポイント　変数変換して (7.9) 式を用います．

通常の単位系における BEC 相への転移温度 $T_0 = \frac{\varepsilon_\mathrm{Q}}{k_\mathrm{B}} \widetilde{T}_0$ を，無次元化された表式と共に書き下すと，次のようになります．

$$
\widetilde{T}_0 = \frac{4}{\pi \left\{ \zeta\left(\frac{3}{2}\right) \right\}^{\frac{2}{3}}} = 0.671, \qquad T_0 = \frac{\hbar^2}{2 m k_\mathrm{B}} 4\pi \left\{ \frac{N}{(2s+1) V \zeta\left(\frac{3}{2}\right)} \right\}^{\frac{2}{3}}. \qquad (7.47)
$$

このように，T_0 は，(7.27) 式で定義された T_Q と同じオーダーで，ボーズ粒子系を特徴づけるエネルギースケールとなっています．

基本問題 7.10 【重要】

状態密度が (7.30) 式で与えられる理想ボーズ粒子系 ($\sigma = 1$) がある．(7.32) 式，(7.33) 式，および (7.9) 式を用いて，$T < T_0$ の凝縮相において，最低一粒子状態を占める粒子数 N_0 と内部エネルギー $\widetilde{u}$ の表式を求めよ．ただし，$\Gamma(\frac{5}{2}) = \frac{3\sqrt{\pi}}{4}$ および $\zeta(\frac{5}{2}) = 1.341\cdots$ である．

方針 凝縮粒子数は，全粒子数から非凝縮粒子数を差し引いて求める．

【答案】 $\widetilde{T} < \widetilde{T}_0$ では $\widetilde{\mu} = 0$ が成立する．そこでの非凝縮粒子数（$\varepsilon_k > 0$ のエネルギー準位を占める粒子数）の全粒子数に対する割合は，(7.32) 式の右辺で $\widetilde{\mu} = 0$ と置いた式に等しい．従って，$\frac{N_0}{N}$ が次のように計算できる．

$$\frac{N_0}{N} = 1 - \frac{\pi}{4} \int_0^\infty \frac{\widetilde{\epsilon}^{\frac{1}{2}}}{e^{\widetilde{\beta}\widetilde{\epsilon}} - 1} d\widetilde{\epsilon}$$

$$= 1 - \frac{\pi}{4} \widetilde{T}^{\frac{3}{2}} \int_0^\infty \frac{x^{\frac{1}{2}}}{e^x - 1} dx \quad \text{(7.46) 式を用いる}$$

$$= 1 - \left(\frac{\widetilde{T}}{\widetilde{T}_0}\right)^{\frac{3}{2}}.$$

これより，N_0 が次のように得られる．

$$N_0 = N\left\{1 - \left(\frac{T}{T_0}\right)^{\frac{3}{2}}\right\}. \tag{7.48}$$

内部エネルギー $\widetilde{u}$ は，(7.33) 式で $\widetilde{\mu} = 0$ と置き，(7.9) 式を用いて

$$\widetilde{u} = \frac{\pi}{4} \int_0^\infty \frac{\widetilde{\epsilon}^{\frac{3}{2}}}{e^{\widetilde{\beta}\widetilde{\epsilon}} - 1} d\widetilde{\epsilon} = \frac{\pi}{4} \widetilde{T}^{\frac{5}{2}} \int_0^\infty \frac{x^{\frac{3}{2}}}{e^x - 1} dx$$

$$= \frac{3\pi^{\frac{3}{2}} \zeta\left(\frac{5}{2}\right)}{16} \widetilde{T}^{\frac{5}{2}} \tag{7.49}$$

と得られる．■

ポイント 理想 BEC 相における化学ポテンシャルは，最低一粒子エネルギーの値に等しく，温度変化しません．

比熱 $\widetilde{c}$ は (7.49) 式を $\widetilde{T}$ で微分することで得られます．その結果を (7.47) 式を用いて書き換えると，

$$\widetilde{c} = \frac{15\pi^{\frac{3}{2}}\zeta\left(\frac{5}{2}\right)}{32}\widetilde{T}^{\frac{3}{2}}$$

$$= \frac{15\zeta\left(\frac{5}{2}\right)}{4\zeta\left(\frac{3}{2}\right)}\left(\frac{\widetilde{T}}{\widetilde{T_0}}\right)^{\frac{3}{2}}$$

$$= 1.93\left(\frac{T}{T_0}\right)^{\frac{3}{2}} \tag{7.50}$$

となります．転移点での値 1.93 は，対応する古典値 1.5 より大きくなっています．図 7.2 を参照してください．

基本問題 7.11

(7.32) 式と (7.46) 式を用いて，$T \gtrsim T_0$ における化学ポテンシャルが，

$$\widetilde{\mu} \approx -\frac{36}{\pi^4 \widetilde{T_0}^2}\left(\frac{\widetilde{T}-\widetilde{T_0}}{\widetilde{T_0}}\right)^2 \tag{7.51}$$

と表せることを示せ．

方針 積分方程式 (7.32) で $\widetilde{\mu}=0$ と置いた式は解析的に扱えることを用いる．

【答案】 $\widetilde{T} \gtrsim \widetilde{T_0}$ における化学ポテンシャル $\widetilde{\mu} \lesssim 0$ の温度依存性を求めるために，(7.32) 式を次のように変形する．

$$1 = \frac{\pi}{4}\int_0^\infty \frac{\widetilde{\epsilon}^{\frac{1}{2}}}{e^{\widetilde{\beta}(\widetilde{\epsilon}-\widetilde{\mu})}-1}d\widetilde{\epsilon}$$

被積分関数に $\widetilde{\mu}=0$ と置いたボーズ分布関数の寄与を足して引く操作を行う

$$= \frac{\pi}{4}\int_0^\infty \frac{\widetilde{\epsilon}^{\frac{1}{2}}}{e^{\widetilde{\beta}\widetilde{\epsilon}}-1}d\widetilde{\epsilon} + \frac{\pi}{4}\int_0^\infty \left\{\frac{1}{e^{\widetilde{\beta}(\widetilde{\epsilon}-\widetilde{\mu})}-1} - \frac{1}{e^{\widetilde{\beta}\widetilde{\epsilon}}-1}\right\}\widetilde{\epsilon}^{\frac{1}{2}}d\widetilde{\epsilon}$$

第二項において被積分関数の分母の指数関数をテイラー展開し主要項のみを残す

$$\approx \frac{\pi}{4}\widetilde{T}^{\frac{3}{2}}\int_0^\infty \frac{x^{\frac{1}{2}}}{e^x-1}dx + \frac{\pi}{4}\int_0^\infty \left(\frac{\widetilde{T}}{\widetilde{\epsilon}-\widetilde{\mu}} - \frac{\widetilde{T}}{\widetilde{\epsilon}}\right)\widetilde{\epsilon}^{\frac{1}{2}}d\widetilde{\epsilon}$$

第一項に (7.46) 式を用い，第二項で変数変換 $\widetilde{\epsilon}=|\widetilde{\mu}|x^2$

7.3 単原子分子理想気体

$$= \left(\frac{\widetilde{T}}{\widetilde{T}_0}\right)^{\frac{3}{2}} - \frac{\pi}{2}\widetilde{T}|\widetilde{\mu}|^{\frac{1}{2}} \int_0^\infty \frac{1}{x^2+1}dx$$

第二項で変数変換 $x = \tan\theta$

$$= \left(1 + \frac{\widetilde{T} - \widetilde{T}_0}{\widetilde{T}_0}\right)^{\frac{3}{2}} - \frac{\pi}{2}\widetilde{T}|\widetilde{\mu}|^{\frac{1}{2}} \int_0^{\frac{\pi}{2}} d\theta$$

第一項でテイラー展開を行い,第二項では $\widetilde{T} \to \widetilde{T}_0$ の置き換え

$$\approx 1 + \frac{3}{2}\frac{\widetilde{T} - \widetilde{T}_0}{\widetilde{T}_0} - \frac{\pi^2}{4}\widetilde{T}_0|\widetilde{\mu}|^{\frac{1}{2}}.$$

この式から,$\widetilde{T} \gtrsim \widetilde{T}_0$ における化学ポテンシャル $\widetilde{\mu}$ の温度依存性が,(7.51) 式のように求まる. ■

ポイント 少し高度な物理的洞察と数学的テクニックが必要です.ボーズ分布関数の分母のテイラー展開では,積分に最も大きな寄与を与える項,すなわち,$\widetilde{\epsilon} = 0$ 近傍で発散的に振る舞う項のみを残しました.$\widetilde{\mu} = 0$ のボーズ分布関数が差し引かれた元々の被積分関数は,積分に寄与する領域が $\widetilde{\epsilon} = 0$ 近傍に限られています.従って,前述の近似により精度良く積分が実行できることになります.

(7.51) 式より,$\widetilde{\mu}$ と $\frac{d\widetilde{\mu}}{dT}$ が共に $\widetilde{T} = \widetilde{T}_0$ で連続であることがわかります.従って,(7.37) 式より,定積モル比熱も $\widetilde{T} = \widetilde{T}_0$ で連続です.

演習問題
A

7.3.1 分布関数 (7.31) を，高温で $e^{-\widetilde{\beta}(\widetilde{\epsilon}-\widetilde{\mu})} \ll 1$ についてテイラー展開し，第二項まで考慮する近似を行う．この近似を用いて (7.32) 式と (7.33) 式の積分を評価し，$\widetilde{T} \gg 1$ における化学ポテンシャル $\widetilde{\mu}$ と比熱 $\widetilde{c} \equiv \frac{d\widetilde{u}}{dT}$ が，それぞれ

$$\widetilde{\mu} \approx -\frac{3}{2}\widetilde{T} \ln \frac{\pi \widetilde{T}}{4} - \sigma \left(\frac{2}{\pi}\right)^{\frac{3}{2}} \frac{1}{\widetilde{T}^{\frac{1}{2}}}, \qquad \widetilde{c} = \frac{3}{2}\left(1 + \frac{\sigma}{\sqrt{2}\pi^{\frac{3}{2}}\widetilde{T}^{\frac{3}{2}}}\right)$$

と表せることを示せ．ただし，(5.46) 式で定義されたガンマ関数は，$\Gamma(\frac{3}{2}) = \frac{1}{2}\sqrt{\pi}$ の値を持つ．

7.3.2 重要 (7.42b) 式が，$\widetilde{T} \ll 1$ の低温で，(7.42c) 式のように表せることを示せ．(7.9) 式を用いて良い．また，$\zeta(2) = \frac{\pi^2}{6}$ および $\zeta(4) = \frac{\pi^4}{90}$ である．

7.3.3 重要 同種フェルミ粒子 N 個からなる単原子分子理想気体がある．その状態密度は，

$$D(\epsilon) = A\epsilon^{\eta-1}\theta(\epsilon) \qquad (A > 0, \eta > 0)$$

で与えられる．以下の問いに答えよ．
(1) (7.5) 式を用いて，フェルミエネルギー $\varepsilon_F = \mu(0)$ の表式を求めよ．
(2) (7.5) 式と (7.42) 式を用いて，低温における化学ポテンシャルの表式を，温度に関する最低次の補正項まで求めよ．
(3) (7.6) 式，(7.42) 式，および (2) の結果を用いて，低温における内部エネルギー U と定積モル比熱 C_V の表式を，温度に関する最低次の補正項まで求めよ．

7.3.4 重要 単原子分子 N 個からなる理想ボーズ気体がある．その状態密度は

$$D(\epsilon) = A(\epsilon - \varepsilon_0)^{\eta-1}\theta(\epsilon - \varepsilon_0) \qquad (A > 0, \eta > 0) \tag{7.52}$$

で与えられる．(7.5) 式と (7.9) 式を用いて，BEC 相への転移温度 T_0 が，$\eta \geq 1$ の場合について

$$T_0 = \frac{1}{k_B}\left\{\frac{N}{A\zeta(\eta)\Gamma(\eta)}\right\}^{\frac{1}{\eta}} \tag{7.53}$$

で与えられること，および，$\eta < 1$ の場合には BEC が起こらないことを示せ．

演習問題

━━━ B ━━━

7.3.5 スピンの大きさがゼロで質量 m を持つ単原子分子 N 個が,三次元調和振動子型ポテンシャル $\mathcal{V}(\boldsymbol{r}) = \frac{1}{2}m\omega^2 \boldsymbol{r}^2$ に閉じ込められている.ここで $\omega > 0$ である.その一粒子エネルギーは,非負整数 n_η ($\eta = x, y, z$) を用いて,

$$\varepsilon_{n_x n_y n_z} \equiv \left(n_x + n_y + n_z + \frac{3}{2}\right)\hbar\omega$$

と表せる.

(1) (7.4) 式で $q \equiv (n_x, n_y, n_z)$ と置き,状態密度が次のように近似できることを示せ.

$$D(\epsilon) = \frac{(\epsilon - \varepsilon_0)^2}{2(\hbar\omega)^3}\theta(\epsilon - \varepsilon_0).$$

ただし,$\varepsilon_0 \equiv \frac{3}{2}\hbar\omega$ である.

(2) (7.5) 式と (7.9) 式を用いて,BEC 相への転移温度 T_0 の表式を求めよ.

(3) (7.5) 式と (7.9) 式を用いて,凝縮粒子数 N_0 の温度依存性を T_0 を用いて表せ.

(4) (7.6) 式と (7.9) 式を用いて,凝縮相における内部エネルギーと定積モル比熱の温度依存性を明らかにせよ.

演習問題解答

第 1 章

1.1.1 (1) $\nabla f = (2x, 2y)$.
(2) 図 1 の等高線.

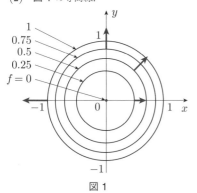

図 1

(3) (1) で求めた ∇f に $(0,0)$, $(\frac{1}{2},0)$, $(\frac{1}{2},\frac{1}{2})$, $(0,\frac{\sqrt{3}}{2})$, $(-1,0)$ を代入すると, それぞれの点での勾配ベクトルとして, $(0,0)$, $(1,0)$, $(1,1)$, $(0,\sqrt{3})$, $(-2,0)$ を得る. 五つのベクトルを, それらの方向と相対的な大きさが正しくなるように注意して図 1 に描いた. 勾配ベクトルは, 等高線に垂直で f が増大する方向を向き, 等高線の間隔が狭いほど大きくなる.

1.1.2 (1) $\nabla f = (-\sin x \cos y, -\cos x \sin y)$.
(2) 図 2. $f = 0$ と $f = 1$ の等高線はすぐ

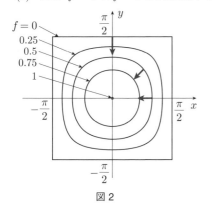

図 2

に描ける. 中間の高さについては, それらの間を補間するように描けば良い.
(3) (1) で求めた ∇f に $(0,0)$, $(\frac{\pi}{4},0)$, $(\frac{\pi}{4},\frac{\pi}{4})$, $(0,\frac{\pi}{2})$ を代入すると, それぞれ, $(0,0)$, $(-\frac{1}{\sqrt{2}},0)$, $(-\frac{1}{2},-\frac{1}{2})$, $(0,-1)$ を得る. 点 $(\frac{\pi}{4},0)$ と $(\frac{\pi}{4},\frac{\pi}{4})$ での勾配の大きさは同じで, $(0,\frac{\pi}{2})$ での大きさの $\frac{1}{\sqrt{2}}$ 倍. 対応するベクトルを図 2 に描いた. 勾配ベクトルは等高線に垂直である. 山の頂上である原点での勾配は $(0,0)$.

1.1.3 (1) $\displaystyle\int_{C_1} f\,ds = \int_0^1 f(s,s)\,ds$
$$= \int_0^1 s^2\,ds = \frac{1}{3}.$$
(2) $\displaystyle\int_{C_2} f\,ds = \int_0^1 f(s,s^2)\,ds$
$$= \int_0^1 s^3\,ds = \frac{1}{4}.$$

1.1.4 $z = xy + x + 1$ を
$$x = \frac{z-1}{y+1}, \qquad y = \frac{z-1}{x} - 1$$
と書き換えると, (1.12) 式に現れる三つの偏微分が, それぞれ
$$\left(\frac{\partial z}{\partial x}\right)_y = y+1,$$
$$\left(\frac{\partial x}{\partial y}\right)_z = -\frac{z-1}{(y+1)^2},$$
$$\left(\frac{\partial y}{\partial z}\right)_x = \frac{1}{x}$$
と計算できる. 従って,
$$\left(\frac{\partial z}{\partial x}\right)_y \left(\frac{\partial x}{\partial y}\right)_z \left(\frac{\partial y}{\partial z}\right)_x = -\frac{z-1}{x(y+1)}$$
$$= -1.$$

1.2.1 $\boldsymbol{F}(\boldsymbol{r}) = (y, -x)$.
(1a) $\boldsymbol{r} = (s,s)$, $d\boldsymbol{r} = (ds, ds)$, $\boldsymbol{F}(\boldsymbol{r}) = (s, -s)$ より, $\boldsymbol{F}(\boldsymbol{r}) \cdot d\boldsymbol{r} = 0$. ゆえに,
$$\int_C \boldsymbol{F} \cdot d\boldsymbol{r} = 0.$$
(1b) $\boldsymbol{r} = (s, s^2)$, $d\boldsymbol{r} = (ds, 2s\,ds)$, $\boldsymbol{F}(\boldsymbol{r}) =$

$(s^2, -s)$ より,
$$F(r) \cdot dr = s^2 ds - 2s^2 ds = -s^2 ds.$$
ゆえに,
$$\int_C F \cdot dr = -\int_0^1 s^2 ds = -\frac{1}{3}.$$
(1c) $r = (\cos\theta, 1+\sin\theta)$, $dr = (-\sin\theta\, d\theta, \cos\theta\, d\theta)$, $F(r) = (1+\sin\theta, -\cos\theta)$ より,
$$F \cdot dr = (-\sin\theta - 1)\, d\theta.$$
ゆえに,
$$\int_C F \cdot dr = \int_{-\frac{\pi}{2}}^0 (-\sin\theta - 1)\, d\theta$$
$$= \left[\cos\theta - \theta\right]_{-\frac{\pi}{2}}^0 = 1 - \frac{\pi}{2}.$$
(2) $\dfrac{\partial F_x}{\partial y} = 1$, $\dfrac{\partial F_y}{\partial x} = -1$ より,
$$\frac{\partial F_x}{\partial y} \neq \frac{\partial F_y}{\partial x}.$$

1.2.2 $F(r) = (x, y)$.
(1a) $r = (s, s)$, $dr = (ds, ds)$, $F(r) = (s, s)$ より, $F(r) \cdot dr = 2s\, ds$. ゆえに,
$$\int_C F \cdot dr = \int_0^1 2s\, ds = 1.$$
(1b) $r = (s, s^2)$, $dr = (ds, 2s\, ds)$, $F(r) = (s, s^2)$ より, $F \cdot dr = (s + 2s^3)\, ds$. ゆえに,
$$\int_C F \cdot dr = \int_0^1 (s + 2s^3)\, ds = 1.$$
(1c) $r = (\cos\theta, 1+\sin\theta)$, $dr = (-\sin\theta\, d\theta, \cos\theta\, d\theta)$, $F(r) = (\cos\theta, 1+\sin\theta)$ より, $F \cdot dr = \cos\theta\, d\theta$. ゆえに,
$$\int_C F \cdot dr = \int_{-\frac{\pi}{2}}^0 \cos\theta\, d\theta = \left[\sin\theta\right]_{-\frac{\pi}{2}}^0 = 1.$$
(2) $\dfrac{\partial F_x}{\partial y} = 0$, $\dfrac{\partial F_y}{\partial x} = 0$ より,
$$\frac{\partial F_x}{\partial y} = \frac{\partial F_y}{\partial x}.$$
(3) 原点 $(0, 0)$ を基準点に取り, そこから (x, y) まで適当な経路に沿って積分すれば良い. 積分経路として直線を選ぶと, 経路上の点

は, パラメータ s_1 $(0 \leq s_1 \leq 1)$ を用いて $r_1 = (xs_1, ys_1)$ と表せる. その微小変化は, $dr_1 = (x\, ds_1, y\, ds_1)$ である. また, $F(r_1) = (xs_1, ys_1)$ より,
$$F(r_1) \cdot dr_1 = (x^2 + y^2) s_1\, ds_1.$$
ゆえに,
$$W(x, y) = \int_C F(r_1) \cdot dr_1$$
$$= (x^2 + y^2)\int_0^1 s_1\, ds_1$$
$$= \frac{1}{2}(x^2 + y^2).$$
(4) $W(1, 1) - W(0, 0) = 1 - 0 = 1$.

1.2.3 (1)
$$\frac{\partial}{\partial y}(2xy + y^2) = 2(x + y)$$
$$= \frac{\partial}{\partial x}(x^2 + 2xy)$$
より df は積分可能. (1.17) 式の方法で積分を行う. まず, x 軸に平行な経路に沿っての df は
$$df = (2xy + y^2)\, dx$$
となる. これを x について積分すると,
$$f(x, y) = x^2 y + xy^2 + g(y)$$
が得られる. ただし, $g(y)$ は y の未知関数である. 次に, 上の $f(x, y)$ について
$$\frac{\partial f(x, y)}{\partial y} = x^2 + 2xy$$
が成り立つことを要請すると, $g(y)$ が微分方程式
$$g'(y) = 0$$
を満たすことがわかる. この微分方程式を積分すると, $g(y) = a$. ただし, a は積分定数である. 従って, 求める関数が
$$f(x, y) = x^2 y + xy^2 + a$$
と得られる.

(2)
$$\frac{\partial}{\partial y}\left(\frac{2x}{x^2 + y^2 + 1} + 1\right)$$

$$= -\frac{4xy}{(x^2+y^2+1)^2}$$
$$= \frac{\partial}{\partial x}\left(\frac{2y}{x^2+y^2+1} + \frac{2y}{y^2+1}\right)$$

より df は積分可能．(1.17) 式の方法で積分を行う．まず，x 軸に平行な経路に沿っての df は

$$df = \left(\frac{2x}{x^2+y^2+1} + 1\right)dx$$

となる．これを x について積分すると，

$$f(x,y) = \ln(x^2+y^2+1) + x + g(y)$$

が得られる．ただし，$\ln \equiv \log_e$ は自然対数で，$g(y)$ は y の未知関数である．次に，上の $f(x,y)$ について

$$\frac{\partial f(x,y)}{\partial y} = \frac{2y}{x^2+y^2+1} + \frac{2y}{y^2+1}$$

が成り立つことを要請すると，$g(y)$ が微分方程式

$$g'(y) = \frac{2y}{y^2+1}$$

を満たすことがわかる．この微分方程式を積分すると，

$$g(y) = \ln(y^2+1) + a.$$

ただし，a は積分定数である．従って，求める関数が

$$f(x,y) = \ln(x^2+y^2+1) + x$$
$$+ \ln(y^2+1) + a$$

と得られる．

第 2 章

2.1.1 重りが羽根車にした仕事 ΔW は

$$\Delta W = 質量 [kg] \times 重力加速度 [m/s^2]$$
$$\times 垂直落下距離 [m]$$
$$= 1.0 \times 9.8 \times 1.0 = 9.8 [J].$$

これが全て水を温める熱量に変化したので，水の温度上昇を ΔT [K] とすると，等式

$$\Delta W = 熱の仕事当量 [J/cal]$$

$$\times 水の比熱 [cal/g\cdot K]$$
$$\times 水の質量 [g] \times \Delta T [K]$$
$$= 4.2 \times 1 \times 1000 \times \Delta T [J]$$

が成立．ゆえに，

$$\Delta T = \frac{9.8}{4200} = 2.3 \times 10^{-3} [K].$$

2.1.2 (2.5b) 式より，外部にした仕事 $-\Delta W$ は，VP 平面上の閉曲線で囲まれた領域，すなわち，楕円の面積であることがわかる．従って，

$$-\Delta W = \pi \Delta V \Delta P.$$

2.1.3 外への仕事 $-\Delta W$ は次のように計算できる．

$$-\Delta W = \int_{V_{10}}^{V_1} P\,dV \stackrel{状態方程式}{=} \int_{V_{10}}^{V_1} \frac{RT}{V}\,dV$$
$$\stackrel{等温}{=} RT \int_{V_{10}}^{V_1} \frac{1}{V}\,dV = RT \ln \frac{V_1}{V_{10}}$$
$$\stackrel{等温}{=} RT \ln \frac{P_{10}}{P_1}$$
$$= 8.3 \times (273+15) \times \ln 10$$
$$= 5.5 \times 10^3 [J].$$

理想気体の等温過程で外から加える熱量 ΔQ は，第一法則 (2.1) と (2.10) 式より，全て外部への仕事に費やされる．従って，

$$\Delta Q = -\Delta W = \frac{5.5 \times 10^3}{4.2}$$
$$= 1.3 \times 10^3 [cal].$$

2.1.4 (1) 外部への微小仕事 $-d'W = P\,dV$ を $V_1 \to V_2$ まで準静的断熱過程について積分する．この過程で「$PV^\gamma = P_1 V_1^\gamma = 定数$」が成立することに注意すると，積分が以下のように実行できる．

$$-\Delta W = \int_{V_1}^{V_2} P\,dV$$

$$\stackrel{断熱}{=} \int_{V_1}^{V_2} \frac{P_1 V_1^\gamma}{V^\gamma}\,dV$$

$$= -\frac{P_1 V_1^\gamma}{\gamma-1}\left[\frac{1}{V^{\gamma-1}}\right]_{V_1}^{V_2}$$

$$= -\frac{P_1 V_1^\gamma}{\gamma - 1}\left(\frac{1}{V_2^{\gamma-1}} - \frac{1}{V_1^{\gamma-1}}\right)$$

$$= \frac{P_1 V_1 - P_2 V_2}{\gamma - 1}.$$

ただし,最後の等式では,$P_1 V_1^\gamma = P_2 V_2^\gamma$ を用いた.一方,内部エネルギーの変化は,第一法則 $\Delta U = \Delta Q + \Delta W$ に断熱条件 $\Delta Q = 0$ を代入して,

$$\Delta U = \Delta W = -\frac{P_1 V_1 - P_2 V_2}{\gamma - 1}$$

と求まる.

(2) 「$TV^{\gamma-1} = $ 一定」を用いると,求める温度が次のように計算できる.

$$(27 + 273) \times \left(\frac{1.0}{0.5}\right)^{\frac{7}{5}-1} = 396\,[\mathrm{K}]$$

$$= 123\,[^\circ\mathrm{C}].$$

2.1.5 A→B と C→D で受け取った熱量は,それぞれ

$$\begin{cases} \Delta Q_{\mathrm{AB}} = nC_V(T_\mathrm{B} - T_\mathrm{A}) > 0 \\ \Delta Q_{\mathrm{CD}} = nC_V(T_\mathrm{D} - T_\mathrm{C}) < 0 \end{cases} \quad ①$$

と計算できる.ただし,不等号をつける際には,同じ体積下では圧力の大きい方が内部エネルギーが大きい(=温度が高い)ことを考慮した.一方,二つの断熱過程では,ポアソンの式

$$T_\mathrm{B} V_1^{\gamma-1} = T_\mathrm{C} V_2^{\gamma-1},$$
$$T_\mathrm{A} V_1^{\gamma-1} = T_\mathrm{D} V_2^{\gamma-1}$$

が成立する.第一式から第二式を引いて $V_2^{\gamma-1}$ で割ると,

$$T_\mathrm{C} - T_\mathrm{D} = (T_\mathrm{B} - T_\mathrm{A})\left(\frac{V_1}{V_2}\right)^{\gamma-1}. \quad ②$$

第一法則と①式および②式より,この熱機関の効率が,次のように求まる.

$$\eta = \frac{-\Delta W}{\Delta Q_{\mathrm{AB}}} = \frac{\Delta Q_{\mathrm{AB}} - (-\Delta Q_{\mathrm{CD}})}{\Delta Q_{\mathrm{AB}}}$$

$$= 1 - \frac{T_\mathrm{C} - T_\mathrm{D}}{T_\mathrm{B} - T_\mathrm{A}} = 1 - \left(\frac{V_1}{V_2}\right)^{\gamma-1}.$$

2.1.6 まず,(V_1, P_1) から (V_2, P_1) への等圧変化の際に系が外部から受け取った熱量 ΔQ_{12} を計算する.等圧過程では,$d'Q = nC_P\,dT$ が成立する.この式を T_1 から T_2 まで積分し,状態方程式 $pV = nRT$ とマイヤーの関係 $C_P - C_V = R$ を用いると,ΔQ_{12} が以下のように求まる.

$$\Delta Q_{12} = n\int_{T_1}^{T_2} C_P\,dT$$

$$= nC_P(T_2 - T_1)$$

$$= nC_P\frac{P_1(V_2 - V_1)}{nR}$$

$$= C_P\frac{P_1(V_2 - V_1)}{C_P - C_V}$$

$$= P_1\frac{\gamma(V_2 - V_1)}{\gamma - 1} > 0.$$

同様に,(V_3, P_3) から (V_3, P_4) への等積変化の際に系が外部から受け取った熱量 ΔQ_{34} は,$d'Q = nC_V\,dT$ と状態方程式およびマイヤーの関係を用いて,以下のように計算できる.

$$\Delta Q_{34} = \int_{T_3}^{T_4} nC_V\,dT$$

$$= nC_V(T_4 - T_3)$$

$$= nC_V\frac{(P_4 - P_3)V_3}{nR}$$

$$= C_V\frac{(P_4 - P_3)V_3}{C_P - C_V}$$

$$= -\frac{(P_3 - P_4)V_3}{\gamma - 1} < 0. \quad ①$$

ところで,二つの断熱過程においては,ポアソンの式より

$$P_1 V_2^\gamma = P_3 V_3^\gamma,$$
$$P_1 V_1^\gamma = P_4 V_3^\gamma$$

が成立することになる.第一式から第二式を引くことにより,

$$P_1(V_2^\gamma - V_1^\gamma) = (P_3 - P_4)V_3^\gamma,$$

すなわち

$$(P_3 - P_4)V_3 = P_1\frac{V_2^\gamma - V_1^\gamma}{V_3^{\gamma-1}}$$

が得られる.この式を①式に代入すると,ΔQ_{34} が P_1 を用いて次のように表せる.

$$\Delta Q_{34} = -P_1 \frac{V_2^\gamma - V_1^\gamma}{(\gamma-1)V_3^{\gamma-1}} < 0.$$

二つの断熱過程で熱の出入りはない。従って，この循環過程の際に系が外部にした全仕事 $-\Delta W$ は，熱力学第一法則より，$-\Delta W = \Delta Q_{12} + \Delta Q_{34}$ と計算される。以上より，この熱機関の効率 η は，系が高温部から受け取った熱量 ΔQ_{12} と外部にした全仕事 $-\Delta W$ の比として，次のように求まる。

$$\eta = \frac{-\Delta W}{\Delta Q_{12}} = \frac{\Delta Q_{12} - (-\Delta Q_{34})}{\Delta Q_{12}}$$
$$= 1 - \frac{V_2^\gamma - V_1^\gamma}{(V_2-V_1)V_3^{\gamma-1}\gamma}.$$

2.2.1 (1) (2.31) 式に状態方程式 $P = \frac{nRT}{V}$ から得られる関係 $\left(\frac{\partial P}{\partial T}\right)_V = \frac{nR}{V}$ を代入すると，

$$dU = nC_V\, dT,$$
$$dS = \frac{nC_V}{T}dT + \frac{nR}{V}dV$$

を得る。

(2) 定圧モル比熱は

$$C_P \equiv \frac{1}{n}\left(\frac{d'Q}{dT}\right)_P = \frac{T}{n}\left(\frac{\partial S}{\partial T}\right)_P$$

と表せる。この式に (1) の dS の表式を代入し，状態方程式 $V = \frac{nRT}{P}$ から得られる関係 $\left(\frac{\partial V}{\partial T}\right)_P = \frac{nR}{P}$ を用いると，

$$C_P = \frac{T}{n}\left\{\frac{nC_V}{T} + \frac{nR}{V}\left(\frac{\partial V}{\partial T}\right)_P\right\}$$
$$= C_V + \frac{RT}{V}\frac{nR}{P} = C_V + R$$

を得る。

(3) (1) の結果を不定積分すると，次式を得る。

$$U = nC_V T + 定数,$$
$$S = nC_V \ln T + nR \ln V + 定数$$
$$= nC_V \ln(TV^{\gamma-1}) + 定数.$$

(4) 準静的（可逆）断熱過程では $\Delta S = 0$。従って，(3) より，$TV^{\gamma-1} = $ 一定。この式に $T = \frac{PV}{nR}$ を代入し，nR が定数であることを考慮すると，「$PV^\gamma = $ 一定」が成立することがわかる。

(5) (3) より，U は温度のみの関数であるので，この過程で気体の温度は変化しない。従って，エントロピーの増分には，(3) の S における V 依存性のみが関与し，

$$\Delta S = nR\ln\frac{V_1 + V_2}{V_1}$$

と表せる。

2.2.2 ポアソンの式「$PV^\gamma = $ 一定」から，可逆断熱過程 $(dS = 0)$ で，

$$d(PV^\gamma) = V^\gamma dP + \gamma PV^{\gamma-1}dV = 0$$

が成立する。この式を dP で割り，「$S = $ 一定」の条件をあらわに書き加えると，$\left(\frac{\partial V}{\partial P}\right)_S = -\frac{V}{\gamma P}$ を得る。これより，断熱圧縮率が，

$$\kappa_S = -\frac{1}{V}\left(\frac{\partial V}{\partial P}\right)_S = \frac{1}{\gamma P}$$

と得られる。また，気体の密度は $\rho = \frac{nM}{V}$ と表せる。これらの結果と状態方程式を用いると，音速が次のように書き換えられる。

$$u = \sqrt{\frac{1}{\rho\kappa_S}} = \sqrt{\frac{V\gamma P}{nM}} = \sqrt{\frac{\gamma RT}{M}}$$
$$= \sqrt{\frac{\gamma R}{M} \times 273\left(1 + \frac{t}{273}\right)}.$$

ここで $t\,[°\mathrm{C}]$ は摂氏温度である。この式に $\gamma = 1.41$, $R = 8.314\,[\mathrm{J/mol \cdot K}]$, $M = 28.9 \times 10^{-3}\,[\mathrm{kg/mol}]$ を代入すると，音速が次のように得られる。

$$u \simeq 333\left(1 + \frac{t}{273}\right)^{\frac{1}{2}}$$
$$\simeq 333\left(1 + \frac{1}{2}\frac{t}{273}\right)$$
$$\simeq 333 + 0.61t.$$

ただし，$|x| \ll 1$ の場合に精度良く成立する近似式 $\sqrt{1+x} \simeq 1 + \frac{x}{2}$ を用いた。よって $0°\mathrm{C}$ での音速は $333\,\mathrm{m/s}$, $1°\mathrm{C}$ との音速の差 Δu は $0.61\,\mathrm{m/s}$ と求まる。

2.2.3 (1) 状態方程式より，

$$\left(\frac{\partial P}{\partial T}\right)_V = \frac{nR}{V-nb},$$

が得られる．これらを (2.31) 式に代入すると，内部エネルギーとエントロピーの微小変化が，

$$T\left(\frac{\partial P}{\partial T}\right)_V - P = a\frac{n^2}{V^2}$$

$$dU = nC_V\, dT + a\frac{n^2}{V^2}\, dV,$$

$$dS = \frac{nC_V}{T}\, dT + \frac{nR}{V-nb}\, dV$$

と表せる．

(2) (1) の U は状態量であるから，マクスウェルの関係式

$$\frac{\partial(nC_V)}{\partial V} = \frac{\partial}{\partial T}\left(a\frac{n^2}{V^2}\right) = 0$$

が成立する．従って，C_V は体積に依存しない．dS からも同じ結論が得られる．

(3) C_V が定数であることを考慮して (1) の表式を積分すると，内部エネルギーとエントロピーが，

$$U = nC_V T - a\frac{n^2}{V} + U_0,$$

$$S = nC_V \ln T + nR\ln(V-nb) + S_0$$

$$= nC_V \ln\left\{T(V-nb)^{\frac{R}{C_V}}\right\} + S_0$$

と求まる．ただし，S_0 と U_0 は定数である．

(4) 準静的断熱過程ではエントロピーは変化しない．この事実と (3) の結果より，準静的断熱過程で「$T(V-nb)^{\frac{R}{C_V}} = $ 一定」が成立することになる．

(5) 断熱自由膨張では $d'Q = d'W = 0$ が成立している．従って，熱力学第一法則より，この過程で内部エネルギーは変化しない．従って，(3) の結果より，

$$nC_V T_2 - a\frac{n^2}{V_2} = nC_V T_1 - a\frac{n^2}{V_1}$$

が成立する．これより，求める温度変化 $\Delta T \equiv T_2 - T_1$ が，

$$\Delta T = \frac{an}{C_V}\left(\frac{1}{V_2} - \frac{1}{V_1}\right) < 0$$

と得られる．

2.2.4 証明は背理法で行う．

(a) まず，クラウジウスの原理が成り立たないものと仮定する．すると，図 3(a) のような過程が可能になる．まず，高温熱源から熱量 $\Delta Q_1 > 0$ を供給して外部へ仕事 $-\Delta W > 0$ をし，残りのエネルギーを熱 $-\Delta Q_3 > 0$ として低温熱源に排出する．次に，低温熱源から高温熱源に熱量 $-\Delta Q_3$ を移す．すると，全系としては，高温熱源から熱量

$$\Delta Q_1 - (-\Delta Q_3) = -\Delta W > 0$$

を供給してその全てを仕事に変換したことになる．これは，トムソンの原理に反する．

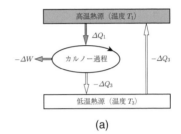

(a)

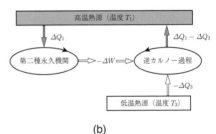

(b)

図 3

(b) 次に，トムソンの原理が成り立たないものと仮定する．すると，図 3(b) のような過程が可能になる．まず，高温熱源から熱量 $\Delta Q_1 > 0$ を第二種永久機関へ供給して，仕事 $-\Delta W = \Delta Q_1$ を行う．そして，その仕事を利用して逆カルノー過程を駆動し，低温熱源から熱量 $-\Delta Q_3 > 0$ を取って高温熱源へ熱量 $\Delta Q_1 - \Delta Q_3 > 0$ を排出する．すると，系全体としては，低温熱源から高温熱源へ熱量 $-\Delta Q_3 > 0$ を移したことになる．これは，クラウジウスの原理に反する．

このようにして，二つの原理は等価であることが示せた．

2.2.5 (1) $P = P_0 + bT^2$ より，

$$\left(\frac{\partial P}{\partial T}\right)_V = 2bT.$$

この式と $nC_V = aVT$ を (2.31) 式に代入すると，次式を得る．

$$dU = aVT\,dT + (bT^2 - P_0)\,dV,$$
$$dS = aV\,dT + 2bT\,dV.$$

(2) S はポテンシャルなので，マクスウェルの関係式

$$\frac{\partial(aV)}{\partial V} = \frac{\partial(2bT)}{\partial T}$$

が成立することになる．これより，

$$b = \frac{1}{2}a.$$

dU に関するマクスウェルの関係式からも同じ結果を得る．

(3) $b = \frac{1}{2}a$ を (1) の結果に代入すると，

$$\begin{cases} dU = aVT\,dT + \left(\frac{1}{2}aT^2 - P_0\right)dV \\ dS = aV\,dT + aT\,dV \end{cases} \quad ①$$

が得られる．これらの全微分を T 軸に平行な直線に沿って積分すると，

$$\begin{cases} U = \frac{1}{2}aVT^2 + g_U(V) \\ S = aVT + g_S(V) \end{cases} \quad ②$$

が得られる．積分"定数" $g_U(V)$ と $g_S(V)$ を決めるために，これらの式を V で偏微分し，①式の V 方向の勾配と等号で結ぶと，

$$\frac{1}{2}aT^2 + g'_U(V) = \frac{1}{2}aT^2 - P_0,$$
$$aT + g'_S(V) = aT.$$

となる．この二式を積分すると，

$$g_U(V) = -P_0 V + 定数,$$
$$g_S(V) = 定数.$$

これらの結果を②式に代入すると，最終的に

$$U = \frac{1}{2}aVT^2 - P_0 V + 定数,$$
$$S = aVT + 定数$$

が得られる．

(4) 準静的（＝可逆）断熱過程ではエントロピーは一定なので，aVT は変化しない．従って，始状態を (T_0, V_0)，終状態を $(T_1, 2V_0)$ とすると，$V_0 T_0 = 2V_0 T_1$ が成立．これより，

$$\frac{T_1}{T_0} = \frac{1}{2} = 0.5.$$

2.2.6

$$\left(P + a\frac{n^2}{V^2}\right)(V - nb) = nRT$$

の微小変化（全微分）は，

$$(V - nb)\,dP$$
$$+ \left\{\left(P + a\frac{n^2}{V^2}\right) - 2a\frac{n^2}{V^3}(V - nb)\right\}dV$$
$$= nR\,dT$$

と計算できる．従って，

$$\left(\frac{\partial P}{\partial T}\right)_V = \frac{nR}{V - nb},$$
$$\left(\frac{\partial V}{\partial T}\right)_P = \frac{nR}{P + a\frac{n^2}{V^2} - 2a\frac{n^2}{V^3}(V - nb)}.$$

これらを (2.33) 式に代入して次のように変形する．

$$C_P - C_V$$
$$= \frac{T}{n}\left(\frac{\partial P}{\partial T}\right)_V\left(\frac{\partial V}{\partial T}\right)_P$$
$$= \frac{T}{n}\frac{nR}{V - nb}\frac{nR}{P + a\frac{n^2}{V^2} - 2a\frac{n^2}{V^3}(V - nb)}$$
$$= \frac{nR^2 T}{\left(P + a\frac{n^2}{V^2}\right)(V - nb) - 2a\frac{n^2}{V^3}(V - nb)^2}$$
$$= \frac{nR^2 T}{nRT - 2a\frac{n^2}{V^3}(V - nb)^2}$$
$$= \frac{R}{1 - 2na\frac{(V - nb)^2}{V^3 RT}}.$$

2.2.7

(1) $U = aVT^4$ の微小変化は

$$dU = 4aVT^3 dT + aT^4 dV$$

と表せる．一方，外部から系への微小仕事 $d'W = -P\,dV$ は，

$$d'W = -\frac{1}{3}aT^4 dV$$

となる．上の二式と熱力学第一法則 $dU = d'Q + d'W$ より，エントロピーの微小変化 $dS = \frac{d'Q}{T}$ の表式が，

$$dS = \frac{dU - d'W}{T} \quad \text{①}$$

$$= 4aVT^2 dT + \frac{4}{3}aT^3 dV \quad \text{②}$$

と得られる．この全微分を，まず，T 軸に平行な直線に沿って積分すると，

$$S(T,V) = 4aV \int T^2 dT \quad \text{③}$$

$$= \frac{4}{3}aVT^3 + f(V) \quad \text{④}$$

となる．ここで $f(V)$ は積分"定数"で，V のみの関数である．この式を V で偏微分し，②式の V 方向の勾配と等号で結ぶと，

$$\frac{4}{3}aT^3 + f'(V) = \frac{4}{3}aT^3,$$

すなわち

$$f'(V) = 0$$

が得られる．従って，「$f(V) = $ 定数」が結論される．この結果を④式に用いると，$S(T,V)$ の最終的な表式として，次式を得る．

$$S(T,V) = \frac{4}{3}aVT^3 + \text{定数}. \quad \text{⑤}$$

(2) 準静的断熱変化では $d'Q = 0$ と $dS = \frac{d'Q}{T}$ より，エントロピーは変化しない．この事実と⑤式より，準静的断熱変化では「$VT^3 = $ 一定」が成立する．この式に，$P = \frac{1}{3}aT^4$ から得られる関係式 $T \propto P^{\frac{1}{4}}$ を代入すると，$VP^{\frac{3}{4}} = $ 一定．すなわち，「$PV^{\frac{4}{3}} = $ 一定」が結論される．

2.2.8 証明に用いる系は，図 4 のように，二つの熱源を用いて駆動される n 個の可逆循環過程と，n 個の熱源を用いる一つの一般熱機関 E で構成されている．ここでは，熱の流れのみを示し，熱の出入りで符号に区別はつけていない．まず，温度 T_0 の熱源から可逆熱機関 j ($j = 1, 2, \cdots, n$) に熱量 ΔQ_{j0} を供給して駆動し，温度 T_j を持つ熱源に熱量 ΔQ_j を排出する．ただし，各 ΔQ_{j0} と ΔQ_j は，正負いずれの値もとりうるものとする．各熱機関は可逆であることから，(2.21)式の等号に相当する等式

$$\frac{\Delta Q_{j0}}{T_0} + \frac{-\Delta Q_j}{T_j} = 0,$$

すなわち

$$\Delta Q_{j0} = T_0 \frac{\Delta Q_j}{T_j}$$

が成立する．次に，各熱源 j ($j = 1, 2, \cdots, n$) から熱量 ΔQ_j を供給して，一般熱機関 E を駆動する．各可逆熱機関への熱の出入りは相殺する

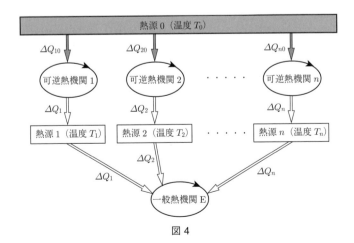

図 4

ので，全熱機関が受け取った総熱量 ΔQ は，単一の熱源 0 から供給される熱量の和

$$\Delta Q = \sum_{j=1}^{n} \Delta Q_{j0} = T_0 \sum_{j=1}^{n} \frac{\Delta Q_j}{T_j}$$

に等しい．循環過程に関する第一法則によると，この熱量は，外部への仕事 $-\Delta W$ へと変換される．すなわち，

$$-\Delta W = \Delta Q$$

が成立する．一方で，各可逆熱機関への熱の出入りが相殺するこの全熱機関系は，単一の熱源 0 により駆動されており，トムソンの原理 $-\Delta W \leq 0$ が成立する．この不等式を，上で導いた等式を下から順に用いて書き換えると，

$$0 \geq -\Delta W = \Delta Q = T_0 \sum_{j=1}^{n} \frac{\Delta Q_j}{T_j}$$

が得られる．さらに，上の式で，各 ΔQ_i を無限小にすると共に $n \to \infty$ の極限を取り，不等式が循環過程に関するものであることに注意すると，

$$0 \geq \lim_{n \to \infty} \sum_{j=1}^{n} \frac{\Delta Q_j}{T_j} = \oint \frac{d'Q}{T}$$

が得られる．つまり，

$$\oint \frac{d'Q}{T} \leq 0 \qquad ①$$

が成立する．①式の等号は「可逆過程」について成立する．

ここで，図 1.10 の A から B に至る一般の過程 (general process) を行った後，B から A に可逆過程 (reversible process) で戻る閉曲線を考える．①式をこの閉曲線に適用し，可逆過程について $dS = \frac{d'Q}{T}$ が成り立つことを考慮すると，

$$\int_{A(G)}^{B} \frac{d'Q}{T} + \int_{B(R)}^{A} dS \leq 0$$

すなわち，

$$\int_{A(G)}^{B} \frac{d'Q}{T} \leq S_B - S_A \qquad ②$$

が得られる．さらに，A と B の隔たりが無限小の場合を考えると，上の式から積分記号を除く

ことが可能になり，「クラウジウス不等式」

$$\frac{d'Q}{T} \leq dS \qquad ③$$

が導かれる．このようにして，「トムソンの原理」から，「クラウジウス不等式」が導出できた．

この導出過程から，③式は，②式のように，熱平衡空間の任意の二点 (A, B) の間で，右辺と左辺で経路を変えて積分することが定義として可能である．ただし，右辺の dS に関する積分は，熱平衡空間で行う必要がある．

第 3 章

3.1.1 (1) $dS = \left(\frac{\partial S}{\partial T}\right)_V dT + \left(\frac{\partial S}{\partial V}\right)_T dV$.

(2) $T\,dS$ は系に加えた微小熱量なので，$\frac{T}{n}\left(\frac{\partial S}{\partial T}\right)_V \equiv C_V$ は定積モル比熱である．従って，

$$\left(\frac{\partial S}{\partial T}\right)_V = \frac{nC_V}{T}$$

と表せる．また，(T, V) を自然な独立変数に持つ熱力学ポテンシャルはヘルムホルツ自由エネルギー F で，その微小変化は

$$dF = -S\,dT - P\,dV$$

と表せる．これが完全微分であることから，マクスウェルの関係式

$$\left(\frac{\partial S}{\partial V}\right)_T = \left(\frac{\partial P}{\partial T}\right)_V$$

が成立する．これらの結果を (1) の結果に代入すると，

$$dS = \frac{nC_V}{T}dT + \left(\frac{\partial P}{\partial T}\right)_V dV$$

が得られる．

(3) $dS = \left(\frac{\partial S}{\partial T}\right)_P dT + \left(\frac{\partial S}{\partial P}\right)_T dP$.

(4) $T\,dS$ は系に加えた微小熱量なので，$\frac{T}{n}\left(\frac{\partial S}{\partial T}\right)_P \equiv C_P$ は定圧モル比熱である．従って，

$$\left(\frac{\partial S}{\partial T}\right)_P = \frac{nC_P}{T}$$

と表せる．また，(T, P) を自然な独立変数に持つ熱力学ポテンシャルはギブス自由エネルギー G で，その微小変化は

$$dG = -S\,dT + V\,dP$$

と表せる．これが完全微分であることから，マクスウェルの関係式

$$\left(\frac{\partial S}{\partial P}\right)_T = -\left(\frac{\partial V}{\partial T}\right)_P$$

が成立する．これらの結果を (3) の結果に代入すると，

$$dS = \frac{nC_P}{T}dT - \left(\frac{\partial V}{\partial T}\right)_P dP$$

が得られる．

3.1.2 完全微分

$$dF = -(nC_V \ln T + nR \ln V + a)\,dT - \frac{nRT}{V}dV \quad \text{①}$$

の積分を行う．まず，T 軸に平行な直線に沿って

$$dF = -(nC_V \ln T + nR \ln V + a)\,dT$$

を積分すると，

$$F(T,V) = -nC_V(T\ln T - T) - nRT\ln V - aT + g(V)$$

を得る．ここで $g(V)$ は V の未知関数．この F の V 方向の勾配が①式と無矛盾であること，すなわち，

$$\frac{\partial F(T,V)}{\partial V} = -\frac{nRT}{V}$$

を要請すると，$g'(V) = 0$ すなわち $g(V) = b$ (b は定数) を得る．従って，

$$F(T,V) = -nC_V T\ln T - nRT\ln V + (nC_V - a)T + b.$$

3.1.3 完全微分

$$dG = -(nC_P \ln T - nR \ln P + a)\,dT + \frac{nRT}{P}dP \quad \text{②}$$

の積分を行う．まず，T 軸に平行な直線に沿って

$$dG = -(nC_P \ln T - nR \ln P + a)\,dT$$

を積分すると，

$$G(T,P) = -nC_P(T\ln T - T) + nRT\ln P - aT + g(P)$$

を得る．ここで $g(P)$ は P の未知関数．この G の P 方向の勾配が②式と無矛盾であること，すなわち，

$$\frac{\partial G(T,P)}{\partial P} = \frac{nRT}{P}$$

を要請すると，$g'(P) = 0$ すなわち $g(P) = b$ (b は定数) を得る．従って，

$$G(T,P) = -nC_P T\ln T + nRT\ln P + (nC_P - a)T + b.$$

3.1.4
(1) (3.14) 式の独立変数は (T,P) である．一方，同じ独立変数を持つギブス自由エネルギーの微小変化は，

$$dG = -S\,dT + V\,dP$$

と表せる．従って，(3.14) 式の絶対零度近傍の振る舞いは，マクスウェルの関係式と熱力学第三法則を用いて，

$$\alpha \equiv \frac{1}{V}\left(\frac{\partial V}{\partial T}\right)_P = -\frac{1}{V}\left(\frac{\partial S}{\partial P}\right)_T \xrightarrow{T\to 0} 0$$

と評価できる．

(2) 圧力の温度依存性は，偏導関数

$$\left(\frac{\partial P}{\partial T}\right)_V$$

で評価できる．ここで，(T,V) を独立変数とするヘルムホルツ自由エネルギーの微小変化

$$dF = -S\,dT - P\,dV$$

を思い起こすと，上の表式の絶対零度近傍の振る舞いは，マクスウェルの関係式と熱力学第三法則を用いて，

$$\left(\frac{\partial P}{\partial T}\right)_V = \left(\frac{\partial S}{\partial V}\right)_T \xrightarrow{T\to 0} 0$$

と評価できる．

3.2.1
(3.21) 式より，Ω は (T,V,μ) なる独立変数を持ち，その中の示量変数は体積 V のみである．一方，Ω も示量変数であるから，(T,μ) を一定に保って体積を λ 倍すると，Ω も λ 倍されるはずである．すなわち，

$$\Omega(T, \lambda V, \mu) = \lambda \Omega(T, V, \mu)$$

の関係が成り立つ．この式を λ に関して微分すると，その結果は，新たな変数 $V_\lambda \equiv \lambda V$ を用いて，

$$\frac{\partial \Omega(T, V_\lambda, \mu)}{\partial V_\lambda} \frac{dV_\lambda}{d\lambda} = \Omega(T, V, \mu)$$

と表せる．この式で $\lambda = 1$ と置くと，

$$\left(\frac{\partial \Omega}{\partial V}\right)_{T,\mu} V = \Omega(T, V, \mu)$$

となる．さらに (3.21) 式からの関係 $\left(\frac{\partial \Omega}{\partial V}\right)_{T,\mu} = -P$ を代入すると，$\Omega = -PV$ が得られる．

3.2.2 (1) 条件 (i)〜(iii) の下で，クラペイロン - クラウジウスの式を，1 モルの状態方程式 $V_{\mathrm{g}} = \frac{RT}{P}$ を使って書き換えると，

$$\frac{dP}{dT} = \frac{L}{(V_{\mathrm{g}} - V_\ell)T} \approx \frac{L}{V_{\mathrm{g}}T} = \frac{LP}{RT^2}$$

となる．これより，

$$\frac{dP}{P} = \frac{L}{RT^2} dT$$

が得られる．この式を積分すると，$\ln P = -\frac{L}{RT} + $ 定数，すなわち，$P = P_0 \exp\left(-\frac{L}{RT}\right)$ となる．ここで P_0 は定数．

(2) $\ln P = -\frac{L}{RT} + $ 定数 から，2 気圧での沸騰温度を T_2 [K] として，

$$\ln \frac{2}{1} = -\frac{L}{R}\left(\frac{1}{T_2} - \frac{1}{373}\right)$$

が得られる．この式より，T_2 が

$$T_2 = \frac{1}{\frac{1}{373} - \frac{R}{L}\ln 2}$$

$$= \frac{373}{1 - \frac{373 \times 8.3}{4.2 \times 9700} \times 0.693}$$

$$= 394 \,[\mathrm{K}]$$

と評価できる．

3.2.3 図 2.8 のように，熱平衡状態にある孤立系を，熱と粒子を通し滑らかに動く可動壁で二つの部分系に分ける．全系 $1+2$ は孤立系であるので，その全内部エネルギー U，全体積 V，全粒子数 N は一定で，それらは

$$\begin{cases} U_1 + U_2 = U \\ V_1 + V_2 = V \\ N_1 + N_2 = N \end{cases} \quad \text{①}$$

を満たす示量変数である．また，(3.17) 式が示すように，全系のエントロピーも示量変数で，

$$\begin{aligned} S(T, V, N) &= S_1(T_1, V_1, N_1) \\ &\quad + S_2(T_2, V_2, N_2) \end{aligned} \quad \text{①}'$$

と表せる．熱平衡条件を求めるため，状態変数が (U_j, V_j, N_j) のところで全系が熱平衡状態にあるものとし，そこからの仮想的な変化 $(U_j, V_j, N_j) \to (U_j + \delta U_j, V_j + \delta V_j, N_j + \delta N_j)$ を考える．ただし，拘束条件①より，

$$\begin{cases} \delta U_1 + \delta U_2 = 0 \\ \delta V_1 + \delta V_2 = 0 \\ \delta N_1 + \delta N_2 = 0 \end{cases} \quad \text{②}$$

が成立する．S が最大値となっているための必要条件の一つは，対応するエントロピーの仮想的変化

$$\begin{aligned} \Delta S &\equiv \sum_{j=1}^{2} \{S_j(U_j + \delta U_j, V_j + \delta V_j, N_j + \delta N_j) \\ &\quad - S_j(U_j, V_j, N_j)\} \end{aligned} \quad \text{③}$$

が，$(\delta U_j, \delta V_j, \delta N_j)$ の一次の範囲でゼロとなることである．この条件は，具体的に，以下のように書き換えられる．

$$\begin{aligned} 0 &= \sum_{j=1}^{2} \left\{ \left(\frac{\partial S_j}{\partial U_j}\right)_{V_j, N_j} \delta U_j \right. \\ &\quad + \left(\frac{\partial S_j}{\partial V_j}\right)_{U_j, N_j} \delta V_j \\ &\quad \left. + \left(\frac{\partial S_j}{\partial N_j}\right)_{U_j, V_j} \delta N_j \right\} \end{aligned}$$

((3.17) 式を考慮)

$$= \sum_{j=1}^{2} \left(\frac{1}{T_j} \delta U_j + \frac{P_j}{T_j} \delta V_j - \frac{\mu_j}{T_j} \delta N_j\right)$$

(条件②を考慮)

$$= \left(\frac{1}{T_1} - \frac{1}{T_2}\right)\delta U_1 + \left(\frac{P_1}{T_1} - \frac{P_2}{T_2}\right)\delta V_1$$
$$- \left(\frac{\mu_1}{T_1} - \frac{\mu_2}{T_2}\right)\delta N_1.$$

これが任意の仮想的変化 $(\delta U_1, \delta V_1, \delta N_1)$ に対して成立するための必要十分条件は，次のように表せる．

$$T_1 = T_2, \qquad P_1 = P_2, \qquad \mu_1 = \mu_2.$$

すなわち，系 1 と系 2 の間の熱平衡条件として，「温度，圧力，化学ポテンシャルが等しい」が得られた．系をさらに細かく分割して以上の考察を繰り返すと，「孤立系の熱平衡状態では，系の至る所で，温度，圧力，化学ポテンシャルが一定である」ことが結論できる．

3.3.1 (1) $dH = T\,dS + V\,dP$ より，$dH = 0$ のとき，
$$T\,dS + V\,dP = 0$$
が成立．これより，
$$\left(\frac{\partial S}{\partial P}\right)_H = -\frac{V}{T} < 0.$$

(2) $dU = T\,dS - P\,dV$ より，$dU = 0$ のとき，
$$T\,dS - P\,dV = 0$$
が成立．これより，
$$\left(\frac{\partial S}{\partial V}\right)_U = \frac{P}{T} > 0.$$

3.3.2 証明は，n をモル数として，次のように実行できる．

$$\frac{n}{T}(C_P - C_V)$$
$$= \left(\frac{\partial S}{\partial T}\right)_P - \left(\frac{\partial S}{\partial T}\right)_V$$
$$= \frac{\partial(S,P)}{\partial(T,P)} - \frac{\partial(S,V)}{\partial(T,V)}$$
$$= \frac{\dfrac{\partial(S,P)}{\partial(T,V)}}{\dfrac{\partial(T,P)}{\partial(T,V)}} - \frac{\partial(S,V)}{\partial(T,V)}$$
$$= \frac{\left(\dfrac{\partial S}{\partial T}\right)_V \left(\dfrac{\partial P}{\partial V}\right)_T - \left(\dfrac{\partial S}{\partial V}\right)_T \left(\dfrac{\partial P}{\partial T}\right)_V}{\left(\dfrac{\partial P}{\partial V}\right)_T}$$

$$-\left(\frac{\partial S}{\partial T}\right)_V$$
$$= \frac{-\left(\dfrac{\partial S}{\partial V}\right)_T \left(\dfrac{\partial P}{\partial T}\right)_V}{\left(\dfrac{\partial P}{\partial V}\right)_T}$$

$\left(\text{(3.6) 式より } \left(\frac{\partial S}{\partial V}\right)_T = \left(\frac{\partial P}{\partial T}\right)_V\right)$

$$= \frac{\left\{\left(\dfrac{\partial P}{\partial T}\right)_V\right\}^2}{-\left(\dfrac{\partial P}{\partial V}\right)_T} = -\left(\frac{\partial V}{\partial P}\right)_T \left\{\left(\frac{\partial P}{\partial T}\right)_V\right\}^2$$
$$= V\kappa_T \left\{\left(\frac{\partial P}{\partial T}\right)_V\right\}^2 > 0.$$

3.3.3 証明は，次のように実行できる．

$$-V(\kappa_T - \kappa_S) = \left(\frac{\partial V}{\partial P}\right)_T - \left(\frac{\partial V}{\partial P}\right)_S$$
$$= \frac{\partial(V,T)}{\partial(P,T)} - \frac{\partial(V,S)}{\partial(P,S)}$$
$$= \frac{\partial(V,T)}{\partial(P,T)} - \frac{\dfrac{\partial(V,S)}{\partial(P,T)}}{\dfrac{\partial(P,S)}{\partial(P,T)}}$$
$$= \left(\frac{\partial V}{\partial P}\right)_T$$

$$- \frac{\left(\dfrac{\partial V}{\partial P}\right)_T \left(\dfrac{\partial S}{\partial T}\right)_P - \left(\dfrac{\partial V}{\partial T}\right)_P \left(\dfrac{\partial S}{\partial P}\right)_T}{\left(\dfrac{\partial S}{\partial T}\right)_P}$$

$$= \frac{\left(\dfrac{\partial V}{\partial T}\right)_P \left(\dfrac{\partial S}{\partial P}\right)_T}{\left(\dfrac{\partial S}{\partial T}\right)_P}$$

$\left(\text{(3.10) 式より } \left(\frac{\partial S}{\partial P}\right)_T = -\left(\frac{\partial V}{\partial T}\right)_P\right)$

$$= -\frac{T}{nC_P}\left[\left(\frac{\partial V}{\partial T}\right)_P\right]^2 < 0.$$

ここで，$\left(\frac{\partial S}{\partial T}\right)_P = \frac{nC_P}{T}$ を用いた．

3.3.4 証明は，次のように実行できる．

$$\frac{\kappa_T}{\kappa_S} = \frac{-\dfrac{1}{V}\left(\dfrac{\partial V}{\partial P}\right)_T}{-\dfrac{1}{V}\left(\dfrac{\partial V}{\partial P}\right)_S} = \frac{\dfrac{\partial(V,T)}{\partial(P,T)}}{\dfrac{\partial(V,S)}{\partial(P,S)}}$$

第 3 章の解答

$$= \frac{\frac{\partial(P,S)}{\partial(P,T)}}{\frac{\partial(V,S)}{\partial(V,T)}} = \frac{\left(\frac{\partial S}{\partial T}\right)_P}{\left(\frac{\partial S}{\partial T}\right)_V} = \frac{C_P}{C_V}.$$

3.4.1 (1) $\left(\frac{\partial P}{\partial V}\right)_c = 0$ と $\left(\frac{\partial^2 P}{\partial V^2}\right)_c = 0$ を書き下すと,それぞれ次のようになる.

$$P_c\left(-\frac{1}{V_c - nb} + \frac{na}{RT_c V_c^2}\right) = 0, \quad ①$$

$$P_c\left\{\left(-\frac{1}{V_c - nb} + \frac{na}{RT_c V_c^2}\right)^2 + \frac{1}{(V_c - nb)^2} - \frac{2na}{RT_c V_c^3}\right\} = 0. \quad ①'$$

①式より,T_c が V_c を用いて

$$T_c = \frac{na(V_c - nb)}{RV_c^2} \quad ②$$

と表せる.次に,②式を①' 式に代入すると,

$$0 = \frac{1}{(V_c - nb)^2} - \frac{2na}{RV_c^3}\frac{RV_c^2}{na(V_c - nb)}$$
$$= \frac{1}{(V_c - nb)^2}\left\{1 - \frac{2(V_c - nb)}{V_c}\right\}$$

となる.これより V_c が,

$$V_c = 2nb$$

と得られる.この結果を②式に代入すると,

$$T_c = \frac{a}{4Rb}$$

となり,さらに (V_c, T_c) を (3.53) 式に代入して,

$$P_c = \frac{a}{4Rb}\frac{nR}{nb}e^{-\frac{na}{2Rnb}\frac{4Rb}{a}} = \frac{a}{4e^2 b^2}$$

を得る.まとめると,

$$(V_c, P_c, T_c) = \left(2nb, \frac{a}{4e^2 b^2}, \frac{a}{4Rb}\right)$$

となる.これらを用いると,

$$\frac{P_c V_c}{nRT_c} = \frac{2}{e^2} = 0.271$$

を得る.

(2) $(V, P, T) = (V_c V_r, P_c P_r, T_c T_r)$ と置いて (3.53) 式に代入し,両辺を P_c で割ると,還元方程式が

$$P_r = \frac{4e^2 b^2}{a}\frac{nRT_r}{(2V_r - 1)nb}\frac{a}{4Rb}$$
$$\times \exp\left(-\frac{na}{2Rnb}\frac{4Rb}{a}\frac{1}{T_r V_r}\right)$$
$$= \frac{e^2 T_r}{2V_r - 1}\exp\left(-\frac{2}{T_r V_r}\right)$$

と得られる.

3.4.2 (3.54) 式を圧力一定の条件下で微小変化させると,以下のようになる.

$$0 = \frac{T_r}{2V_r - 1}\exp\left(2 - \frac{2}{T_r V_r}\right)$$
$$\times \left(\frac{dT_r}{T_r} - \frac{2\,dV_r}{2V_r - 1} + \frac{2\,dT_r}{T_r^2 V_r} + \frac{2\,dV_r}{T_r V_r^2}\right)$$
$$= \frac{T_r}{2V_r - 1}\exp\left(2 - \frac{2}{T_r V_r}\right)$$
$$\times \left\{\left(\frac{1}{T_r} + \frac{2}{T_r^2 V_r}\right)dT_r - \left(\frac{2}{2V_r - 1} - \frac{2}{T_r V_r^2}\right)dV_r\right\}.$$

これより,

$$\left(\frac{\partial V_r}{\partial T_r}\right)_{P_r} = \frac{\frac{1}{T_r} + \frac{2}{T_r^2 V_r}}{\frac{2}{2V_r - 1} - \frac{2}{T_r V_r^2}}$$
$$= \frac{V_r(2V_r - 1)(T_r V_r + 2)}{2T_r(T_r V_r^2 - 2V_r + 1)}$$

を得る.この表式を逆転温度を決める式に代入し,以下のように変形する.

$$0 = T_r\left(\frac{\partial V_r}{\partial T_r}\right)_{P_r} - V_r$$
$$= T_r\frac{V_r(2V_r - 1)(T_r V_r + 2)}{2T_r(T_r V_r^2 - 2V_r + 1)} - V_r$$
$$= \frac{V_r\{(2V_r - 1)(T_r V_r + 2) - 2(T_r V_r^2 - 2V_r + 1)\}}{2(T_r V_r^2 - 2V_r + 1)}$$
$$= \frac{V_r\{(8 - T_r)V_r - 4\}}{2(T_r V_r^2 - 2V_r + 1)}.$$

従って,

$$V_r = \frac{4}{8 - T_r}$$

を得る.これを (3.54) 式に代入すると,P_r が次のように得られる.

$$P_{\mathrm{r}} = \frac{T_{\mathrm{r}}}{2\dfrac{4}{8-T_{\mathrm{r}}} - 1} \exp\left(2 - \frac{2}{T_{\mathrm{r}}\dfrac{4}{8-T_{\mathrm{r}}}}\right)$$

$$= (8 - T_{\mathrm{r}}) \exp\left(\frac{5}{2} - \frac{4}{T_{\mathrm{r}}}\right).$$

第 4 章

4.1.1 k と k^2 の期待値は,次のように計算できる.

$$\langle k \rangle = \sum_{k=0}^{\infty} k w_k = \sum_{k=1}^{\infty} k \frac{\lambda^k e^{-\lambda}}{k!}$$

$$= \lambda \sum_{k=1}^{\infty} \frac{\lambda^{k-1} e^{-\lambda}}{(k-1)!} = \lambda \sum_{k'=0}^{\infty} \frac{\lambda^{k'} e^{-\lambda}}{k'!}$$

$$= \lambda,$$

$$\langle k^2 \rangle = \sum_{k=1}^{\infty} \{k(k-1) + k\} w_k$$

$$= \lambda^2 \sum_{k=2}^{\infty} \frac{\lambda^{k-2} e^{-\lambda}}{(k-2)!} + \lambda \sum_{k=1}^{\infty} \frac{\lambda^{k-1} e^{-\lambda}}{(k-1)!}$$

$$= \lambda^2 + \lambda.$$

従って,k の期待値と標準偏差が,それぞれ次のように得られる.

$$\langle k \rangle = \lambda, \quad \sigma_k \equiv \sqrt{\langle k^2 \rangle - \langle k \rangle^2} = \sqrt{\lambda}.$$

4.1.2 (1) $(x, y) = (r\cos\theta, r\sin\theta)$ より

$$x^2 + y^2 = r^2,$$

$$dx\, dy = \left|\det\begin{bmatrix} \frac{\partial x}{\partial r} & \frac{\partial x}{\partial \theta} \\ \frac{\partial y}{\partial r} & \frac{\partial y}{\partial \theta} \end{bmatrix}\right| dr\, d\theta$$

$$= \left|\det\begin{bmatrix} \cos\theta & -r\sin\theta \\ \sin\theta & r\cos\theta \end{bmatrix}\right| dr\, d\theta$$

$$= r\, dr\, d\theta.$$

(2) (1) の結果を用いると,I^2 が次のように計算できる.

$$I^2 = \int_{-\infty}^{\infty} dx \int_{-\infty}^{\infty} dy\, e^{-x^2-y^2}$$

$$= \int_0^{2\pi} d\theta \int_0^{\infty} dr\, r\, e^{-r^2}$$

$$= 2\pi \left[-\frac{1}{2} e^{-r^2}\right]_0^{\infty}$$

$$= \pi.$$

これより,$I = \sqrt{\pi}$ を得る.

(3) $J(a)$ は,変数変換 $y = \sqrt{a}\, x$ を行って (2) の結果を用いることにより,

$$J(a) = \left(\frac{\pi}{a}\right)^{\frac{1}{2}}$$

と求まる.これを用いると,第二の積分が,次のように計算できる.

$$\int_{-\infty}^{\infty} x^2 e^{-x^2} dx$$

$$= \int_{-\infty}^{\infty} x^2 e^{-ax^2} dx \bigg|_{a=1}$$

$$= -\frac{\partial}{\partial a} \int_{-\infty}^{\infty} e^{-ax^2} dx \bigg|_{a=1}$$

$$= -\frac{dJ(a)}{da}\bigg|_{a=1} = \frac{\pi^{\frac{1}{2}}}{2a^{\frac{3}{2}}}\bigg|_{a=1}$$

$$= \frac{\sqrt{\pi}}{2}.$$

4.1.3 x と x^2 の期待値は,変数変換 $y = \frac{x-\mu}{\sqrt{2}\,\sigma}$ を用いて,次のように計算できる.

$$\langle x \rangle = \int_{-\infty}^{\infty} x f(x)\, dx$$

$$= \frac{1}{\sqrt{2\pi}\,\sigma} \int_{-\infty}^{\infty} (\sqrt{2}\,\sigma y + \mu) e^{-y^2} \sqrt{2}\,\sigma\, dy$$

$$= \frac{\sqrt{2}\,\sigma}{\sqrt{\pi}} \int_{-\infty}^{\infty} y\, e^{-y^2} dy + \frac{\mu}{\sqrt{\pi}} \int_{-\infty}^{\infty} e^{-y^2} dy$$

$$= \mu,$$

$$\langle x^2 \rangle = \int_{-\infty}^{\infty} x^2 f(x)\, dx$$

$$= \frac{1}{\sqrt{2\pi}\,\sigma} \int_{-\infty}^{\infty} (\sqrt{2}\,\sigma y + \mu)^2 e^{-y^2} \sqrt{2}\,\sigma\, dy$$

$$= \frac{2\sigma^2}{\sqrt{\pi}} \int_{-\infty}^{\infty} y^2 e^{-y^2} dy + \frac{2\sqrt{2}\,\sigma\mu}{\sqrt{\pi}} \int_{-\infty}^{\infty} y\, e^{-y^2} dy$$

$$+ \frac{\mu^2}{\sqrt{\pi}} \int_{-\infty}^{\infty} e^{-y^2} dy$$

$$= \sigma^2 + \mu^2.$$

従って，求める答えは次のように得られる．
$$\langle x \rangle = \mu, \quad \sigma_x \equiv \sqrt{\langle x^2 \rangle - \langle x \rangle^2} = \sigma.$$

4.2.1 (4.2), (4.15), (4.20) 式の条件下で (4.6) 式を最大にする問題は，(T, μ, λ) をラグランジュの未定乗数として，関数

$$\Omega \equiv U - TS - \mu N + \lambda \left(\sum_{\nu'} w_{\nu'} - 1 \right)$$
$$= \sum_{\nu'} w_{\nu'} \left(E_{\nu'} + k_{\mathrm{B}} T \ln w_{\nu'} - \mu \mathcal{N}_{\nu'} + \lambda \right)$$
$$- \lambda \quad \quad \quad \text{①}$$

の極値問題に置き換えることができる．持ち込んだ三つの未定乗数 (T, μ, λ) は，拘束条件 (4.2), (4.15), (4.20) 式により決定できる．(3.20) 式と見比べると，①式の Ω が，"非平衡状態"のグランドポテンシャル Ω に他ならず，未定乗数 T と μ はそれぞれ温度と化学ポテンシャルであることがわかる．①式が $w_\nu = w_\nu^{\mathrm{eq}}$ で極値を取るための必要条件は，

$$0 = \frac{\partial \Omega}{\partial w_\nu}\bigg|_{w_\nu = w_\nu^{\mathrm{eq}}}$$
$$= E_\nu - \mu \mathcal{N}_\nu + k_{\mathrm{B}} T (\ln w_\nu^{\mathrm{eq}} + 1) + \lambda.$$

すなわち，
$$w_\nu^{\mathrm{eq}} = e^{-\beta(E_\nu - \mu \mathcal{N}_\nu + \lambda) - 1}$$

と求まる．ここで，新たな定数 $Z_{\mathrm{G}} \equiv e^{\beta \lambda + 1}$ を導入すると，w_ν^{eq} は

$$w_\nu^{\mathrm{eq}} = \frac{e^{-\beta(E_\nu - \mu \mathcal{N}_\nu)}}{Z_{\mathrm{G}}}$$

と簡潔に表現できる．また，規格化条件 (4.2) より，定数 Z_{G} が

$$Z_{\mathrm{G}} = \sum_\nu e^{-\beta(E_\nu - \mu \mathcal{N}_\nu)}$$

と求まる．さらに，上で得た w_ν^{eq} の表式を①式に代入すると，平衡状態のグランドポテンシャル $\Omega_{\mathrm{eq}} \equiv \Omega[w_\nu^{\mathrm{eq}}]$ が，

$$\Omega_{\mathrm{eq}} = \sum_\nu w_\nu \left\{ E_\nu + k_{\mathrm{B}} T \left(\ln \frac{1}{Z_{\mathrm{G}}} \right. \right.$$
$$\left. \left. - \frac{E_\nu - \mu \mathcal{N}_\nu}{k_{\mathrm{B}} T} \right) - \mu \mathcal{N}_\nu \right\}$$

$$= -k_{\mathrm{B}} T \ln Z_{\mathrm{G}}$$

と得られる．以上の結果を導出の際の添字 eq を取り除いてまとめると，(4.21) 式のようになる．

4.2.2 証明は，次のように実行できる．

$$\langle E^2 \rangle - \langle E \rangle^2$$
$$= \sum_\nu w_\nu E_\nu^2 - \left(\sum_\nu w_\nu E_\nu \right)^2$$
$$= \sum_\nu \frac{e^{-\beta E_\nu}}{Z} E_\nu^2 - \left(\sum_\nu \frac{e^{-\beta E_\nu}}{Z} E_\nu \right)^2$$
$$= \sum_\nu \frac{1}{Z} \frac{\partial^2}{\partial \beta^2} e^{-\beta E_\nu}$$
$$\quad - \left(-\sum_\nu \frac{1}{Z} \frac{\partial}{\partial \beta} e^{-\beta E_\nu} \right)^2$$
$$= \frac{1}{Z} \frac{\partial^2 Z}{\partial \beta^2} - \frac{1}{Z^2} \left(\frac{\partial Z}{\partial \beta} \right)^2$$
$$= \frac{\partial}{\partial \beta} \left(\frac{1}{Z} \frac{\partial Z}{\partial \beta} \right) = \frac{\partial}{\partial \beta} \left(\frac{\partial}{\partial \beta} \ln Z \right)$$
$$= \frac{\partial^2}{\partial \beta^2} \ln Z.$$

4.2.3 証明は，次のように実行できる．

$$\langle \mathcal{N}^2 \rangle - \langle \mathcal{N} \rangle^2$$
$$= \sum_\nu w_\nu \mathcal{N}_\nu^2 - \left(\sum_\nu w_\nu \mathcal{N}_\nu \right)^2$$
$$= \sum_\nu \frac{e^{-\beta(E_\nu - \mu \mathcal{N}_\nu)}}{Z_{\mathrm{G}}} \mathcal{N}_\nu^2$$
$$\quad - \left\{ \sum_\nu \frac{e^{-\beta(E_\nu - \mu \mathcal{N}_\nu)}}{Z_{\mathrm{G}}} \mathcal{N}_\nu \right\}^2$$
$$= \sum_\nu \frac{1}{Z_{\mathrm{G}}} \frac{1}{\beta^2} \frac{\partial^2}{\partial \mu^2} e^{-\beta(E_\nu - \mu \mathcal{N}_\nu)}$$
$$\quad - \left\{ \sum_\nu \frac{1}{Z_{\mathrm{G}}} \frac{1}{\beta} \frac{\partial}{\partial \mu} e^{-\beta(E_\nu - \mu \mathcal{N}_\nu)} \right\}^2$$
$$= \frac{1}{\beta^2} \left\{ \frac{1}{Z_{\mathrm{G}}} \frac{\partial^2 Z_{\mathrm{G}}}{\partial \mu^2} - \frac{1}{Z_{\mathrm{G}}^2} \left(\frac{\partial Z_{\mathrm{G}}}{\partial \mu} \right)^2 \right\}$$
$$= \frac{1}{\beta^2} \frac{\partial}{\partial \mu} \left(\frac{1}{Z_{\mathrm{G}}} \frac{\partial Z_{\mathrm{G}}}{\partial \mu} \right)$$
$$= \frac{1}{\beta^2} \frac{\partial^2}{\partial \mu^2} \ln Z_{\mathrm{G}}.$$

第 5 章

5.1.1 (1) 分配関数 Z は，運動量積分を極座標表示で行うことで，次のように計算できる．

$$Z = \frac{1}{N!}\prod_{j=1}^{N}\int \frac{d^3r_j d^3p_j}{(2\pi\hbar)^3}e^{-\beta\mathcal{H}}$$

$$= \frac{1}{N!}\left\{\frac{V}{(2\pi\hbar)^3}\int d^3p\, e^{-\beta cp}\right\}^N$$

$$= \frac{1}{N!}\left\{\frac{V}{(2\pi\hbar)^3}4\pi\int_0^\infty p^2 e^{-\beta cp}dp\right\}^N$$

$$= \frac{1}{N!}\left\{\frac{4\pi V}{(2\pi\hbar)^3}\frac{\Gamma(3)}{(\beta c)^3}\right\}^N$$

$$= \frac{1}{N!}\left\{\frac{V}{\pi^2\hbar^3}\frac{1}{(\beta c)^3}\right\}^N$$

$$\approx \frac{1}{(2\pi N)^{\frac{1}{2}}}\left\{\frac{eV}{N}\frac{1}{\pi^2(\hbar\beta c)^3}\right\}^N.$$

ここで，(5.46) 式を用いた．

(2) ヘルムホルツ自由エネルギーは，

$$F = -\frac{1}{\beta}\ln Z$$

$$\approx -Nk_B T\left\{\ln\frac{V}{N} + \ln\frac{(k_B T)^3}{\pi^2(\hbar c)^3} + 1\right\}$$

と計算できる．これより，エントロピー $S = -\frac{\partial F}{\partial T}$，圧力 $P = -\frac{\partial F}{\partial V}$，化学ポテンシャル $\mu = \frac{\partial F}{\partial N}$ が以下のように求まる．

$$S = Nk_B\left\{\ln\frac{V}{N} + \ln\frac{(k_B T)^3}{\pi^2(\hbar c)^3} + 4\right\},$$

$$P = \frac{N}{V\beta} = \frac{Nk_B T}{V},$$

$$\mu = -k_B T\left\{\ln\frac{V}{N} + \ln\frac{(k_B T)^3}{\pi^2(\hbar c)^3}\right\}.$$

また，内部エネルギー

$$U = -\frac{\partial}{\partial \beta}\ln Z$$

は，

$$U = -N\frac{\partial}{\partial \beta}\left[\ln\frac{V}{N} - \ln\{\pi^2(\beta\hbar c)^3\} + 1\right]$$

$$= \frac{3N}{\beta} = 3Nk_B T$$

と得られる．これより，定積モル比熱が，以下のように求まる．

$$C_V = \frac{1}{n}\frac{\partial U}{\partial T} = 3N_A k_B.$$

ただし，n はモル数，N_A はアボガドロ数 (4.1) である．

5.1.2 (1) (5.3) 式を用いて，次のように計算できる．

$$Z = \prod_{i=1}^N \int \frac{d^3p_i d^3r_i}{(2\pi\hbar)^3}e^{-\beta\mathcal{H}}$$

$$= \left\{\int \frac{d^3p}{(2\pi\hbar)^3}e^{-\frac{\beta}{2m}p^2}\int d^3q\, e^{-\frac{\beta\kappa}{2}q^2}\right\}^N$$

$$= \left\{\frac{1}{(2\pi\hbar)^3}\left(\frac{2\pi m}{\beta}\right)^{\frac{3}{2}}\left(\frac{2\pi}{\beta\kappa}\right)^{\frac{3}{2}}\right\}^N.$$

(2) 内部エネルギー

$$U = -\frac{\partial}{\partial \beta}\ln Z$$

は，次のように計算できる．

$$U = -\frac{\partial}{\partial\beta}\frac{3N}{2}\left\{\ln\frac{2\pi m}{\beta} + \ln\frac{2\pi}{\beta\kappa} - 2\ln(2\pi\hbar)\right\}$$

$$= -\frac{3N}{2}\left(-\frac{1}{\beta} - \frac{1}{\beta}\right)$$

$$= 3Nk_B T.$$

これより，定積モル比熱 $C_V = \frac{1}{n}\frac{\partial U}{\partial T}$ が，(5.41) 式のように求まる．

5.1.3 (1) (5.42) 式は，(5.44), (5.4), (5.46e) 式を用いて，次のように計算できる．

$$W_0(U,V,N)$$

$$\equiv \frac{1}{N!}\prod_{j=1}^N \int \frac{d^3r_j d^3p_j}{(2\pi\hbar)^3}\theta(U-\mathcal{H})$$

$$= \frac{1}{N!}\prod_{j=1}^N \frac{V}{(2\pi\hbar)^3}$$

$$\times \prod_{\eta=x,y,z}\int_{-\infty}^\infty dp_{j\eta}\,\theta\left(U - \sum_{i=1}^N\sum_{\zeta=x,y,z}\frac{p_{i\zeta}^2}{2m}\right)$$

($a > 0$ に対し，$\theta(x) = \theta(ax)$ が成立)

$$= \frac{1}{N!} \left\{ \frac{V}{(2\pi\hbar)^3} \right\}^N$$

$$\times \prod_{j=1}^{N} \prod_{\eta=x,y,z}$$

$$\times \int_{-\infty}^{\infty} dp_{j\eta}\, \theta\left(2mU - \sum_{i=1}^{N} \sum_{\zeta=x,y,z} p_{i\zeta}^2 \right)$$

($p_{j\eta}$ に関する $3N$ 次元積分は
(5.44) 式を用いて表せる)

$$= \frac{1}{N!} \left\{ \frac{V}{(2\pi\hbar)^3} \right\}^N \mathcal{V}_{3N}\left(\sqrt{2mU}\right)$$

$$= \frac{1}{N!} \left\{ \frac{V}{(2\pi\hbar)^3} (2\pi mU)^{\frac{3}{2}} \right\}^N \frac{1}{\Gamma(\frac{3}{2}N+1)}$$

((5.4) 式と (5.46e) 式を用いる)

$$\approx \frac{1}{\sqrt{6}\,\pi N} \left(\frac{e}{N}\right)^N \left(\frac{2e}{3N}\right)^{\frac{3}{2}N} \left\{ V\left(\frac{mU}{2\pi\hbar^2}\right)^{\frac{3}{2}} \right\}^N$$

$$= \frac{1}{\sqrt{6}\,\pi N} \left\{ \frac{Ve^{\frac{5}{2}}}{N} \left(\frac{mU}{3\pi\hbar^2 N}\right)^{\frac{3}{2}} \right\}^N. \quad \text{①}$$

(2) ①式を (5.45) 式に代入すると，古典理想気体の状態数 $W(U)$ が

$$W(U) = \frac{3N}{2U} W_0(U) \Delta U \quad \text{②}$$

と求められる．エントロピー

$$S = k_B \ln W$$

は，①式と②式より，$O(\ln N)$ の項を無視して

$$S = k_B \ln W \approx k_B \ln W_0$$

$$\approx N k_B \left(\frac{3}{2} \ln \frac{mU}{3\pi\hbar^2 N} + \ln \frac{V}{N} + \frac{5}{2} \right) \quad \text{③}$$

となることがわかる．さらに，熱力学関係式

$$\frac{1}{T} = \frac{\partial S}{\partial U}, \quad \frac{P}{T} = \frac{\partial S}{\partial V}, \quad -\frac{\mu}{T} = \frac{\partial S}{\partial N}$$

より，

$$\frac{1}{T} = \frac{3Nk_B}{2U}, \qquad \frac{P}{T} = \frac{Nk_B}{V},$$

$$\frac{\mu}{T} = -k_B \left(\frac{3}{2} \ln \frac{mU}{3\pi\hbar^2 N} + \ln \frac{V}{N} + \frac{5}{2} \right)$$

$$+ \frac{5}{2} k_B$$

が得られる．これらより，内部エネルギー U，圧力 P，化学ポテンシャル μ が，(T, V, N) の関数として，

$$U = \frac{3}{2} N k_B T, \qquad P = \frac{N k_B T}{V},$$

$$\mu = -k_B T \left(\frac{3}{2} \ln \frac{m k_B T}{2\pi\hbar^2} + \ln \frac{V}{N} \right)$$

と書き下せる．これらは，(5.8c)–(5.8e) 式に一致する．また，U の表式を③式に代入すると，(5.8b) 式を再現する．

このようにして，単原子分子理想気体について，ミクロカノニカル集団の熱力学量が，カノニカル集団の熱力学量と一致することが確かめられた．

5.1.4 (1) 条件 $x > 0$ に注意して，(5.46a) 式を以下のように変形する．

$$\Gamma(x+1)$$
$$= \int_0^\infty e^{-t} t^x dt$$
$$= -\left[e^{-t} t^x \right]_{t=0}^{\infty} + x \int_0^\infty e^{-t} t^{x-1} dt$$
$$= x \Gamma(x).$$

よって示せた．

(2) (1) の漸化式を繰り返し用いることで，

$$\Gamma(N+1) = N!\, \Gamma(1)$$

が得られる．さらに $\Gamma(1)$ は

$$\Gamma(1) = \int_0^\infty e^{-t} dt = \left[-e^{-t} \right]_{t=0}^{\infty} = 1$$

であるから，$\Gamma(N+1) = N!$ が示せた．

(3) $f(t)$ の一階導関数と二階導関数は，$f'(t) = -1 + \frac{x}{t}$ および $f''(t) = -\frac{x}{t^2} < 0$ と計算できる．これらの表式より，$f(t)$ が $t = x$ で最大値を取ることがわかる．すなわち，$t_0 = x$ である．

(4) $f(t)$ の二階微分は $f''(t) = -\frac{x}{t^2}$ と計算できる．$x \gg 1$ の場合において

$$f(t) \approx f(t_0) + \frac{f''(t_0)}{2!}(t - t_0)^2$$
$$= -x + x \ln x - \frac{1}{2x}(t - x)^2$$

と近似し，積分の下限を $-\infty$ で置き換えて

$t \in (-\infty, \infty)$ で積分すると，

$$\Gamma(x+1) \approx \left(\frac{x}{e}\right)^x \int_{-\infty}^{\infty} \exp\left\{-\frac{1}{2x}(t-x)^2\right\} dt$$
$$= \left(\frac{x}{e}\right)^x (2\pi x)^{\frac{1}{2}}$$

が得られる．最後の等号では，ガウス積分の結果 (5.3) を用いた．なお，積分の下限を $-\infty$ で置き換えられるのは，$t < 0$ の領域において，$f(t_0)$ 項を除いた被積分関数は，$x \gg 1$ より

$$\exp\left\{-\frac{1}{2x}(t-x)^2\right\} < e^{-\frac{x}{2}} \ll 1$$

を満たし，積分にほとんど寄与をしないためである．

(5) 計算結果は，近似関数

$$\widetilde{\Gamma}(N+1) \equiv (2\pi N)^{\frac{1}{2}} \left(\frac{N}{e}\right)^N$$

を用いて，表 1 のようにまとめられる．

5.2.1 (1) (4.17b) 式に E_ν を代入し，以下のように変形する．

$$Z = \sum_\nu e^{-\beta E_\nu}$$
$$= \sum_{\{m_j\}} \exp\left(\beta \sum_{j=1}^N \mu_0 m_j B\right)$$
$$\left(e^{a+b+c+\cdots} = e^a e^b e^c \cdots \text{ を用いる}\right)$$
$$= \left(\sum_{m_1} \sum_{m_2} \cdots\right) e^{\beta \mu_0 m_1 B + \beta \mu_0 m_2 B + \cdots}$$
$$= \sum_{m_1} e^{\beta \mu_0 m_1 B} \sum_{m_2} e^{\beta \mu_0 m_2 B} \cdots$$

$$= \prod_{j=1}^N \sum_{m_j=-\frac{1}{2}}^{\frac{1}{2}} e^{\beta \mu_0 m_j B}$$
$$= \left(e^{\frac{1}{2}\beta\mu_0 B} + e^{-\frac{1}{2}\beta\mu_0 B}\right)^N$$
$$= \left(2\cosh\frac{\beta\mu_0 B}{2}\right)^N.$$

(2) Z が $\beta\mu_0 B$ のみの関数であることを考慮し，内部エネルギー

$$U = -\frac{\partial}{\partial \beta} \ln Z$$

が次のように計算できる．

$$U = -\frac{\partial}{\partial \beta} N \left\{\ln\left(\cosh\frac{\beta\mu_0 B}{2}\right) + \ln 2\right\}$$
$$= -N\frac{\mu_0 B}{2} \tanh\frac{\mu_0 B}{2k_B T}.$$

(3) モル比熱

$$C \equiv \frac{1}{n}\frac{\partial U}{\partial T}$$

は，次のように求まる．

$$C = -\frac{1}{2} N_A \mu_0 B \frac{\partial}{\partial T} \tanh\frac{\mu_0 B}{2k_B T}$$
$$= N_A k_B \frac{\left(\frac{\mu_0 B}{2k_B T}\right)^2}{\cosh^2 \frac{\mu_0 B}{2k_B T}}.$$

5.2.2 (1) (4.17b) 式に E_ν を代入し，以下のように変形する．

$$Z = \sum_\nu e^{-\beta E_\nu}$$
$$= \sum_{\{m_j\}} \exp\left(\beta \sum_{j=1}^N \mu_0 m_j B\right)$$

表 1　ガンマ関数の近似公式の誤差評価

N	$\Gamma(N+1)$	$\widetilde{\Gamma}(N+1)$	$\frac{\widetilde{\Gamma}(N+1)-\Gamma(N+1)}{\Gamma(N+1)}$
5	1.20×10^2	1.18×10^2	-1.65×10^{-2}
10	3.63×10^6	3.60×10^6	-8.29×10^{-3}
20	2.43×10^{18}	2.42×10^{18}	-4.16×10^{-3}

$(e^{a+b+c+\cdots} = e^a e^b e^c \cdots $ を用いる $)$

$$= \left(\sum_{m_1} \sum_{m_2} \cdots \right) e^{\beta \mu_0 m_1 B + \beta \mu_0 m_2 B + \cdots}$$

$$= \sum_{m_1} e^{\beta \mu_0 m_1 B} \sum_{m_2} e^{\beta \mu_0 m_2 B} \cdots$$

$$= \prod_{j=1}^{N} \sum_{m_j = -J}^{J} e^{\beta \mu_0 m_j B}$$

$$= \prod_{j=1}^{N} \frac{e^{-J\beta\mu_0 B} \{1 - e^{(2J+1)\beta\mu_0 B}\}}{1 - e^{\beta\mu_0 B}}$$

$$= \left\{ \frac{e^{(J+\frac{1}{2})\beta\mu_0 B} - e^{-(J+\frac{1}{2})\beta\mu_0 B}}{e^{\frac{1}{2}\beta\mu_0 B} - e^{-\frac{1}{2}\beta\mu_0 B}} \right\}^N$$

$$= \left\{ \frac{\sinh(J + \frac{1}{2})\beta\mu_0 B}{\sinh \frac{1}{2}\beta\mu_0 B} \right\}^N.$$

(2) 磁化 M は,基本問題 5.4 の (5.50) 式と同様に,次のように計算できる.

$$M = \left\langle \sum_{j=1}^{N} \mu_0 m_j \right\rangle = \frac{1}{\beta} \frac{\partial}{\partial B} \ln Z$$

$$= \frac{N}{\beta} \frac{\partial}{\partial B} \left[\ln \left\{ \sinh \left(J + \frac{1}{2} \right) \beta\mu_0 B \right\} \right.$$

$$\left. - \ln \left(\sinh \frac{1}{2} \beta\mu_0 B \right) \right]$$

$$= N\mu_0 \left\{ \left(J + \frac{1}{2} \right) \coth \left(J + \frac{1}{2} \right) \beta\mu_0 B \right.$$

$$\left. - \frac{1}{2} \coth \frac{1}{2} \beta\mu_0 B \right\}$$

$$= N\mu_0 J B_J(J\beta\mu_0 B).$$

(3) 関数 $\coth x$ の $x = 0$ におけるローラン展開は,

$$\coth x = \frac{e^x + e^{-x}}{e^x - e^{-x}}$$

$$= \frac{2\left(1 + \frac{1}{2}x^2 + \cdots\right)}{2x\left(1 + \frac{1}{6}x^2 + \cdots\right)}$$

$$= \frac{1}{x}\left(1 + \frac{1}{2}x^2 + \cdots\right)\left(1 - \frac{1}{6}x^2 + \cdots\right)$$

$$= \frac{1}{x} + \frac{x}{3} + \cdots$$

と得られる.これを用いると,ブリルアン関数 (5.70) が,$x \to 0$ で

$$B_J(x) \to \frac{1}{3}\left\{ \left(\frac{2J+1}{2J}\right)^2 - \left(\frac{1}{2J}\right)^2 \right\} x$$

$$= \frac{J+1}{3J} x$$

と振る舞うことがわかる.これより,磁化率が

$$\chi = N\mu_0 J \frac{J+1}{3J} J\beta\mu_0$$

$$= \frac{N\mu_0^2 J(J+1)}{3k_{\rm B}T}$$

と得られる.

(4) Z が $\beta\mu_0 B$ のみの関数であることを考慮し,次のように計算できる.

$$U = -\frac{\partial}{\partial \beta} \ln Z = -\frac{B}{\beta} \frac{\partial}{\partial B} \ln Z$$

$$= -MB = -N\mu_0 B J B_J(J\beta\mu_0 B).$$

第 6 章

6.1.1 (1) (6.13) 式を (6.1) 式に代入すると,自由粒子のシュレーディンガー方程式

$$-\frac{\hbar^2}{2m} \frac{d^2\phi(x)}{dx^2} = \varepsilon\phi(x)$$

が得られる.これは (6.4) 式と同じ方程式で,その一般解は (6.5) 式のように求まっている.そこで,(6.5) 式を境界条件 (6.14) に代入すると,

$$A + B = Ae^{ikL} + Be^{-ikL},$$

$$ik(A - B) = ik(Ae^{ikL} - Be^{-ikL})$$

となる.これらの連立方程式は

$$\begin{bmatrix} e^{ikL} - 1 & e^{-ikL} - 1 \\ e^{ikL} - 1 & -(e^{-ikL} - 1) \end{bmatrix} \begin{bmatrix} A \\ B \end{bmatrix}$$

$$= \begin{bmatrix} 0 \\ 0 \end{bmatrix}$$

と表せる.この連立方程式が非自明な解($A = B = 0$ ではない解)を持つための必要十分条件は,左辺の 2×2 行列の行列式がゼロとなること,すなわち

$$0 = -2(e^{ikL} - 1)(e^{-ikL} - 1)$$
$$= -4(1 - \cos kL)$$

が成立することである．この式より $kL = 2n\pi$ $(n = 0, \pm 1, \pm 2, \cdots)$ が結論づけられる．以上より，(6.14) 式を満たす (6.4) 式の独立解が

$$\phi_n(x) = A_n e^{ik_n x}, \quad k_n \equiv \frac{2n\pi}{L}$$

と求まった．この固有関数は (6.5) 式で $B = 0$ と置いた場合に相当するが，$A = 0$ と置いても同じ固有関数群が得られる．定数 A_n は，規格化条件

$$1 = \int_0^L |\phi_n(x)|^2 \, dx = |A_n|^2 \int_0^L dx$$
$$= |A_n|^2 L$$

より

$$|A_n| = \frac{1}{\sqrt{L}}$$

と求まる．A_n の位相はゼロと選ぶことにする．以上をまとめると，(6.15) 式のようになる．

(2) (6.15b) 式の固有値は，$-\infty \leq k_n \leq \infty$ の範囲に等間隔

$$\Delta k_n \equiv k_{n+1} - k_n = \frac{2\pi}{L}$$

で分布している．以上を考慮すると，状態密度が次のように計算できる．

$$D(\epsilon)$$
$$= \sum_n \delta(\epsilon - \varepsilon_n) = \frac{L}{2\pi} \sum_n \Delta k_n \delta(\epsilon - \varepsilon_n)$$
（和を積分で近似）
$$= \frac{L}{2\pi} \int_{-\infty}^{\infty} dk_n \delta(\epsilon - \varepsilon_n)$$
（変数変換 $k = -k'$ により，
$k < 0$ の積分を正の領域に）
$$= \frac{L}{2\pi} 2 \int_0^{\infty} dk_n \delta(\epsilon - \varepsilon_n)$$
$$\left(\text{変数変換：} k_n = \left(\frac{2m}{\hbar^2}\right)^{\frac{1}{2}} \sqrt{\varepsilon_n}\right)$$

$$= \frac{L}{\pi} \left(\frac{2m}{\hbar^2}\right)^{\frac{1}{2}} \int_0^{\infty} \frac{d\varepsilon_n}{2\sqrt{\varepsilon_n}} \delta(\epsilon - \varepsilon_n)$$
$$= \frac{L}{2\pi} \left(\frac{2m}{\hbar^2}\right)^{\frac{1}{2}} \frac{\theta(\epsilon)}{\sqrt{\epsilon}}.$$

このように，固有状態 (6.15) の状態密度 $D(\epsilon)$ は，先に計算した固有状態 (6.7) の状態密度 $D(\epsilon)$，すなわち (6.12) 式と一致する．

6.1.2 (6.16) 式の $\boldsymbol{k}$ は，各方向で一定の間隔 $\Delta k \equiv \frac{2\pi}{L}$ で分布している．このことを用いると，状態密度が次のように計算できる．

$$D(\epsilon)$$
$$= \sum_{\boldsymbol{k}} \delta(\epsilon - \varepsilon_{\boldsymbol{k}})$$
$$= \frac{1}{(\Delta k)^3} \sum_{\boldsymbol{k}} (\Delta k)^3 \delta(\epsilon - \varepsilon_{\boldsymbol{k}})$$
$$= \left(\frac{L}{2\pi}\right)^3 \int d^3 k \, \delta(\epsilon - \varepsilon_{\boldsymbol{k}})$$
（極座標に変換（角度積分 $\to 4\pi$））
$$= \frac{V}{(2\pi)^3} 4\pi \int_0^{\infty} dk \, k^2 \delta(\epsilon - \varepsilon_{\boldsymbol{k}})$$
$$\left(\text{変数変換：} k = \left(\frac{2m}{\hbar^2}\right)^{\frac{1}{2}} \sqrt{\varepsilon_{\boldsymbol{k}}}\right)$$
$$= \frac{V}{2\pi^2} \left(\frac{2m}{\hbar^2}\right)^{\frac{3}{2}} \int_0^{\infty} d\varepsilon_{\boldsymbol{k}} \frac{\varepsilon_{\boldsymbol{k}}}{2\sqrt{\varepsilon_{\boldsymbol{k}}}} \delta(\epsilon - \varepsilon_{\boldsymbol{k}})$$
$$= \frac{V}{4\pi^2} \left(\frac{2m}{\hbar^2}\right)^{\frac{3}{2}} \sqrt{\epsilon} \, \theta(\epsilon).$$

このように，体積 V の三次元有限領域を自由運動する粒子の状態密度は，低エネルギーで $\epsilon^{\frac{1}{2}}$ のようにゼロに近づく．

6.1.3 状態密度は，その有限部分 $\epsilon \geq 0$ について，次のように変形できる．

$$D(\epsilon)$$
$$= \sum_{\boldsymbol{k}} \delta(\epsilon - \varepsilon_{\boldsymbol{k}}) = \frac{d}{d\epsilon} \sum_{\boldsymbol{k}} \theta(\epsilon - \varepsilon_{\boldsymbol{k}})$$
$$= \frac{d}{d\epsilon} \frac{1}{(\Delta k)^d} \sum_{\boldsymbol{k}} (\Delta k)^d \, \theta(\epsilon - \varepsilon_{\boldsymbol{k}})$$
（和を積分で近似し，$a > 0$ で成立
する等式 $\theta(x) = \theta(ax)$ を用いる）

$$= \frac{d}{d\epsilon}\left(\frac{L}{2\pi}\right)^d \int d^d k\, \theta\left(\frac{2m\epsilon}{\hbar^2} - \sum_{j=1}^d k_j^2\right)$$

((5.44) 式を用いる)

$$= \frac{d}{d\epsilon}\left(\frac{L}{2\pi}\right)^d \frac{\pi^{\frac{d}{2}}}{\Gamma(\frac{d}{2}+1)}\left(\frac{2m\epsilon}{\hbar^2}\right)^{\frac{d}{2}}$$

$$= \frac{\pi^{\frac{d}{2}} L^d}{(2\pi)^d\,\Gamma(\frac{d}{2})}\left(\frac{2m}{\hbar^2}\right)^{\frac{d}{2}} \epsilon^{\frac{d}{2}-1}.$$

6.2.1 (1) $E = \sum_q \varepsilon_q n_q,\qquad N = \sum_q n_q.$

(2) 粒子の全スピンの大きさを s とすると，$s = 0, 1, \cdots$ を持つ粒子をボーズ粒子，$s = \frac{1}{2}, \frac{3}{2}, \cdots$ を持つ粒子をフェルミ粒子と呼ぶ．

(3) ボーズ粒子系の波動関数は，置換に対して符号を変えない（すなわち，置換に対して対称である）．フェルミ粒子系の波動関数は，偶置換に対しては不変であるが，奇置換に対して符号を変える（すなわち，置換に対して反対称である）．

(4) $n_q = \begin{cases} 0, 1, 2, 3, \cdots : \text{ボーズ粒子系} \\ 0, 1 \qquad\qquad : \text{フェルミ粒子系} \end{cases}$

6.2.2 ^{6}Li, ^{7}Li 共に，電子数と陽子数はそれぞれ 3 個で等しい．中性子数は，^{6}Li が $6-3=3$ 個，^{7}Li が $7-3=4$ 個．従って，^{6}Li はフェルミ粒子，^{7}Li はボーズ粒子．

6.2.3 図 5 のようになる．

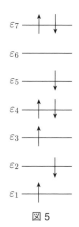

図 5

第 7 章

7.1.1 (1) 熱力学関係式
$$d\Omega = -S\,dT - P\,dV - N\,d\mu$$
より，粒子数期待値 N は，グランドポテンシャル Ω から，$N = -\frac{\partial \Omega}{\partial \mu}$ により得られる．(7.3) 式に関するこの微分を見通しよく行うため，変数
$$x_q \equiv -\sigma e^{-\beta(\varepsilon_q - \mu)}$$
を導入し，微分に関する連鎖律を用いて次のように計算する．

$$N = -\frac{\partial}{\partial\mu}\frac{\sigma}{\beta}\sum_q \ln(1+x_q)$$

$$= \sum_q \left(-\frac{\sigma}{\beta}\frac{\partial x_q}{\partial \mu}\right)\frac{d}{dx_q}\ln(1+x_q)$$

$$= \sum_q (-\sigma x_q)\frac{1}{1+x_q}$$

$$= \sum_q \frac{e^{-\beta(\varepsilon_q - \mu)}}{1-\sigma e^{-\beta(\varepsilon_q - \mu)}}$$

$$= \sum_q \frac{1}{e^{\beta(\varepsilon_q - \mu)} - \sigma} = \sum_q \overline{n}(\varepsilon_q).$$

(2) (4.22b) 式，すなわち，
$$U = -\frac{\partial}{\partial \beta}\ln Z_{\mathrm{G}} + \mu N$$

の関係に，
$$-\ln Z_{\mathrm{G}} = \beta \Omega$$

の表式を代入し，次のように微分を実行する．

$$U = \frac{\partial}{\partial \beta}\sigma \sum_q \ln(1+x_q) + \mu N$$

$$= \sum_q \left(\sigma \frac{\partial x_q}{\partial \beta}\right)\frac{d}{dx_q}\ln(1+x_q) + \mu N$$

$$= \sum_q \frac{-\sigma(\varepsilon_q - \mu)x_q}{1+x_q} + \mu N$$

$$= \sum_q \frac{(\varepsilon_q - \mu)e^{-\beta(\varepsilon_q - \mu)}}{1-\sigma e^{-\beta(\varepsilon_q - \mu)}} + \mu N$$

$$= \sum_q \frac{\varepsilon_q - \mu}{e^{\beta(\varepsilon_q - \mu)} - \sigma} + \mu N$$

$$= \sum_q \frac{\varepsilon_q}{e^{\beta(\varepsilon_q - \mu)} - \sigma}$$

$$= \sum_q \varepsilon_q \overline{n}(\varepsilon_q).$$

7.1.2 (7.7) 式を次のように変形して展開する.

$$\overline{n}(\epsilon) \equiv \frac{1}{e^{\beta(\epsilon-\mu)} - \sigma}$$
$$= \frac{e^{-\beta(\epsilon-\mu)}}{1 - \sigma e^{-\beta(\epsilon-\mu)}}$$
$$= e^{-\beta(\epsilon-\mu)} \left\{1 - \sigma e^{-\beta(\epsilon-\mu)}\right\}^{-1}$$
$$= e^{-\beta(\epsilon-\mu)} + \sigma e^{-2\beta(\epsilon-\mu)} + \cdots.$$

この展開の初項だけを残すとマクスウェル‐ボルツマン分布が得られる. この近似が成立するのは, $e^{-\beta(\epsilon-\mu)} \ll 1$ が成立する場合, つまり, $\beta(\epsilon-\mu) \gtrsim 3$ が成立する高温である. 特に単原子分子理想気体では, 運動エネルギーは正であることから $\epsilon \geq 0$ が成立する. 従って, 前述の条件は, $\beta(-\mu) \gtrsim 3$ へと簡略化できる. 図 5.1 から明らかなように, $T \gg \frac{\varepsilon_\mathrm{Q}}{k_\mathrm{B}}$ が成り立つ高温では, 化学ポテンシャル μ は負の値を持ち, この条件も満たされている.

7.1.3 熱力学関係式

$$d\Omega = -S\,dT - P\,dV - N\,d\mu$$

より, エントロピー S は, グランドポテンシャル Ω から, $S = -\frac{\partial \Omega}{\partial T}$ により得られる. (7.3) 式に関するこの微分を見通し良く行うため, 変数

$$x_q \equiv -\sigma e^{-\beta(\varepsilon_q-\mu)}$$

を導入し, 微分に関する連鎖律を用いて次のように計算する.

$$S = -\frac{\partial}{\partial T} \frac{\sigma}{\beta} \sum_q \ln(1 + x_q)$$
$$= -\frac{d\beta}{dT} \frac{\partial}{\partial \beta} \frac{\sigma}{\beta} \sum_q \ln(1 + x_q)$$
$$= k_\mathrm{B} \beta^2 \sum_q \left\{ -\frac{\sigma}{\beta^2} \ln(1 + x_q) \right.$$
$$\left. + \frac{\sigma}{\beta} \frac{\partial x_q}{\partial \beta} \frac{d}{dx_q} \ln(1 + x_q) \right\}$$
$$= k_\mathrm{B} \sum_q \left\{ -\sigma \ln(1 + x_q) \right.$$
$$\left. - \sigma \beta (\varepsilon_q - \mu) x_q \frac{1}{1 + x_q} \right\}$$

$$\left(\text{(a)}\ \overline{n}_q = \frac{-\sigma x_q}{1 + x_q}\ \text{の関係より} \right.$$
$$x_q = -\frac{\sigma \overline{n}_q}{1 + \sigma \overline{n}_q}$$
$$\text{および}\ 1 + x_q = \frac{1}{1 + \sigma \overline{n}_q}$$
$$\left. \text{(b)}\ \beta(\varepsilon_q - \mu) = -\ln(-\sigma x_q) \right.$$
$$\left. = -\ln \frac{\overline{n}_q}{1 + \sigma \overline{n}_q} \right)$$
$$= k_\mathrm{B} \sum_q \left\{ -\sigma \ln \frac{1}{1 + \sigma \overline{n}_q} \right.$$
$$\left. - \left(\ln \frac{\overline{n}_q}{1 + \sigma \overline{n}_q} \right) \overline{n}_q \right\}$$
$$= k_\mathrm{B} \sum_q \left\{ -\overline{n}_q \ln \overline{n}_q \right.$$
$$\left. + \sigma(1 + \sigma \overline{n}_q) \ln(1 + \sigma \overline{n}_q) \right\}.$$

7.1.4 次のように変形する.

$$I_\sigma(x)$$
$$= \int_0^\infty \frac{u^{x-1}}{e^u - \sigma}\,du$$

(被積分関数の分母分子に e^{-u} を掛ける)

$$= \int_0^\infty \frac{u^{x-1} e^{-u}}{1 - \sigma e^{-u}}\,du$$

(σe^{-u} についてテイラー展開)

$$= \int_0^\infty u^{x-1} e^{-u} \sum_{k=0}^\infty \sigma^k e^{-ku}\,du$$

(和と積分の順序入れ替え)

$$= \sum_{k=0}^\infty \sigma^k \int_0^\infty u^{x-1} e^{-(k+1)u}\,du$$

(変数変換:$n = k + 1$)

$$= \sum_{n=1}^\infty \sigma^{n-1} \int_0^\infty u^{x-1} e^{-nu}\,du$$

(変数変換:$v = nu$)

$$= \sum_{n=1}^\infty \frac{\sigma^{n-1}}{n^x} \int_0^\infty v^{x-1} e^{-v}\,dv$$
$$= \sum_{n=1}^\infty \frac{\sigma^{n-1}}{n^x} \Gamma(x).$$

最後の等号ではガンマ関数の定義式 (5.46) を用いた. $\sigma = 1$ のとき, 最後の数列はリーマンゼータ関数 (7.10) そのものとなる. 一方, $\sigma = -1$ のときには, この級数は次のように変形できる.

$$\sum_{n=1}^{\infty} \frac{(-1)^{n-1}}{n^x} = 1 - \frac{1}{2^x} + \frac{1}{3^x} - \cdots$$
$$= \left(1 + \frac{1}{2^x} + \frac{1}{3^x} + \frac{1}{4^x} + \cdots\right)$$
$$\quad - 2\left(\frac{1}{2^x} + \frac{1}{4^x} + \frac{1}{6^x} + \cdots\right)$$
$$= \sum_{n=1}^{\infty} \frac{1}{n^x} - 2\sum_{n=1}^{\infty} \frac{1}{(2n)^x}$$
$$= \left(1 - \frac{2}{2^x}\right) \sum_{n=1}^{\infty} \frac{1}{n^x}$$
$$= \left(1 - \frac{1}{2^{x-1}}\right) \zeta(x).$$

よって, (7.9b) 式が示せた.

7.2.1 (1) (7.13) 式を (7.3) 式に代入し, $\sigma = 1$ および $\mu = 0$ と置いて次のように変形する.

$$\Omega = \frac{1}{\beta} \int_{-\infty}^{\infty} D(\epsilon) \ln\left(1 - e^{-\beta\epsilon}\right) d\epsilon$$
$$= \frac{8\pi V}{(hc)^3 \beta} \int_0^{\infty} \epsilon^2 \ln\left(1 - e^{-\beta\epsilon}\right) d\epsilon$$

(ϵ について部分積分)

$$= \frac{8\pi V}{(hc)^3 \beta} \frac{\epsilon^3}{3} \ln\left(1 - e^{-\beta\epsilon}\right)\Big|_{\epsilon=0}^{\infty}$$
$$\quad - \frac{8\pi V}{3(hc)^3 \beta} \int_0^{\infty} \frac{\epsilon^3 \beta e^{-\beta\epsilon}}{1 - e^{-\beta\epsilon}} d\epsilon.$$

関数 $\epsilon^3 \ln(1 - e^{-\beta\epsilon})$ は, $\epsilon = 0$ 近傍で $\epsilon^3 \ln(\beta\epsilon)$, また $\epsilon \to \infty$ で $-\epsilon^3 e^{-\beta\epsilon}$ のように振る舞う. ただし, それぞれ $1 - e^{-x} = x - \frac{x^2}{2} + \cdots$ ($|x| \ll 1$) および $\ln(1-y) = -y - \frac{y^2}{2} - \cdots$ ($|y| \ll 1$) を用いて評価した. 従って, 第一項は上下限で共にゼロとなる. 残る第二項から, 問題の等式が次のように示せる.

$$\Omega = -\frac{8\pi V}{3(hc)^3} \int_0^{\infty} \frac{\epsilon^3}{e^{\beta\epsilon} - 1} d\epsilon$$
$$= -\frac{1}{3} \int_0^{\infty} \frac{D(\epsilon) \epsilon}{e^{\beta\epsilon} - 1} d\epsilon = -\frac{1}{3} U.$$

最後の等式では (7.6) 式を用いた.

(2) (1) の結果に基づき, 基本問題 7.3(1) と同様にして, 次のように示せる.

$$\Omega = -\frac{8\pi V}{3(hc)^3} \int_0^{\infty} \frac{\epsilon^3}{e^{\beta\epsilon} - 1} d\epsilon$$

(変数変換: $x = \beta\epsilon$)

$$= -\frac{8\pi V}{3(hc)^3 \beta^4} \int_0^{\infty} \frac{x^3}{e^x - 1} dx$$

((7.9) 式を用いる)

$$= -\frac{8\pi V (k_B T)^4}{3(hc)^3} \Gamma(4) \zeta(4)$$

($\Gamma(4) = 3!$, $\zeta(4) = \frac{\pi^4}{90}$)

$$= -\frac{8\pi^5 k_B^4}{45(hc)^3} V T^4.$$

(3) $\mu = 0$ の場合の熱力学関係式 $d\Omega = -S\,dT - P\,dV$ より, S と P が次のように求まる.

$$S = -\frac{\partial \Omega}{\partial T} = \frac{32\pi^5 k_B^4}{45(hc)^3} V T^3 = \frac{4U}{3T},$$
$$P = -\frac{\partial \Omega}{\partial V} = \frac{U}{3V}.$$

7.2.2 (1) (7.14) 式と (7.19) 式を (7.6) 式に代入すると,

$$U = \int_{-\infty}^{\infty} \frac{D(\epsilon) \epsilon}{e^{\beta\epsilon} - 1} d\epsilon = 3N \frac{\varepsilon_0}{e^{\beta\varepsilon_0} - 1} \quad \text{①}$$

が得られる.

(2) $T \gg \frac{\varepsilon_0}{k_B}$ の高温では $\beta\varepsilon_0 \ll 1$ が成立する. 従って,

$$e^{\beta\varepsilon_0} - 1 \approx \beta\varepsilon_0$$

という近似が良い精度で成立する. この近似を①式で行うと, 内部エネルギーが

$$U \approx 3N k_B T$$

と得られる. 対応する定積モル比熱

$$C_V = \frac{1}{n} \frac{\partial U}{\partial T}$$

は,

$$C_V = 3 N_A k_B$$

となり，演習問題 5.1.2 の結果，すなわち，デュロン - プティ則を再現する．ここで n はモル数，N_A はアボガドロ数である．

(3) $T \ll \frac{\varepsilon_0}{k_B}$ の低温では，①式は，次のように近似できる．

$$U = 3N \frac{\varepsilon_0}{e^{\beta \varepsilon_0} - 1} \approx 3N\varepsilon_0 e^{-\beta \varepsilon_0}.$$

対応する定積モル比熱

$$C_V = \frac{1}{n} \frac{\partial U}{\partial T}$$

は，

$$C_V = 3N_A k_B \left(\frac{\varepsilon_0}{k_B T}\right)^2 e^{-\frac{\varepsilon_0}{k_B T}}$$

と得られ，指数関数的にゼロに近づくことが予言される．

7.2.3 (1) 問題の条件は，次のように変形できる．

$$3N = \int_{-\infty}^{\infty} D(\epsilon) d\epsilon$$
$$= 3\frac{4\pi V}{(hc_{\text{ph}})^3} \int_0^{k_B T_D} \epsilon^2 d\epsilon$$
$$= \frac{4\pi V}{(hc_{\text{ph}})^3} (k_B T_D)^3.$$

この式より，T_D が

$$T_D = \left(\frac{3N}{4\pi V}\right)^{\frac{1}{3}} \frac{hc_{\text{ph}}}{k_B} \qquad ①$$

と得られる．

(2) (7.21) 式と (7.14) 式を (7.6) 式に代入すると，内部エネルギーの積分表式が，

$$U = \int_{-\infty}^{\infty} \frac{D(\epsilon)\epsilon}{e^{\beta\epsilon} - 1} d\epsilon$$
$$= \frac{12\pi V}{(hc_{\text{ph}})^3} \int_0^{k_B T_D} \frac{\epsilon^3}{e^{\beta\epsilon} - 1} d\epsilon \qquad ②$$

と得られる．

(3) $T \gg T_D$ の高温では，被積分関数において，

$$\beta\epsilon = \frac{\epsilon}{k_B T} \ll 1$$

が全積分区間で成立する．従って，$e^{\beta\epsilon} - 1 \approx \beta\epsilon$ という近似が良い精度で成立する．この近似を②式で行うと，内部エネルギーが

$$U \approx \frac{12\pi V}{(hc_{\text{ph}})^3} \int_0^{k_B T_D} \frac{\epsilon^3}{\beta\epsilon} d\epsilon$$
$$= k_B T \frac{12\pi V}{(hc_{\text{ph}})^3} \int_0^{k_B T_D} \epsilon^2 d\epsilon$$
$$= k_B T \int_0^{k_B T_D} D(\epsilon) d\epsilon$$
$$= 3N k_B T$$

と得られる．ただし，最後の等式では (1) の条件を用いた．対応する定積モル比熱

$$C_V = \frac{1}{n} \frac{\partial U}{\partial T}$$

は，

$$C_V = 3N_A k_B$$

となり，演習問題 5.1.2 の結果，すなわち，デュロン - プティ則を再現する．ここで n はモル数，N_A はアボガドロ数である．

(4) $T \ll T_D$ の低温では，②式で $x = \beta\epsilon$ と変数変換し，次のように変形できる．

$$U = \frac{12\pi V (k_B T)^4}{(hc_{\text{ph}})^3} \int_0^{\frac{T_D}{T}} \frac{x^3}{e^x - 1} dx$$

$$\left(\text{被積分関数は } x \gtrsim 5 \text{ でほぼ}\right.$$
$$\left.\text{ゼロなので，} \frac{T_D}{T} \to \infty \text{ と近似}\right)$$

$$\approx \frac{12\pi V (k_B T)^4}{(hc_{\text{ph}})^3} \int_0^{\infty} \frac{x^3}{e^x - 1} dx$$

$$((7.9) \text{ 式を用いる})$$

$$= \frac{12\pi V (k_B T)^4}{(hc_{\text{ph}})^3} \Gamma(4)\zeta(4)$$

$$\left(\Gamma(4)\zeta(4) = \frac{\pi^4}{15}\right)$$

$$= \frac{4\pi^5 V (k_B T)^4}{5(hc_{\text{ph}})^3}$$

$$\left((1) \text{ より } \frac{4\pi V}{(hc_{\text{ph}})^3} = \frac{3N}{(k_B T_D)^3}\right)$$

$$= \frac{3\pi^4 N}{5} \left(\frac{T}{T_D}\right)^3 k_B T.$$

定積モル比熱

$$C_V = \frac{1}{n} \frac{\partial U}{\partial T}$$

は，
$$C_V = 3N_A k_B \frac{4\pi^4}{5}\left(\frac{T}{T_D}\right)^3$$
と T^3 に比例する．

7.3.1 分布関数 (7.31) を，高温で $e^{-\widetilde{\beta}(\widetilde{\epsilon}-\widetilde{\mu})} \ll 1$ についてテイラー展開し，次のように近似する．
$$\widetilde{n}(\widetilde{\epsilon}) = \frac{1}{e^{\widetilde{\beta}(\widetilde{\epsilon}-\widetilde{\mu})} - \sigma} = \frac{e^{-\widetilde{\beta}(\widetilde{\epsilon}-\widetilde{\mu})}}{1 - \sigma e^{-\widetilde{\beta}(\widetilde{\epsilon}-\widetilde{\mu})}}$$
$$\approx e^{-\widetilde{\beta}(\widetilde{\epsilon}-\widetilde{\mu})} + \sigma e^{-2\widetilde{\beta}(\widetilde{\epsilon}-\widetilde{\mu})}.$$

すると，(7.32) 式が次のように変形できる．
$$1$$
$$\approx \frac{\pi}{4}\int_0^\infty \widetilde{\epsilon}^{\frac{1}{2}}\left\{e^{-\widetilde{\beta}(\widetilde{\epsilon}-\widetilde{\mu})} + \sigma e^{-2\widetilde{\beta}(\widetilde{\epsilon}-\widetilde{\mu})}\right\}d\widetilde{\epsilon}$$
$$(\widetilde{\epsilon} = \widetilde{T}x \text{ と変数変換})$$
$$= \frac{\pi}{4}\widetilde{T}^{\frac{3}{2}}e^{\widetilde{\beta}\widetilde{\mu}}\left(\int_0^\infty x^{\frac{1}{2}}e^{-x}dx\right.$$
$$\left.+ \sigma e^{\widetilde{\beta}\widetilde{\mu}}\int_0^\infty x^{\frac{1}{2}}e^{-2x}dx\right)$$
$$\left(\text{第二項で } x = \frac{y}{2}\right)$$
$$= \frac{\pi}{4}\widetilde{T}^{\frac{3}{2}}e^{\widetilde{\beta}\widetilde{\mu}}\Gamma\left(\frac{3}{2}\right)\left(1 + \sigma\frac{e^{\widetilde{\beta}\widetilde{\mu}}}{2^{\frac{3}{2}}}\right)$$
$$= \left(\frac{\pi\widetilde{T}}{4}\right)^{\frac{3}{2}}e^{\widetilde{\beta}\widetilde{\mu}}\left(1 + \sigma\frac{e^{\widetilde{\beta}\widetilde{\mu}}}{2^{\frac{3}{2}}}\right).$$

すなわち，
$$e^{\widetilde{\beta}\widetilde{\mu}} \approx \left(\frac{\pi\widetilde{T}}{4}\right)^{-\frac{3}{2}}\left(1 + \sigma\frac{e^{\widetilde{\beta}\widetilde{\mu}}}{2^{\frac{3}{2}}}\right)^{-1}$$

が成立する．これより，最低次の量子補正を含んだ $\widetilde{\mu}$ が，次のように得られる．
$$\widetilde{\mu}$$
$$\approx \widetilde{T}\left\{-\frac{3}{2}\ln\frac{\pi\widetilde{T}}{4} - \ln\left(1 + \sigma\frac{e^{\widetilde{\beta}\widetilde{\mu}}}{2^{\frac{3}{2}}}\right)\right\}$$
$$(\ln(1+x) \approx x \text{ と近似})$$
$$\approx -\frac{3}{2}\widetilde{T}\ln\frac{\pi\widetilde{T}}{4} - \sigma\widetilde{T}\frac{e^{\widetilde{\beta}\widetilde{\mu}}}{2^{\frac{3}{2}}}$$

$$\left(\text{補正項で } e^{\widetilde{\beta}\widetilde{\mu}} \approx \left(\frac{\pi\widetilde{T}}{4}\right)^{-\frac{3}{2}} \text{ と近似}\right)$$
$$\approx -\frac{3}{2}\widetilde{T}\ln\frac{\pi\widetilde{T}}{4} - \sigma\left(\frac{2}{\pi}\right)^{\frac{3}{2}}\frac{1}{\widetilde{T}^{\frac{1}{2}}}.$$

同様にして内部エネルギー (7.33) が，上記の $e^{\widetilde{\beta}\widetilde{\mu}}$ の表式も用いて，次のように評価できる．
$$\widetilde{u}$$
$$\approx \frac{\pi}{4}\int_0^\infty \widetilde{\epsilon}^{\frac{3}{2}}\left\{e^{-\widetilde{\beta}(\widetilde{\epsilon}-\widetilde{\mu})}\right.$$
$$\left.+ \sigma e^{-2\widetilde{\beta}(\widetilde{\epsilon}-\widetilde{\mu})}\right\}d\widetilde{\epsilon}$$
$$= \frac{\pi}{4}\widetilde{T}^{\frac{5}{2}}\Gamma\left(\frac{5}{2}\right)e^{\widetilde{\beta}\widetilde{\mu}}\left(1 + \sigma\frac{e^{\widetilde{\beta}\widetilde{\mu}}}{2^{\frac{5}{2}}}\right)$$
$$\approx \frac{\pi}{4}\widetilde{T}^{\frac{5}{2}}\Gamma\left(\frac{5}{2}\right)\left(\frac{\pi\widetilde{T}}{4}\right)^{-\frac{3}{2}}\left(1 + \sigma\frac{e^{\widetilde{\beta}\widetilde{\mu}}}{2^{\frac{3}{2}}}\right)^{-1}$$
$$\times \left(1 + \sigma\frac{e^{\widetilde{\beta}\widetilde{\mu}}}{2^{\frac{5}{2}}}\right)$$
$$\approx \frac{3}{2}\widetilde{T}\left(1 - \sigma\frac{e^{\widetilde{\beta}\widetilde{\mu}}}{2^{\frac{5}{2}}}\right)$$
$$\approx \frac{3}{2}\widetilde{T}\left\{1 - \sigma\frac{1}{2^{\frac{5}{2}}}\left(\frac{\pi\widetilde{T}}{4}\right)^{-\frac{3}{2}}\right\}$$
$$= \frac{3}{2}\widetilde{T}\left(1 - \frac{\sqrt{2}\sigma}{\pi^{\frac{3}{2}}\widetilde{T}^{\frac{3}{2}}}\right).$$

さらに，この式を $\widetilde{T}$ で微分すると，無次元化された比熱が問題文のように得られる．

7.3.2 ΔJ の積分区間を $\widetilde{\epsilon} = \widetilde{\mu}$ で二分し，下側を
$$(e^x + 1)^{-1} - 1 = -(e^{-x} + 1)^{-1}$$
の関係を用いて書き換えた後，次のように変形する．
$$\Delta J = -\int_0^{\widetilde{\mu}} \frac{g(\widetilde{\epsilon})}{e^{-\widetilde{\beta}(\widetilde{\epsilon}-\widetilde{\mu})} + 1}d\widetilde{\epsilon}$$
$$+ \int_{\widetilde{\mu}}^\infty \frac{g(\widetilde{\epsilon})}{e^{\widetilde{\beta}(\widetilde{\epsilon}-\widetilde{\mu})} + 1}d\widetilde{\epsilon}$$
$$\left(\text{第一項と第二項で } x = -\widetilde{\beta}(\widetilde{\epsilon}-\widetilde{\mu})\right.$$
$$\left.\text{および } x = \widetilde{\beta}(\widetilde{\epsilon}-\widetilde{\mu}) \text{ の変数変換}\right)$$

$$= -\widetilde{T} \int_0^{\tilde{\mu}/\widetilde{T}} \frac{g(\tilde{\mu} - \widetilde{T}x)}{e^x + 1} dx$$
$$+ \widetilde{T} \int_0^\infty \frac{g(\tilde{\mu} + \widetilde{T}x)}{e^x + 1} dx.$$

二つの被積分関数は，分母の指数関数のため，$x \gg 1$ で指数関数的に減少する．従って，$\widetilde{T} \ll 1$ の低温では，非常に良い精度で，第一項の積分の上限 $\frac{\tilde{\mu}}{\widetilde{T}} \gg 1$ を ∞ で置き換えることが可能である．この近似の後に，ΔJ を次のように変形できる．

$$\Delta J$$
$$\approx \widetilde{T} \int_0^\infty \frac{g(\tilde{\mu} + \widetilde{T}x) - g(\tilde{\mu} - \widetilde{T}x)}{e^x + 1} dx$$

($g(\tilde{\mu} \pm \widetilde{T}x)$ を $x=0$ でテイラー展開)

$$= 2g'(\tilde{\mu})\widetilde{T}^2 \int_0^\infty \frac{x}{e^x + 1} dx$$
$$+ \frac{2g^{(3)}(\tilde{\mu})}{3!}\widetilde{T}^4 \int_0^\infty \frac{x^3}{e^x + 1} dx$$
$$+ \cdots$$

((7.9) 式を用いる)

$$= 2g'(\tilde{\mu})\widetilde{T}^2 \frac{1}{2}\Gamma(2)\zeta(2)$$
$$+ \frac{2g^{(3)}(\tilde{\mu})}{3!}\frac{7}{8}\Gamma(4)\zeta(4) + \cdots.$$

この式に $\Gamma(2) = 1$, $\zeta(2) = \frac{\pi^2}{6}$, $\Gamma(4) = 3!$, $\zeta(4) = \frac{\pi^4}{90}$ を代入すると，(7.42c) 式が得られる．

7.3.3 (1) (7.5) 式に状態密度と $\sigma = -1$ の分布関数 (7.7) を代入して絶対零度の極限を取り，積分を以下のように実行する．

$$N = \int_{-\infty}^\infty D(\epsilon)\overline{n}(\epsilon)\, d\epsilon$$
$$= \int_{-\infty}^\infty A\epsilon^{\eta - 1}\theta(\epsilon)\theta(\varepsilon_{\rm F} - \epsilon)\, d\epsilon$$
$$= A\int_0^{\varepsilon_{\rm F}} \epsilon^{\eta - 1}\, d\epsilon$$
$$= \frac{A}{\eta}\varepsilon_{\rm F}^\eta.$$

この式より，フェルミエネルギーが，

$$\varepsilon_{\rm F} = \left(\frac{N}{A}\eta\right)^{\frac{1}{\eta}}$$

と求まる．

(2) (7.5) 式に対して (7.42) 式の低温展開を行う．すなわち，(7.42) 式で上つきの波線を除いて通常の単位系に移り，$g(\epsilon) = D(\epsilon)$ と置いて次のように積分を行う．

$$N \approx \int_0^\mu A\epsilon^{\eta - 1}\, d\epsilon$$
$$+ \frac{\pi^2}{6}(\eta - 1)A\mu^{\eta - 2}(k_{\rm B}T)^2$$
$$= \frac{A}{\eta}\mu^\eta \left\{1 + \frac{\pi^2}{6}\eta(\eta - 1)\left(\frac{k_{\rm B}T}{\mu}\right)^2\right\}$$
$$\approx \frac{A}{\eta}\mu^\eta \left\{1 + \frac{\pi^2}{6}\eta(\eta - 1)\left(\frac{k_{\rm B}T}{\varepsilon_{\rm F}}\right)^2\right\}.$$

最後の近似式では，温度補正項において μ を $\varepsilon_{\rm F}$ で置き換えた．この式と (1) の結果を考慮すると，低温における化学ポテンシャルが，

$$\mu$$
$$= \left(\frac{N}{A}\eta\right)^{\frac{1}{\eta}} \left\{1 + \frac{\pi^2}{6}\eta(\eta - 1)\left(\frac{k_{\rm B}T}{\varepsilon_{\rm F}}\right)^2\right\}^{-\frac{1}{\eta}}$$
$$\approx \varepsilon_{\rm F} \left\{1 - \frac{\pi^2}{6}(\eta - 1)\left(\frac{k_{\rm B}T}{\varepsilon_{\rm F}}\right)^2\right\}$$
$$= \varepsilon_{\rm F} \left\{1 - \frac{\pi^2}{6}\frac{D'(\varepsilon_{\rm F})\varepsilon_{\rm F}}{D(\varepsilon_{\rm F})}\left(\frac{k_{\rm B}T}{\varepsilon_{\rm F}}\right)^2\right\}$$

と得られる．このように，低温の化学ポテンシャルにおける温度補正項の符号は，フェルミエネルギーでの状態密度の傾き $D'(\varepsilon_{\rm F})$ の符号で決まる．

(3) (7.6) 式に対して (7.42) 式の低温展開を行う．すなわち，$g(\epsilon) = \epsilon D(\epsilon)$ と置いて，次のように積分を行う．

$$U$$
$$= \int_0^\mu A\epsilon^\eta\, d\epsilon + \frac{\pi^2}{6}\eta A\mu^{\eta - 1}(k_{\rm B}T)^2$$
$$= \frac{A}{\eta + 1}\mu^{\eta + 1} + \frac{\pi^2}{6}\eta A\mu^{\eta - 1}(k_{\rm B}T)^2$$
$$= \frac{A}{\eta + 1}\mu^{\eta + 1}\left\{1 + \frac{\pi^2}{6}\eta(\eta + 1)\left(\frac{k_{\rm B}T}{\mu}\right)^2\right\}$$

((2) で求めた μ の表式を代入)

$$\approx \frac{A}{\eta + 1}\varepsilon_{\rm F}^{\eta + 1}\left\{1 - \frac{\pi^2}{6}(\eta - 1)\left(\frac{k_{\rm B}T}{\varepsilon_{\rm F}}\right)^2\right\}^{\eta + 1}$$
$$\times \left\{1 + \frac{\pi^2}{6}\eta(\eta + 1)\left(\frac{k_{\rm B}T}{\varepsilon_{\rm F}}\right)^2\right\}$$

$\left((1+x)^{\eta+1} \approx 1 + (\eta+1)x \text{ と近似} \right)$

$\approx \dfrac{A}{\eta+1}\varepsilon_F^{\eta+1}\left\{1 + \dfrac{\pi^2}{6}(\eta+1)\left(\dfrac{k_B T}{\varepsilon_F}\right)^2\right\}$

$= D(\varepsilon_F)\dfrac{\varepsilon_F^2}{\eta+1} + \dfrac{\pi^2}{6}D(\varepsilon_F)(k_B T)^2.$

従って，定積モル比熱が，

$$C_V = \dfrac{1}{n}\dfrac{\partial U}{\partial T} = \dfrac{\pi^2}{3n}D(\varepsilon_F)k_B^2 T$$

と求まる．

7.3.4 T_0 を決める式は，(7.5) 式に (7.52) 式を代入して $\mu = \varepsilon_0$ および $T = T_0$ と置くことにより得られ，次のように変形できる．

$N = \displaystyle\int_{\varepsilon_0}^\infty \dfrac{A(\epsilon-\varepsilon_0)^{\eta-1}}{e^{\beta_0(\epsilon-\varepsilon_0)}-1}d\epsilon$

$= A(k_B T_0)^\eta \displaystyle\int_0^\infty \dfrac{x^{\eta-1}}{e^x - 1}dx$

$= A(k_B T_0)^\eta \zeta(\eta)\Gamma(\eta).$

ここで (7.9) 式を用いた．この式より，転移温度の表式が (7.53) 式のように得られる．特に η を上から 1 に近づけると，$\displaystyle\lim_{\eta\to 1}\zeta(\eta) \to \infty$ より，$T_0 \to 0$ となることがわかる．つまり，$\eta < 1$ の場合には BEC が起こらない．特に $\eta = 1$ の二次元理想ボース気体では，$T = 0$ が転移温度である．

7.3.5 (1) 変数 $\varepsilon_\eta \equiv n_\eta \hbar\omega$ ($\eta = x, y, z$) を導入する．その隣接するエネルギーの間隔は，一定値 $\Delta\varepsilon_\eta = \hbar\omega$ を持つ．このことを用いると，状態密度が以下のように計算できる．

$D(\epsilon)$

$= \displaystyle\sum_{n_x=0}^\infty \sum_{n_y=0}^\infty \sum_{n_z=0}^\infty \delta\Big(\epsilon - \varepsilon_x - \varepsilon_y - \varepsilon_z - \dfrac{3}{2}\hbar\omega\Big)$

$\left(\widetilde{\epsilon} \equiv \epsilon - \dfrac{3}{2}\hbar\omega\right)$

$= \displaystyle\sum_{n_x=0}^\infty \sum_{n_y=0}^\infty \sum_{n_z=0}^\infty \dfrac{\Delta\varepsilon_x \Delta\varepsilon_y \Delta\varepsilon_z}{(\hbar\omega)^3}$

$\times \delta(\widetilde{\epsilon} - \varepsilon_x - \varepsilon_y - \varepsilon_z)$

$\approx \displaystyle\int_0^\infty d\varepsilon_x \int_0^\infty d\varepsilon_y \int_0^\infty d\varepsilon_z$

$\times \dfrac{\delta(\widetilde{\epsilon} - \varepsilon_x - \varepsilon_y - \varepsilon_z)}{(\hbar\omega)^3}$

$= \dfrac{\theta(\widetilde{\epsilon})}{(\hbar\omega)^3}\displaystyle\int_0^{\widetilde{\epsilon}} d\varepsilon_x \int_0^{\widetilde{\epsilon}-\varepsilon_x} d\varepsilon_y$

$= \dfrac{\widetilde{\epsilon}^2}{2(\hbar\omega)^3}\theta(\widetilde{\epsilon}).$

(2) この問題の状態密度は，(7.52) 式において $A = \dfrac{1}{2(\hbar\omega)^3}$ および $\eta = 3$ と置いた場合に相当する．従って，転移温度の表式は，(7.53) 式より，次のように求まる．

$T_0 = \dfrac{1}{k_B}\left\{\dfrac{2(\hbar\omega)^3 N}{\zeta(3)\Gamma(3)}\right\}^{\frac{1}{3}}$

$= \left\{\dfrac{N}{\zeta(3)}\right\}^{\frac{1}{3}}\dfrac{\hbar\omega}{k_B}.$

(3) (7.48) 式と同じ計算を，状態密度を取り換えて，次のように行う．

$\dfrac{N_0}{N} = 1 - \dfrac{1}{N}\displaystyle\int_{\varepsilon_0}^\infty \dfrac{D(\epsilon)}{e^{\beta(\epsilon-\varepsilon_0)}-1}d\epsilon$

$= 1 - \dfrac{(k_B T)^3}{2(\hbar\omega)^3 N}\displaystyle\int_0^\infty \dfrac{x^2}{e^x - 1}dx$

$= 1 - \dfrac{\zeta(3)\Gamma(3)(k_B T)^3}{2(\hbar\omega)^3 N}$

$= 1 - \left(\dfrac{T}{T_0}\right)^3.$

(4) 最低一粒子エネルギー $\varepsilon_0 = \dfrac{3}{2}\hbar\omega$ が有限であることに注意し，(7.49) 式と同じ計算を状態密度を取り換えて繰り返すと，U が次のように計算できる．

$U = N_0 \varepsilon_0 + \displaystyle\int_{\varepsilon_0}^\infty \dfrac{D(\epsilon)\epsilon}{e^{\beta(\epsilon-\varepsilon_0)}-1}d\epsilon$

$= N_0 \varepsilon_0$

$+ \dfrac{1}{2(\hbar\omega)^3}\displaystyle\int_{\varepsilon_0}^\infty \dfrac{(\epsilon-\varepsilon_0)^2(\epsilon-\varepsilon_0+\varepsilon_0)}{e^{\beta(\epsilon-\varepsilon_0)}-1}d\epsilon$

$= \left\{N_0 + \displaystyle\int_{\varepsilon_0}^\infty \dfrac{D(\epsilon)}{e^{\beta(\epsilon-\varepsilon_0)}-1}d\epsilon\right\}\varepsilon_0$

$+ \dfrac{(k_B T)^4}{2(\hbar\omega)^3}\displaystyle\int_0^\infty \dfrac{x^3}{e^x - 1}dx$

$= N\varepsilon_0 + \dfrac{(k_B T)^4}{2(\hbar\omega)^3}\zeta(4)\Gamma(4)$

$$= N\left\{\varepsilon_0 + \frac{3\zeta(4)}{\zeta(3)}k_\mathrm{B}T\left(\frac{T}{T_0}\right)^3\right\}.$$

これより，定積モル比熱

$$C \equiv \frac{1}{n}\frac{\partial U}{\partial T}$$

が，

$$C = N_\mathrm{A}k_\mathrm{B}\frac{12\zeta(4)}{\zeta(3)}\left(\frac{T}{T_0}\right)^3$$

と得られる．

参 考 文 献

[1] 山本義隆, 熱学思想の史的展開 1, 2, 3, ちくま学芸文庫, 2008, 2009.
[2] 引原俊哉, 演習しよう物理数学, 数理工学社, 2016.
[3] 齋藤正彦, 線型代数入門, 東京大学出版会, 1966.
[4] 久保亮五編, 大学演習熱学・統計力学, 裳華房, 1998.
[5] 鈴木久男, 大谷俊介, 演習しよう量子力学, 数理工学社, 2016.
[6] Kaye & Laby Tables of Physical & Chemical Constants.
 http://www.kayelaby.npl.co.uk.
 $\frac{C_V}{R}$ の値は, 比熱比 γ のデータから, $\gamma = 1 + \frac{R}{C_V}$ の関係を仮定して算出した.
[7] 田崎晴明, 統計力学 I, II, 培風館, 2008.
[8] J. E. Mayer, M. G. Mayer, *Statistical Mechanics*, Wiley, New York, 1977.
[9] 浅野啓三, 永尾汎, 群論, 岩波全書, 1965.
[10] ランダウ, リフシッツ, 統計物理学 第 3 版 上, 下, 岩波書店, 1980.
[11] J.J. Sakurai, 現代の量子力学 第 2 版 上, 下, 吉岡書店, 2014, 2015.
[12] 北孝文, 統計力学から理解する超伝導理論, サイエンス社, 2013;
 T. Kita, *Statistical Mechanics of Superconductivity*, Springer, Tokyo, 2015.
[13] Teragon's Summary of Cryogen Properties
 http://www.trgn.com/database/cryogen.html
[14] C. Kittel, *Introduction to Solid State Physics*, Wiley, New York, 2005.

索　引

● **あ行** ●

アインシュタインの関係　156
アボガドロ数　84

一次相転移　129
一粒子エネルギー状態密度　135

ウィーンの変位則　160

エネルギー　21
エネルギー等分配則　110
エネルギー保存則　24
エンタルピー　57
エントロピー　21, 37, 42, 93
エントロピー最大原理　91
エントロピー増大則　42
エントロピーの統計力学的表式　87

オットー・サイクル　36

● **か行** ●

階段関数　116
化学ポテンシャル　61
可逆過程　21
可積分条件　12
カノニカル集団　95
カノニカル分布　95, 96
カルノー過程　33
カルノー機関　33
カルノーの定理　39
カロリー　27
完全規格直交性　134
完全性　134

完全微分　13

規格直交性　134
期待値　85
気体定数　20
奇置換　139
ギブス・エントロピー　87
ギブス自由エネルギー　56
ギブス - デュエムの式　63
ギブスの相律　67
ギブスのパラドクス　99
逆転温度　80
キュリー定数　122
キュリーの法則　122
キュリー - ワイスの法則　126
強磁性状態　126

偶置換　139
クラウジウスの原理　38
クラウジウス不等式　37
クラスター展開　113
クラペイロン - クラウジウスの式　64
グランドカノニカル集団　98
グランドカノニカル分布　98
グランドポテンシャル　62, 98
グリーンの定理　15
クロネッカーのデルタ　89

勾配　4
効率　33
互換　139
古典統計力学　98
孤立系　42, 93

索　引

● さ行 ●

最大仕事の原理エネルギー　54

磁化率　120
示強変数　21
仕事　9
自己無撞着近似　125
自発的対称性の破れ　126
シャノン・エントロピー　87
ジュール - トムソン過程　57
ジュール - トムソン効果　58
自由度　67
ジュール - トムソン係数　58
シュテファン - ボルツマンの法則　159
巡回置換　138
循環過程　25
純粋状態　89
準静的過程　21
常磁性状態　123, 126
小正準分布　94
状態数　93
状態変数　20
状態方程式　20
状態量　21
初磁化率　120
ショットキー型比熱　130
示量変数　21, 42

スピン - 統計定理　142
スレーター行列式　146

正準分布　96
絶対温度　20
線積分　5
全微分　4

相　61
相転移　126
相平衡　61, 64

ゾンマーフェルト展開　173

● た行 ●

第一種永久機関　24
対応状態　78
第二種永久機関　38
第二ビリアル係数　113
第二量子化法　148
大分配関数　98
多成分系　66
断熱圧縮率　49, 74

置換　138

定圧モル比熱　30
ディーゼル・サイクル　36
ディーテリチの状態方程式　82
定積モル比熱　30
ディラックのデルタ関数　134
デバイ温度　162
デュロン - プティ則　116

等温圧縮率　72
等重率の原理　93
独立な系　86
閉じた系　95
トムソンの原理　38

● な行 ●

内部エネルギー　21, 24, 95
ナブラ　4

二次相転移　129

熱　21, 26
熱機関　25, 26, 33
熱素説　26
熱の仕事当量　27
熱平衡条件　44, 62, 67

索引

熱平衡状態　21
熱膨張係数　60
熱力学第一法則　24
熱力学第二法則　37
熱力学第三法則　51
熱力学的極限　135
熱力学不等式　72, 74
熱力学変数　21
熱力学ポテンシャル　54
熱量　21
ネルンストの定理　51

● は行 ●

排除体積効果　75
ハイゼンベルグの交換相互作用　122
ハイゼンベルグの不確定性原理　99
ハイゼンベルグ模型　123
パウリ原理　146, 147

非可逆過程　21
比熱比　32
微分形式　9
標準偏差　85
開いた系　97
ビリアル展開　113

ファンデルワールスの還元方程式　78
ファンデルワールスの状態方程式　20, 76
フェルミエネルギー　172
フェルミ波数　172
フェルミ分布　154
フェルミ粒子　142
フォノン　161
フォンノイマン・エントロピー　87
プランク定数　99
プランクの公式　159
ブリルアン関数　130
分子間引力　75
分子場近似　123

分配関数　95

平均値　85
平均場近似　123
ベクトル場　9
ヘッセ行列　71
ヘリシティ　156
ヘルムホルツ自由エネルギー　54, 95
偏微分　2

ポアソンの式　32
ボーズ‐アインシュタイン凝縮　171, 175
ボーズ分布　154
ボーズ粒子　142
ポテンシャル　13, 21
ボルツマン定数　87
ボルツマンの原理　93

● ま行 ●

マイヤーの関係　31
マクスウェルの関係式　12, 46, 49, 55, 56
マクスウェルの規則　79
マクスウェル‐ボルツマン分布　154

ミクロカノニカル集団　93
ミクロカノニカル分布　94

● や行 ●

ゆらぎ　85

● ら行 ●

ラグランジュの未定乗数　91
ラグランジュの未定乗数法　67, 91
ランジュバン関数　121
ランダウの二次相転移理論　127

リーマンゼータ関数　155
力学変数　21
理想気体　113

理想気体の状態方程式　20
量子効果　105, 166
量子統計力学　98
臨界現象　129
臨界点　75, 76

ルジャンドル変換　55

● **欧字** ●

BEC　171, 175

監修者略歴

鈴 木 久 男
<small>すず き ひさ お</small>

1988年　名古屋大学大学院理学研究科博士後期課程修了　理学博士
現　在　北海道大学大学院理学研究院教授
　　　　（2006年，「風間・鈴木模型の提唱」により素粒子メダル受賞）
専門分野　素粒子理論
主要著書　「超弦理論を学ぶための 場の量子論」（サイエンス社，2010年）
　　　　　「演習しよう 物理数学」（監修，数理工学社，2016年）
　　　　　「演習しよう 量子力学」（共著，数理工学社，2016年）
　　　　　「演習しよう 電磁気学」（監修，数理工学社，2017年）
　　　　　「演習しよう 振動・波動」（監修，数理工学社，2017年）
　　　　　「カラー版 レベル別に学べる 物理学 I, II 改訂版」
　　　　　（共著，丸善出版，2015, 2016年）

著者略歴

北　　孝 文
<small>きた　たか ふみ</small>

1985年　東京大学大学院工学系研究科物理工学専攻博士課程中退　工学博士
現　在　北海道大学大学院理学研究院教授
専門分野　物性理論・統計力学
主要著書　「統計力学から理解する 超伝導理論」（サイエンス社，2013年）
　　　　　（英訳：*Statistical Mechanics of Superconductivity*, Springer, Tokyo, 2015）

ライブラリ物理の演習しよう＝4
演習しよう 熱・統計力学
—これでマスター！ 学期末・大学院入試問題—

2018 年 4 月 10 日Ⓒ	初 版 発 行
2025 年 4 月 25 日	初版第6刷発行

監修者　鈴木久男　　　　発行者　田島伸彦
著　者　北　孝文　　　　印刷者　小宮山恒敏

【発行】　　　　　株式会社　数理工学社
〒 151-0051　　東京都渋谷区千駄ヶ谷 1 丁目 3 番 25 号
編集☎ (03) 5474-8661（代）　　サイエンスビル

【発売】　　　　　株式会社　サイエンス社
〒 151-0051　　東京都渋谷区千駄ヶ谷 1 丁目 3 番 25 号
営業☎ (03) 5474-8500（代）　　振替 00170-7-2387
FAX☎ (03) 5474-8900

印刷・製本　小宮山印刷工業（株）
≪検印省略≫
本書の内容を無断で複写複製することは，著作者および
出版者の権利を侵害することがありますので，その場合
にはあらかじめ小社あて許諾をお求め下さい。

サイエンス社・数理工学社の
ホームページのご案内
https://www.saiensu.co.jp
ご意見・ご要望は
suuri@saiensu.co.jp まで．

ISBN978-4-86481-053-1
PRINTED IN JAPAN

━━━ ライブラリ 物理の演習しよう ━━━

演習しよう 力学
これでマスター！ 学期末・大学院入試問題
鈴木監修　松永・須田共著　2色刷・A5・本体2200円

演習しよう 電磁気学
これでマスター！ 学期末・大学院入試問題
鈴木監修　羽部・榎本共著　2色刷・A5・本体2200円

演習しよう 量子力学
これでマスター！ 学期末・大学院入試問題
　　　　　　鈴木・大谷共著　2色刷・A5・本体2450円

演習しよう 熱・統計力学
これでマスター！ 学期末・大学院入試問題
　　　　鈴木監修　北著　2色刷・A5・本体2000円

演習しよう 物理数学
これでマスター！ 学期末・大学院入試問題
　　　　鈴木監修　引原著　2色刷・A5・本体2400円

演習しよう 振動・波動
これでマスター！ 学期末・大学院入試問題
　　　　鈴木監修　引原著　2色刷・A5・本体1800円

＊表示価格は全て税抜きです．

━━━発行・数理工学社／発売・サイエンス社━━━